"十四五"时期国家重点出版物出版专项规划项目

千万千瓦级风电基地规划设计

Wind Power Base Planning

风电基地系统规划

彭怀午　袁红亮　刘玮　主编

中国水利水电出版社
www.waterpub.com.cn
·北京·

内 容 摘 要

本书是"多元能源"出版工程（一期）之一。本书结合作者多年项目实践经验，总结归纳了风电基地规划阶段所需的各类技术工作，系统而全面地介绍了规划阶段的实用技术和相关理论，内容涵盖风电基地政策与技术标准、风能资源分析、风电机组选型、场址划分与容量估算、并网与送出、设计概算及财务评价、外部影响评价、管理与保障措施以及与其他能源互补基地规划等专题技术。

本书可作为风电基地规划项目工程技术人员和管理人员的参考书籍，也适合作为高等院校相关专业的教学参考用书。

图书在版编目（CIP）数据

风电基地系统规划 / 彭怀午，袁红亮，刘玮主编
. -- 北京 ： 中国水利水电出版社，2023.6
"多元能源"出版工程. 一期
ISBN 978-7-5226-1146-4

Ⅰ. ①风… Ⅱ. ①彭… ②袁… ③刘… Ⅲ. ①风力发
电—生产基地—系统规划 Ⅳ. ①TM614

中国版本图书馆CIP数据核字(2022)第236216号

书　　名	"多元能源"出版工程（一期） **风电基地系统规划** FENGDIAN JIDI XITONG GUIHUA
作　　者	彭怀午　袁红亮　刘　玮　主编
出版发行	中国水利水电出版社 （北京市海淀区玉渊潭南路 1 号 D 座　100038） 网址：www.waterpub.com.cn E-mail：sales@mwr.gov.cn 电话：(010) 68545888（营销中心）
经　　售	北京科水图书销售有限公司 电话：(010) 68545874、63202643 全国各地新华书店和相关出版物销售网点
排　　版	中国水利水电出版社微机排版中心
印　　刷	清淞永业（天津）印刷有限公司
规　　格	184mm×260mm　16 开本　13.25 印张　322 千字
版　　次	2023 年 6 月第 1 版　2023 年 6 月第 1 次印刷
印　　数	0001—3000 册
定　　价	**88.00 元**

凡购买我社图书，如有缺页、倒页、脱页的，本社营销中心负责调换
版权所有·侵权必究

本书编委会

主　　编　彭怀午　袁红亮　刘　玮

副 主 编　吉超盈　董德兰　解统成　韩　毅　杜　为
　　　　　毛林威　宋俊博

参　　编　刘军涛　田伟辉　于越聪　常斯语　胡　义
　　　　　陈　彬　王　炎　徐　栋　刘明歆　田永进
　　　　　韩　源　张　轩　李　鑫　佟　年

编制单位　中国电建集团西北勘测设计研究院有限公司

前　言

　　2020年9月，我国在第七十五届联合国大会上向世界做出庄重承诺，将力争在2030年前实现"碳达峰"、2060年前实现"碳中和"。风电作为可再生能源的重要构成部分，是除水电外技术最成熟、最具规模开发条件和商业化发展前景的发电方式之一，已然成为实现我国"双碳"目标的主力军。

　　我国风能资源大规模集中分布的范围主要在东北、华北和西北地区，而电力负荷主要集中在东部和中部。这种陆上风能资源与电力需求的不匹配分布特性，决定了我国风电产业不能按照欧洲"分散上网、就地消纳"的模式发展。建设大基地、接入大电网的开发模式成为了我国充分开发利用风能资源的特有模式，是具有中国能源特色的一种战略性选择。

　　为实现到2030年风电、太阳能发电总装机容量达到12亿kW以上的目标，国家正加快推进以沙漠、戈壁、荒漠地区为重点的约4.55亿kW装机容量的大型风电光伏基地建设。截至2019年年底，我国已建、在建、规划风电基地30余个，其中千万千瓦级风电基地10个，百万千瓦级风电基地已超过20个，总批复规模达到1亿kW以上，已建成规模达到4000万kW。

　　本书主要介绍风电基地系统规划的内容，全书共分为 10 章，依据主编单位多年工程规划设计经验，分别对风电基地主要部分的规划内容进行介绍：第 1~第 6 章依次介绍了风电基地概述、规划总则和建设条件、基地风能资源分析、基地风电机组选型、场址划分与容量估算、基地并网与送出。风电基地的经济性和财务可行性对于项目能否落地乃至行业能否持续健康发展至关重要，第 7 章介绍了风电基地的设计概算及财务评价。第 8 章从微气候、环境等方面进行风电基地的外部影响评价。第 9 章重点介绍了风电基地的实施管理与保障措施，按照"统一规划、统一设计、统一审查、统一协调、统一建设、统一调度"六个统一的标准要求，加强政府的统一建设管理工作。第 10 章重点介绍了风电与其他能源互补基地规划。

本书获得国家重点研发计划资助（项目编号 2022YFB4202100）、陕西省创新能力支撑计划资助（项目编号 2023-CX-TD-30）和中国电力建设股份有限公司科技项目经费资助（项目编号 DJ-HXGG-2021-03）。

同时，本书得到了许昌、申宽育、胡永柱等的大力帮助，对他们的辛勤劳动表示感谢。

由于编著者水平有限，书中难免存在不足之处，恳请广大读者批评指正。

编者

2022 年 8 月

目　录

第 1 章
概　述

1.1　我国能源结构与"双碳"战略

1.1.1　我国能源结构

能源是人类文明进步的重要物质基础和动力，攸关国计民生和国家安全。能源结构是反映一个国家或地区生产技术发展水平的重要标志之一，具体指一定时期、一定区域内能源总生产量或总消费量中各类一次能源、二次能源的构成及其比例关系，包括能源生产结构和能源消费结构。能源结构是能源系统工程的重要内容，它直接影响国民经济各部门的最终用能方式，并反映人民的生活水平。

进入 21 世纪以来，全球能源格局深刻变化，能源结构加快调整，清洁能源发展较快，多元化、清洁化和低碳化趋势明显；能源消费重心进一步向发展中国家转移，油气供应多极并存。"富煤、贫油、少气"的基本国情决定了我国当前能源消费结构的基本特征。由国家统计局公布的 2010—2020 年我国能源消费构成变化趋势（表 1-1）及 2010—2020 年我国主要能源品种消费量（表 1-2）可知，截至 2020 年，我国煤炭消费量占能源消费总量的 56.8%，天然气、一次电力及其他能源消费量占能源消费总量的 24.3%。近年来，我国能源结构不断优化，石油、天然气消费量占比有所增大，煤炭消费量占比下降 12.4%，一次电力及其他能源消费量占比上升 6.5%。能源结构调整依旧是我国能源发展面临的重要任务之一，也是保证我国能源安全的重要组成部分。我国能源结构的调整，旨在减少对石化能源资源的需求与消费，降低对国际石油的依赖，降低煤电的比重，大力发展清洁能源。

表 1-1　　　　　　　　2010—2020 年我国能源消费构成变化趋势

年份	占能源消费总量的比重/%			
	煤炭消费量	石油消费量	天然气消费量	一次电力及其他能源消费量
2010	69.2	17.4	4.0	9.4
2011	70.2	16.8	4.6	8.4
2012	68.5	17.0	4.8	9.7
2013	67.4	17.1	5.3	10.2
2014	65.8	17.3	5.6	11.3
2015	63.8	18.4	5.8	12.0

续表

年份	占能源消费总量的比重/%			
	煤炭消费量	石油消费量	天然气消费量	一次电力及其他能源消费量
2016	62.2	18.7	6.1	13.0
2017	60.6	18.9	6.9	13.6
2018	59.0	18.9	7.6	14.5
2019	57.7	19.0	8.0	15.3
2020	56.8	18.9	8.4	15.9

注 数据来源——国家统计局。

表 1-2   2010—2020 年我国主要能源品种消费量

年份	煤炭消费量/亿吨标准煤	石油消费量/亿吨标准煤	清洁能源消费量/亿吨标准煤		清洁能源占比/%
			天然气	水电、核电、风电	
2010	24.96	6.28	1.44	3.39	13.39
2011	27.17	6.50	1.78	3.25	13.00
2012	27.55	6.84	1.93	3.90	14.50
2013	28.1	7.13	2.21	4.25	15.50
2014	27.93	7.41	2.43	4.81	17.00
2015	27.38	7.87	2.54	5.20	18.00
2016	27.02	8.06	2.70	5.80	19.50
2017	27.09	8.43	3.14	6.19	20.80
2018	27.38	8.77	3.62	6.64	22.11
2019	28.04	9.19	3.93	7.44	23.40
2020	28.29	9.41	4.18	7.92	24.30

注 数据来源——国家统计局（2019 年、2020 年数据是根据各能源品种在总量中的占比计算而得）。

面对严峻的能源和环境问题，世界各国均把开发利用可再生能源作为保障能源安全、应对气候变化、实现可持续发展的共同出路。在深化能源供给侧结构性改革、优先发展非化石能源等一系列政策措施的大力推动下，我国能源结构持续优化，绿色低碳成为能源发展的主体方向，风能、太阳能、生物质能、水能、地热能等可再生能源发展迅速，清洁能源比重将进一步提升。

1.1.2 "双碳"战略概况与重要性

2020 年 9 月，我国在第七十五届联合国大会上向世界做出庄重承诺，将力争在 2030 年前实现碳达峰（peak carbon dioxide emissions）、2060 年前实现碳中和（carbon neutrality），即"双碳"战略。碳达峰是二氧化碳排放量由增转降的历史拐点，标志着经济发展由高能耗、高排放向清洁的低能耗模式转变，碳排放与经济发展实现脱钩；碳中和是指通过植树造林、节能减排、碳捕捉与封存、碳补偿等形式与技术，抵消国家、企业、产品、活动或个人在一定时间内直接或间接产生的二氧化碳或温室气体排放总量，实现正负抵消，达到相对"零排放"。明确"双碳"目标是我国由工业文明走向生态文明的标志性转折点，也是对全球气候变化和生态文明的积极贡献、践行人类命运共同体理念的切实举措。"双碳"战略倡导绿色、环保、低碳的能源消费方式，在中央提出的 2035 年基本实现社会主义现代化远景目标中，进一步明确了应"广泛形成绿色生产生活方式，碳排放达峰后稳中有降"。能源领域是实现碳达峰、碳中和的主战场，实现"双碳"目标必须根据基本国情积极稳妥推进能源绿色低碳转型。

2020 年 12 月，我国在气候雄心峰会上声明，"到 2030 年，中国单位国内生产总值二氧化碳排放将比 2005 年下降 65% 以上，非化石能源占一次能源消费比重将达到 25% 左右，森林蓄积量将比 2005 年增加 60 亿 m^3，风电、太阳能发电总装机容量将达到 12 亿 kW 以上"。截至 2021 年年底，我国可再生能源发电装机容量达到 10.63 亿 kW，占总发电装机容量的 44.8%，其中，水电装机容量为 3.91 亿 kW（其中抽水蓄能装机容量为 0.36 亿 kW）、风电装机容量为 3.28 亿 kW、光伏发电装机容量为 3.06 亿 kW、生物质发电装机容量为 0.38 亿 kW，分别占全国总发电装机容量的 16.5%、13.8%、12.9% 和 1.6%。"十四五"时期，为实现碳达峰、碳中和，以及能源绿色低碳转型的战略目标，可再生能源成为我国能源发展的主导方向。我国将持续推进产业结构和能源结构调整，大力发展可再生能源，加快实施可再生能源替代行动，构建以可再生能源为主体的新型能源电力系统。

可再生能源包括风能、太阳能、水能、生物质能、地热能、海洋能等。发展可再生能源须因地制宜地优化布局，根据当地的资源禀赋条件制定方案，使风电、光伏发电、水电、光热发电、生物质能等清洁能源技术协同发展，实现多能互补，多种能源综合利用，从而更好地发挥可再生能源的保供作用。在可再生能源领域中，风电和光伏发电是除水电外技术最成熟、最具规模开发条件和商业化发展前景的发电方式之一，其作为可再生能源的重要构成部分，必将成为实现"双碳"目标的主力军。在未来没有颠覆性新技术突破的前提下，电力系统脱碳将主要依靠风电和光伏发电。同时，由于风电的成本已经与传统化石能源发电持平甚至更加经济，并具有进一步降本潜力，因此风电的大规模应用会降低全社会用能成本，实现更经济的能源转型。风电产业大规模、高质量发展，对调整能源结构、减轻环境污染、解决能源危机等方面有着非常重要的意义，并将在"双碳"战略中扮演更加重要的角色。

1.2 我国风能资源分布特征

1.2.1 风能资源储量与分类

我国幅员辽阔，海岸线长，风能资源较丰富。风能资源潜力是风能利用的关键因素。风能资源的准确估算，需要根据风的气候特点与具备代表性的长期气象观测资料进行，通常采用 10 年以上的观测资料才能比较客观地反映一个地区的真实情况。为此，中国气象局基于全国 900 多个气象站对陆上离地 10m 高度风功率密度值进行了估算，得到全国平均风功率密度为 $100W/m^2$，风能资源理论总储量约为 32.26 亿 kW。其中，实际可供开发的储量基数取该总估值的 1/10，同时考虑到风电机组叶轮的实际扫掠面积系数 0.785（由 1m 直径叶轮的面积获得），得到全国陆上离地 10m 高度可开发利用的风能储量约为

2.53亿kW（即经济可开发量）。同时，根据不完整的资源估算，近海（水深大于15m、离海面10m高）可开发的风能资源为陆上的3倍，约7.5亿kW，故我国10m高度实际可开发风能资源总量约为10亿kW，仅次于美国、俄罗斯，居世界第3位。

风功率密度为单位时间内通过单位叶轮面积的空气动能，作为评价风做功能力的重要指标，与风速的三次方和空气密度成正比关系。鉴于风功率密度蕴含风速、风速频率分布和空气密度的影响，故可基于风功率密度对风能资源进行分区（类），是衡量风电场风能资源的综合指标。风能资源的评估按风功率密度划分为10个等级，每个等级代表了离地一定高度的风功率密度或相应的平均风速范围。10～70m、80～120m高度风功率密度等级划分标准分别见表1-3、表1-4，其定义了离地10m、30m、50m、70m、80m、90m、100m、120m高度根据风功率密度和平均风速上限划分的级别。

表1-3　　　　　　　　　　　10～70m高度风功率密度等级划分标准

风功率密度等级	10m 高度		30m 高度		50m 高度		70m 高度	
	风功率密度/(W/m²)	年平均风速/(m/s)	风功率密度/(W/m²)	年平均风速/(m/s)	风功率密度/(W/m²)	年平均风速/(m/s)	风功率密度/(W/m²)	年平均风速/(m/s)
D-1	<55	3.6	<90	4.2	<110	4.5	<120	4.7
D-2	55～70	3.9	90～110	4.5	110～140	4.9	120～160	5.1
D-3	70～85	4.2	110～140	4.9	140～170	5.3	160～200	5.5
1	85～100	4.4	140～160	5.1	170～200	5.6	200～240	5.9
2	100～150	5.1	160～240	5.9	200～300	6.4	240～350	6.7
3	150～200	5.6	240～320	6.5	300～400	7.0	350～460	7.3
4	200～250	6.0	320～400	7.0	400～500	7.5	460～570	7.9
5	250～300	6.4	400～480	7.4	500～600	8.0	570～690	8.4
6	300～400	7.0	480～640	8.2	600～800	8.8	690～910	9.2
7	400～1000	9.4	640～1600	11.0	800～2000	11.9	910～2180	12.3

注　1. 不同高度的年平均风速参考值按风切变指数为1/7推算。

　　2. 与风功率密度上限值对应的年平均风速参考值，按海平面标准大气压及风速频率符合瑞利（Rayleigh）分布的情况推算。

表1-4　　　　　　　　　　　80～120m高度风功率密度等级划分标准

风功率密度等级	80m 高度		90m 高度		100m 高度		120m 高度	
	风功率密度/(W/m²)	年平均风速/(m/s)	风功率密度/(W/m²)	年平均风速/(m/s)	风功率密度/(W/m²)	年平均风速/(m/s)	风功率密度/(W/m²)	年平均风速/(m/s)
D-1	<130	4.8	<140	4.9	<150	5.0	<160	5.1
D-2	130～170	5.2	140～180	5.3	150～190	5.4	160～200	5.5
D-3	170～210	5.6	180～220	5.7	190～230	5.8	200～250	5.9
1	210～250	6.0	220～270	6.1	230～280	6.2	250～300	6.3
2	250～370	6.8	270～400	7.0	280～410	7.1	300～450	7.3
3	370～490	7.5	400～520	7.6	410～540	7.7	450～580	7.9

风功率 密度 等级	80m 高度		90m 高度		100m 高度		120m 高度	
	风功率密度 /(W/m²)	年平均风速 /(m/s)	风功率密度 /(W/m²)	年平均风速 /(m/s)	风功率密度 /(W/m²)	年平均风速 /(m/s)	风功率密度 /(W/m²)	年平均风速 /(m/s)
4	490~600	8.0	520~650	8.2	540~670	8.3	580~720	8.5
5	600~740	8.6	650~770	8.7	670~800	8.8	720~880	9.1
6	740~970	9.4	770~1000	9.5	800~1070	9.7	880~1140	9.9
7	970~2350	12.6	1000~2450	12.8	1070~2570	13.0	1140~2750	13.3

注 1. 不同高度的年平均风速参考值按风切变指数为 1/7 推算。

2. 与风功率密度上限值对应的年平均风速参考值,按海平面标准大气压及风速频率符合瑞利(Rayleigh)分布的情况推算。

一般来说,1 级及以下地区不适合开发风能;2 级地区是风能开发的边界地区;3 级地区被认为是风能资源可利用区,适合安装轮毂高度较高的风电机组,其离地 10m 高度风功率密度大于 $150W/m^2$,年平均风速在 5m/s 以上;4 级及以上等级的地区风能资源普遍优良,属于风能资源开发比较理想的区域。

1.2.2 风能资源分布

由于风能资源的统计量受到统计地点和统计密度的影响,不同的垂直地面高度所蕴含的风能资源量是不同的。风能利用是否经济取决于风电机组中心高度处的平均风速。基于对中国气象局风能资源高时空分辨率数据集及测风塔实测数据的气候学分析,通过建立可利用风能资源等级的二元划分方法,结合目前我国风电机组轮毂中心高度的普遍高程范围(80.00~140.00m),国家气候中心统计和模拟计算得到了 1995—2016 年全国陆地和海域 80m、100m、120m 和 140m 高度上的年平均风速分布云图,并估算得出其相应技术开发总量分别为 32 亿 kW、39 亿 kW、46 亿 kW 和 51 亿 kW。宏观看来,我国位于北半球中纬度地区,地形分布特征总体上为西高东低,自西向东三个阶梯逐级下降,对流层以上大气自西向东运动。基于大气动力学理论,青藏高原顶部由于爬升气流的经过会形成较大风速;云贵高原、四川盆地和青藏高原受到宏观和局部复杂地形的阻挡影响,风速明显减小。各高度层平均风速高值区分布于青藏高原、"三北"地区和东南沿海,平均风速的低值区主要分布于青藏高原"背风区"的中东部地区。

综合历年多次风能资源的普查和详查评价情况,得到我国陆上风能资源主要分布在以下几个典型区域:

(1)"三北"地区风能资源丰富带。该区域是我国最大的连接成片风能资源分布带,包括西北大部、华北北部及东北大部,涉及东北三省、内蒙古、河北、宁夏、甘肃及新疆等近 200km 的宽度带,这些地区每年很长一段时间受西风带控制,且是西伯利亚和蒙古等中高纬度内陆冷空气入侵时首当其冲的地方。当冷空气积累到一定程度,在有利高空环流引导下爆发南下,直到次年春夏之交才消退。该区域风功率密度一般为 $200\sim300W/m^2$,有的可达 $500W/m^2$ 以上,可开发利用的风能储量约 2 亿 kW,占全国可利用储量的 80%,是我国风能资源优先和重点开发的区域。

（2）东南沿海及其岛屿风能资源丰富带。该区域包括沿海省、近海及诸多岛屿，涉及山东、河北、天津、江苏、浙江、广东、福建、广西及海南等陆上离岸 10km 的宽度带，是开发近海风电的优选区域。受台湾海峡的影响，每当冷空气南下到达台湾海峡时，狭管效应会使风速增大。冬春季的冷空气、夏秋季的台风都能影响到沿海及其岛屿，是我国风能资源最佳丰富区。该区域年有效风功率密度在 $200W/m^2$ 以上，风功率密度线平行于海岸线，沿海岛屿风功率密度更是在 $500W/m^2$ 以上。从该区域向内陆，则丘陵连绵，冬季强大的冷空气南下时很难长驱直下，夏季台风在离海岸 50km 时风速便锐减至 68%，加之人口密度大、土地资源紧张，故该区域可供风能资源开发利用的陆地面积相对较小，仅在由海岸向内陆延伸几十公里的陆上地区具有较大的风能资源，再向内陆延伸则风能资源锐减。

（3）西南地区青藏高原腹地风能资源丰富带。该区域地势高亢开阔，风能资源理论蕴藏量丰富，但由于海拔较高，空气稀薄，风功率密度相对较低，另外该区域交通条件差，输送受限，电力需求也较低，加之生态较为脆弱，增加了风能资源利用难度。在现阶段风电技术水平有限的条件下，该区域适合小型家庭式风电开发，待未来高海拔风电技术日趋成熟，可展开大规模化集中式开发。

另外，基于个别地区特殊地形、地貌（如高原、大型湖泊等）等因素的影响，内陆局部区域风能资源也较为丰富，如云贵川交汇地区、鄱阳湖附近地区。

1.2.3　"三北"地区风能资源优势

目前，我国陆上风能资源最丰富的区域主要分布在西北大部、东北大部及华北北部。基于地理与气象资源条件分析，天山山脉和甘肃北山与阿尔泰山脉之间是一个通风廊道，从西伯利亚平原来的较强西风，经哈萨克斯坦丘陵，从新疆塔城地区的地形开口进入通风廊道；西风气流穿过准噶尔盆地进入内蒙古阿拉善盟，之后沿阴山北侧到大兴安岭西侧；大兴安岭属于小起伏、中低山脉，西北气流轻松越过大兴安岭泄入东北平原。由此，形成了我国"三北"地区丰富的风能资源。

（1）西北地区地处高原，地表起伏较小，是全国陆上风能资源最丰富的区域之一。据统计和预测，高达数十亿千瓦的庞大风能资源蕴含在这一区域，约占全国陆上风能资源的三分之一。该区域的风能资源集中度相对较高，包括了甘肃河西走廊北部到新疆十三间房等大范围地区。这些地区具备优越的风能资源条件，且开发条件好，是千万千瓦级风电基地的理想建设地域。

（2）东北地区有效风功率密度的空间分布整体较好，相对而言呈现出"南北富，中间贫"的特点。黑龙江风能资源丰富区和较丰富区覆盖面积比较大，有效风能资源最为丰富，且风能资源基本属于白昼型，有利于在工作时间提供动力能源；辽宁次之；吉林没有有效风功率密度大的风能资源丰富区，而且风能较丰富区覆盖面积也比较小，主要以有效风功率密度较低的风能可利用区为主。东北地区有效风能资源受地形影响比较大，平原地区总体比山地地区丰富。有效可用风能资源的丰富区和较丰富区主要分布在平原地带，而东北平原周围的大小兴安岭以及长白山山脉等山地区域因受海拔影响，其有效风能资源比较少。

（3）华北地区作为北方经济发展的重要地区，其优质风能资源主要分布在河北与内蒙古地区。河北张家口、秦皇岛、唐山、沧州、承德坝上地区的风能资源丰富区主要分布在低山丘陵区和高原地区。该地区交通便利，风电场建设条件好，部分山区也具有丰富的风能资源，非常适宜建设风电场。内蒙古赤峰区域处于地势平缓、视野开阔、海拔较高的平流层位置，风能资源较好，是比较少见的可以组成大规模风电场的场址；通辽、兴安盟区域风能资源处于平均水平；呼伦贝尔区域地处大兴安岭地区，森林覆盖面积较大，地面粗糙度大，故风能资源相对匮乏。

综上所述，新疆、甘肃、青海、内蒙古、河北和东北三省等地区百公里宽的地带共同组成了西北、东北、华北地区风能资源丰富带。同时，以上区域地形较为平坦，交通方便，没有破坏性风速，并网条件优良，市场消纳条件充分，是我国连续、规模化的最大风能资源区，有利于大规模地风电场开发。

1.3 我国负荷特征

我国幅员辽阔，海岸线绵长，受地域和气候等因素的影响，风能资源在地理分布上不均衡，同时与区域经济发展水平、电力负荷中心严重不匹配，总体格局为"北方多南方少，沿海多内陆少"。

从空间分布来看，风能资源的地理分布与电力负荷之间不匹配。我国风能资源大规模集中分布在"三北"地区，但电力负荷主要分布在东部经济发达地带，尤其是长江三角洲地区、珠江三角洲地区，人口稠密，工农业发达，经济实力雄厚，用电需求量大，是我国的电力负荷中心。虽然东南沿海及附近岛屿也是我国风能资源丰富的地区，但现在可大规模安装风电机组的陆地面积很少，已开发的风电供应能力不足。相反，风电开发高度集中的"三北"地区，由于经济发展水平相对较低，当地负荷水平较弱，风电就地消纳能力低，而电网建设又薄弱，远距离输送到负荷中心工程量巨大，存在着风电开发和电网建设不同步、灵活调节电源少、跨省跨区市场不成熟等现状，风电的并网瓶颈和市场消纳问题开始凸显，弃风现象比较突出。

从时间分布来看，我国地处北半球北温带，气候类型多样，大陆性气候和季风气候明显。受到亚洲冬夏两季季风和海陆风的影响，我国"三北"地区和沿海地区风力较南部和内陆地区强。受到西伯利亚高气压影响，我国风能资源在春、秋和冬季丰富，夏季相对贫乏，具有一定的季节性特征。然而，我国全社会用电量亦呈现季节性趋势变化，从近 10 年趋势来看，每年的 7 月、8 月，以及 11 月至来年 1 月是用电高峰时期，对应夏季最炎热时期和冬季最寒冷时期，空调、供热的使用增加了用电负荷。

1.4 风电基地必要性

风电基地具有大规模开发的经济、地理等优势，风电基地的开发模式是我国充分开发利用风能资源的特有模式，是具有中国能源特色的一种战略性选择。随着政策的投入、管理体制和运行机制的创新，风电基地化开发模式不断推进，有效地促进了风电的规模开发和集约利用，为未来促进大型风电基地的可持续发展奠定了良好的基础。

我国风能资源大规模集中分布在东北、华北和西北地区，约占全国风能资源的 80%，但多数处于电网末端，电网建设薄弱，电力需求较小。而负荷主要集中在东部和中部，风能资源与负荷在地理位置上呈现逆向的特征。陆上风能资源与电力需求的不匹配分布特性，决定了我国风电产业不能按照欧洲"分散上网、就地消纳"的模式发展。建设大基地、接入大电网、大规模高集中、高电压远距离输送成为风电开发不可或缺的模式。

大型风电基地的规划建设将极大地有利于我国风能资源的集中式规模化开发利用，在我国风电发展中占据着绝对优势的地位。截至 2019 年年底，我国已建、在建、规划风电基地 30 余个，其中千万千瓦级风电基地 10 个，百万千瓦级风电基地已超过 20 个，总批复规模达到 1 亿 kW 以上，已建成规模达到 4000 万 kW。

1.5 风电基地规划建设现状

1.5.1 我国风电发展的四个阶段

我国的风电开发开始于 20 世纪 80 年代，发展至今已历经 30 余年，经历了从科研示范至规模化商业并网的历程，大概可划分为以下几个阶段：

(1) 早期示范阶段（1986—1993 年）。此阶段始于 1986 年山东荣成马兰湾建成全国第一个风电场，随后通过国家拨款、国外赠款及贷款等方式，我国从国外引进了一批大中型风电机组进行小型示范并网风电场的建设，示范项目主要是用于科技研发，没有进行商业化，且比较分散。同时，有关政府在投资风电工程及支持风电机组研制方面进行了扶持。1993 年，在广东汕头召开的全国风电工作会议上，国家正式提出了风电是可开发的能源，成为风电进一步发展的开端。

(2) 产业化探索阶段（1994—2002 年）。从 1994 年开始，我国逐渐探索风电设备制造的国产化，并建立了核准电价统一收购、还本付息电价和成本分摊制度，风电场开始进入商业期。同时，科学技术部（以下简称"科技部"）通过科技攻关和国家 863 高科技项目促进了风电技术的发展，原经济贸易委员会、计划委员会分别通过"双加"工程、国债项目、"乘风计划"等进一步促进了风电的持续发展。但是由于技术水平落后、政策不完善，这一时期风电上网电价机制是招标电价与核准电价并存，风电发展趋于缓慢。

(3) 规模化及国产化阶段（2003—2007 年）。为了推动风电大规模开发利用，加快发展速度，国家发展和改革委员会（以下简称"国家发展改革委"）将竞争方式引入风电开发，并于 2003—2007 年通过实施全国风电特许权项目招标，确定风电场投资商、开发商和上网电价。这一时期，我国风电技术已经十分成熟，行业规范也逐步建立。为促进可再生能源的开发利用，增加能源供应，改善能源结构，保障能源安全，保护环境，实现经济社会的可持续发展，国家于 2006 年起施行《中华人民共和国可再生能源法》（中华人民共和国主席令第三十三号）及其细则，建立了稳定的费用分摊制度，迅速提高了风电开发规模和国产设备制造能力。2007 年我国风电累计装机容量为 590.8 万 kW，成为世界第五大市场。陆上风电标杆上网定价机制逐步形成，相关政策不断完善，推动着我国风电井喷式快速增长，同时海上风电也开始发展，并有望成为风能利用和发展的重要能源形式。

（4）大规模基地化发展阶段（2008年之后）。随着《可再生能源产业发展指导目录》（发改能源〔2005〕第2517号）、《可再生能源中长期发展规划》（发改能源〔2007〕第2174号）的相继公布，风电标杆上网电价政策的出台，促进了风电发展政策体系的建立及不断完善。同时，采取风能资源评价、风电特许权招标、海上风电示范等措施积极促进风电产业发展，推动风电技术快速进步。2008年，随着"建设大基地、融入大电网"开发思路的提出，规划建设大型风电基地成为热点。以各省级风能资源普查及风电建设前期工作为基础，2009年新能源产业规划正式颁布，确定了甘肃酒泉、新疆哈密、蒙东、河北、蒙西、江苏沿海、吉林共六个省（自治区）的七大千万千瓦级风电基地；2010年年底规划增设了山东沿海千万千瓦级风电基地；2011年基本完成山西、黑龙江两大千万千瓦级风电基地的规划工作。集中式开发和分散式开发相结合的布局正逐步形成。

与此同时，根据海上风能趋势预测，"双碳"目标提出以后，随着海上风电技术的不断完善以及对深远海恶劣条件的征服，海上风电必将以更大增幅提升发展。海上风电未来的发展趋势是产业协同与多能互补，建立海上风电产业链。"十四五"期间，我国海上风电新增规模将超过40GW。

1.5.2　我国风电基地规划建设面临的问题

我国的大型风电基地主要位于"三北"地区，按照国家的风电建设发展规划，如果配套电网按时建成，第一批7个千万千瓦级风电基地将于2025年前陆续建成，届时风电基地装机容量将达12600万kW，约占全国风电总装机容量的80%。"规模化开发、集中式并网"的风电基地开发模式有助于集约化布局、集中化管理，有助于节约集约用地、用海和高效配置风能资源，有利于促进能源结构转型升级。展望"十四五"，大型风电基地仍将是风电发展的重要模式，同时也将面临新的形势和挑战。

首先，由于风电出力过程的随机性和间歇性及当地电网调峰能力等原因，风电大规模长距离输送存在困难。随着西北地区风电开发规模逐渐增大，风电接入电网和运行限电问题日益突出，风电并网运行问题成为我国风电快速发展中面临的严重问题，是风电大规模发展的最大制约。考虑到我国特殊的地理位置和国情，决定利用特高压输电线路将西部新能源电量远距离输送到中东部地区电力负荷中心，以解决风电并网及消纳问题，其中"西电东送"工程已成功将西部水电、火电、风电、光电电量输送到东部。

其次，近几年来，西部地区新能源快速发展，由于当地电力市场消纳能力不足而引发新能源发电弃风等问题，成为制约当前风电发展的最主要原因。2012年我国弃风现象严重，弃风电量超过200亿kW·h，弃风率达到20%，弃风集中在"三北"地区，部分地区弃风率超过25%。

再次，伴随着平价时代的到来，大型风电基地也面临补贴退坡，平价甚至低价上网的电力市场集中竞价。2018年5月国家能源局下发《关于2018年度风电建设管理有关要求的通知》（国能发新能〔2018〕47号），指出要通过竞争性市场化方式来配置项目资源及选择优秀的项目开发企业，大型风电基地也须通过市场化的方式确定基地各项目的开发企业。鉴于风电基地经济性较好，电能质量有保障，因此，风电基地参与电力市场有更大的议价空间。

最后，随着生态环保要求日益提升，可集中连片开发的区域日益缩减，大型风电基地开发建设与国土资源较为紧张的局面形成一定矛盾。经分析，全国生态红线面积平均占比为 27%，全国林业面积平均占比为 37.5%，全国基本农田面积平均占比为 16.73%，由于林业面积与生态红线面积恐有交叉，仅考虑生态红线与基本农田，则有近 44% 的国土面积不能用作新能源项目开发。此外，国家林业和草原局等部门陆续发布新能源用林、用地等政策，对风电开发提出更为严格的政策要求，大型陆上风电基地开发受到一定程度的影响。因此，未来大型风电基地开发建设应做好系统性规划环评工作，并在建设与运行中落实生态环保有关要求。

1.6　风电基地发展展望

目前，全国先后共规划了 10 个千万千瓦级风电基地，分布在新疆哈密、甘肃酒泉、蒙东、蒙西、河北、吉林、山东、黑龙江、山西和江苏海上，以"三北"地区较为集中。中国电建集团西北勘测设计研究院有限公司（以下简称"西北院"）参与完成了 4 个基地规划设计（新疆哈密、甘肃酒泉、河北、黑龙江），装机容量约 5000 万 kW。得益于规划先行，西北院有幸参与规划、设计并建设了甘肃酒泉、新疆哈密、内蒙古上海庙、乌兰察布等大型风电基地，基本囊括了我国目前已开工的千万千瓦级风电基地，装机容量超过 4500 万 kW。

从我国风电基地的规划设计建设实践中看，均经过本地消纳阶段—特高压外送阶段—多能互补阶段；风电上网电价则经历了补贴电价—竞价电价—无补贴平价电价三个阶段；风电机组单机容量从 1.5MW 发展到 2MW，再到 4MW 以上。经过 10 多年的不断探索及磨合，2019 年已实现西部新能源远距离输送至东部，弃风率持续下降，为我国高比例远距离输送新能源提供了经验。总结我国风电基地的经验，主要有：做好风电基地的规划设计，统筹考虑多能互补方案，充分吸收利用新技术，根据消纳情况分期实施，逐步并网，力争高比例消纳新能源。实施初期根据当地资源禀赋和电网情况，以当地消纳为基础完成了甘肃酒泉基地一期 380 万 kW 和新疆哈密基地一期 200 万 kW 项目；超出当地消纳能力后，依靠电力规划，采用多能互补，克服风电弱点，借助特高压远距离输送通道输送完成了新疆哈密基地二期 800 万 kW 和甘肃酒泉基地三期 700 万 kW 项目；充分利用风电先进的技术、智能化的管理，综合多方案优势互补，选用大容量先进风电机组，提高捕捉风能的效率，以高比例消纳新能源方式在建内蒙古乌兰察布基地一期 600 万 kW 风电工程。

实践表明，火电、风电、光伏发电多能互补可加快可再生能源的发展，实施水电-风电互补、抽水蓄能-风电互补等多能互补，也是解决风电并网问题的有效途径。水电、风电、光伏发电、抽水蓄能等可再生能源通过多能互补，可构成发电-储能-供电链条，从而逐步替代化石类能源，实现"双碳"目标。

机遇往往与挑战并存。要抓住碳中和机遇，仍需加快技术与管理创新，破解风电基地发展中的难题。

我国风电基地建设的经验总结为以下几点。

首先，风电基地的设计需要更加精细化，需评估分析大基地内各种能源的同时率、出力特性及其对电力系统的影响；需统筹考虑风电场之间、风电机组之间的尾流影响。经验表明，地形较为平缓区域宜采用规则排布，风电机组排布垂直于区域主风向，在每隔一定排数（例如 2 排或 3 排）后适当增大间距，减小尾流影响；地形起伏较大的区域则采用不规则排布方案。结合场址区域地形、地貌特点及压矿、林地分布情况，设置风速恢复距离尤为重要。

其次，为保障基地建设实施，避免基地开发中重复建设路、水、电等公用设施，对基地道路、升压变电站（汇集站）等公用配套设施统一规划设计、统一建设、集中管理，实现基地资源、能源的集约化经营和高效利用，建设高质量风电产业基地。

最后，风电基地投运项目需要建立统一信息管理平台，实现远程监控及风电信息预测。建立可预测、可控制、可调度的综合能源基地信息管理平台，提高跨区电力运行管理水平，确保基地发电出力的可靠送出。

"2030 年前碳达峰，2060 年前碳中和"，是我国向国际社会作出的庄严承诺。为实现到 2030 年风电、太阳能发电总装机容量达到 12 亿 kW 以上的目标，国家正加快推进以沙漠、戈壁、荒漠地区为重点的约 4.5 亿 kW 装机容量的大型风电光伏基地建设。坚持生态优先，科学评价新能源项目的生态环境影响和效益，突破大规模风能、太阳能资源开发与生态环境协同发展的设计、集成和运维关键技术是"十四五"期间的技术攻关目标。

1.7 本书编写安排

本分册主要介绍风电基地系统规划的内容。将依据主编单位多年工程规划设计经验，分别对风电基地主要部分的规划内容进行介绍，第 1 章～第 6 章依次介绍风电基地概述、规划总则和建设条件、基地风能资源分析、基地风电机组选型、场址划分与容量估算、基地并网与送出；由于风电基地的经济性和财务可行性对于项目能否落地乃至行业能否持续健康发展至关重要，第 7 章主要介绍风电基地的设计概算及财务评价；第 8 章从微气候影响、环境影响等方面进行风电基地的外部影响评价；第 9 章重点介绍风电基地的实施管理与保障措施，按照"统一规划、统一开展前期工作、统一核准、统一建成"四个统一的标准要求，加强政府的统一建设管理工作；第 10 章重点介绍风电与其他能源互补基地规划。

第 2 章
规划总则和建设条件

2.1　规划目标

在进行风电基地系统规划时，首先应结合实际情况明确规划目标，以便在规划过程中有的放矢，抓住重点，提高效率。一般规划中包括以下目标：

（1）基于实地观测资料的分析，可结合中尺度数值模拟的成果，提出规划区域风能资源分布状况的分析结论。

（2）依据相关场址选择条件与要求，初步选择风电基地开发场址，估算规划装机容量。

（3）综合分析实地及其他相关资料，提出规划区域的工程地质、交通运输及施工条件的评价结论。

（4）初步分析电网消纳能力及受电市场，提出规划场址接入系统的初步方案，必要时提出配套电网规划建设的建议。

（5）进行规划项目的环境影响初步评价及其他合规性评价。

（6）匡算规划项目的建设投资，并进行初步财务评价。

（7）提出建设实施方案，规划实施的管理思路和保障措施。

2.2　规划原则

风电基地规划应贯彻资源保护、统一规划、综合利用、科学开发的原则，且与国民经济发展规划、能源发展规划及可再生能源发展规划衔接一致，与环境保护、土地利用、水土保持、林业、军事以及工程安全等工作要求相协调。

（1）坚持统筹规划和有序开发相结合。统筹风电基地规划与各级社会发展规划、土地利用总体规划、工业发展规划等的衔接，保障本级风电发展规划协调有序实施。统筹风电基地开发、外送通道建设和消纳市场，促进源网荷储一体化协同发展。结合区域风能资源储量、开发利用水平以及电力消纳能力，有计划、有重点地进行风能资源开发利用，有序推进风电基地开发。

（2）坚持清洁外送和本地消纳相结合。统筹风电基地与外送通道建设，合理配置电力系统内的各类调峰电源，提高风电外送能力和经济性。当前，我国经济由高速增长向高质量发展转变，扩大风能利用范围，通过创新开发模式及发展业态推动风电就地消纳成为解决风电消纳的重要举措，积极推进电能替代。

（3）坚持创新驱动与产业转型相结合。紧紧抓住并用好新一轮科技革命和产业变革的机遇，加强创新发展，把加快科技进步和提高创新能力作为引领能源高质量发展的主要驱动力，重点推动风电领域先进成熟技术示范及推广应用，加快风电产业升级，积极培育并带动上下游产业链的快速发展，形成完备的产业配套体系，促进风电行业的高端发展。

（4）坚持政府引导与市场主导相结合。充分发挥政府在制定政策、引导投入、营造环境、规范市场等方面的引导作用以及市场在资源配置中的决定性作用，健全市场体系，培育市场主体，推动能源体制改革。推进区域电力市场建设，加快能源领域向社会资本开放力度，制订和落实促进风电产业发展的政策、措施，支持风电技术研发、产业化推广应用，为风电产业发展创造良好环境。

（5）坚持绿色低碳与共享发展相结合。牢固树立绿水青山就是金山银山的生态文明理念，坚持走绿色、低碳、可持续发展道路，坚持能源电力绿色生产、绿色消费，切实减少对环境的破坏，保障生态安全。深度融合能源消费使用与能源生产使用，加强风电基础设施和公共服务能力建设，进一步提升风电普遍服务水平，确保人民群众共享风电发展成果。

2.3 政策与区域规划

2.3.1 有关法律法规

（1）《中华人民共和国能源法（征求意见稿）》。

（2）《中华人民共和国可再生能源法》（中华人民共和国主席令第三十三号）。

（3）《中华人民共和国土地管理法》（中华人民共和国主席令第三十二号）。

（4）《中华人民共和国电力法》（中华人民共和国主席令第六十号）。

（5）《中华人民共和国环境保护法》（中华人民共和国主席令第九号）。

（6）《中华人民共和国大气污染防治法》（中华人民共和国主席令第三十一号）。

（7）《中华人民共和国清洁生产促进法》（中华人民共和国主席令第七十二号）。

（8）《中华人民共和国节约能源法》（中华人民共和国主席令第七十七号）。

（9）《中华人民共和国循环经济促进法》（中华人民共和国主席令第四号）。

（10）《中华人民共和国草原法》（中华人民共和国主席令第八十一号）。

（11）《中华人民共和国城乡规划法》（中华人民共和国主席令第七十四号）。

2.3.2 相关政策

2020年5月，《中共中央 国务院关于新时代推进西部大开发形成新格局的指导意见》指出："加强可再生能源开发利用，开展黄河梯级电站大型储能项目研究，培育一批清洁能源基地。加快风电、光伏发电就地消纳。继续加大西电东送等跨省区重点输电通道建设，提升清洁电力输送能力。加强电网调峰能力建设，有效解决弃风弃光弃水问题。"

2020 年 10 月，中国共产党第十九届中央委员会第五次全体会议审议并通过了《中共中央关于制定国民经济和社会发展第十四个五年规划和二〇三五年远景目标的建议》。在该目标及建议中提出要"优化电力生产和输送通道布局，提升新能源消纳和存储能力"及"不断推动能源清洁低碳安全高效利用"。

2021 年 2 月，《国家发展改革委 国家能源局关于推进电力源网荷储一体化和多能互补发展的指导意见》（发改能源规〔2021〕280 号）提出积极探索源网荷储一体化和多能互补实施路径，为实现"二氧化碳排放力争于 2030 年前达到峰值，努力争取 2060 年前实现碳中和"的目标，着力构建清洁低碳、安全高效的能源体系，提升能源清洁利用水平和电力系统运行效率。

2021 年 10 月，《中共中央 国务院关于完整准确全面贯彻新发展理念做好碳达峰碳中和工作的意见》的主要目标提到，到 2025 年、2030 年和 2060 年，非化石能源占能源消费总量比重分别达到 20% 左右、25% 左右和 80% 以上，其中明确到 2030 年风电、太阳能发电总装机容量达到 12 亿 kW 以上。

2021 年 10 月，《国务院关于印发 2030 年前碳达峰行动方案的通知》（国发〔2021〕23 号）要求将碳达峰贯穿于经济社会发展全过程和各方面，重点实施能源绿色低碳转型行动、节能降碳增效行动、工业领域碳达峰行动、城乡建设碳达峰行动、交通运输绿色低碳行动、循环经济助力降碳行动、绿色低碳科技创新行动、碳汇能力巩固提升行动、绿色低碳全民行动、各地区梯次有序碳达峰行动等"碳达峰十大行动"。

2022 年 1 月，国务院印发《"十四五"节能减排综合工作方案》（国发〔2021〕33 号），其中明确到 2025 年，全国单位国内生产总值能源消耗比 2020 年下降 13.5%，能源消费总量得到合理控制，化学需氧量、氨氮、氮氧化物、挥发性有机物排放总量比 2020 年分别下降 8%、8%、10% 以上、10% 以上。同时还明确了"十四五"期间节能环保的工作目标，部署了十大重点工程，从八个方面健全政策机制。

2022 年 2 月，《国家发展改革委 国家能源局关于完善能源绿色低碳转型体制机制和政策措施的意见》（发改能源〔2022〕206 号）作为碳达峰、碳中和"1＋N"政策体系的重要保障方案之一，是《中共中央 国务院关于完整准确全面贯彻新发展理念做好碳达峰碳中和工作的意见》《2030 年前碳达峰行动方案》在能源领域政策保障措施的具体化，将与能源领域碳达峰系列政策协同实施，形成政策合力，成体系地推进能源绿色低碳转型。

2022 年 3 月，《国家发展改革委 国家能源局关于印发〈"十四五"新型储能发展实施方案〉的通知》（发改能源〔2022〕209 号），提出加快重点区域试点示范，结合以沙漠、戈壁、荒漠地区为重点的大型风电光伏基地建设开展新型储能试点示范。

2022 年 3 月，《国家能源局综合司关于开展全国主要流域可再生能源一体化规划研究工作有关事项的通知》提出在长江流域、黄河流域、珠江流域、东北诸河、东南沿海诸河、西南主要河流、西北主要河流开展"水风光可再生能源一体化基地"的研究工作。

2022 年 3 月，《国家能源局关于印发〈2022 年能源工作指导意见〉的通知》（国能发规划〔2022〕31 号）提出增强供应保障能力，全国能源生产总量达到 44.1 亿 t 标准煤左右，原油产量 2 亿 t 左右，天然气产量 2140 亿 m^3 左右。保障电力充足供应，电力装机容量达到 26 亿 kW 左右，发电量达到 9.07 万亿 kW·h 左右，新增顶峰发电能力 8000 万 kW 以上，"西电东送"输电能力达到 2.9 亿 kW 左右。

2.3.3 区域规划

风电基地规划应结合国家发展战略进行合理规划布局，本节主要介绍国家有关规划，并结合我国风电基地重点布局，举例介绍重点省（自治区）的有关规划情况。

1.《中华人民共和国国民经济和社会发展第十四个五年规划和 2035 年远景目标纲要》

"十四五"期间，"推进能源革命，建设清洁低碳、安全高效的能源体系，提高能源供给保障能力。加快发展非化石能源，坚持集中式和分布式并举，大力提升风电、光伏发电规模，加快发展东中部分布式能源，有序发展海上风电，加快西南水电基地建设，安全稳妥推动沿海核电建设，建设一批多能互补的清洁能源基地，非化石能源占能源消费总量比重提高到 20% 左右。推动煤炭生产向资源富集地区集中，合理控制煤电建设规模和发展节奏，推进以电代煤。有序放开油气勘探开发市场准入，加快深海、深层和非常规油气资源利用，推动油气增储上产。因地制宜开发利用地热能。提高特高压输电通道利用率。加快电网基础设施智能化改造和智能微电网建设，提高电力系统互补互济和智能调节能力，加强源网荷储衔接，提升清洁能源消纳和存储能力，提升向边远地区输配电能力，推进煤电灵活性改造，加快抽水蓄能电站建设和新型储能技术规模化应用。完善煤炭跨区域运输通道和集疏运体系，加快建设天然气主干管道，完善油气互联互通网络。"

"十四五"期间，我国将重点建设多个大型清洁能源基地，包括：建设雅鲁藏布江下游水电基地；建设金沙江上下游、雅砻江流域、黄河上游和几字湾、河西走廊、新疆、冀北、松辽等清洁能源基地；建设广东、福建、浙江、江苏、山东等海上风电基地。

2.《新疆维吾尔自治区国民经济和社会发展第十四个五年规划和 2035 年远景目标纲要》

"十四五"期间，新疆将"落实国家能源发展战略，围绕国家'三基地一通道'定位，加快煤电油气风光储一体化示范，构建清洁低碳、安全高效的能源体系，保障国家能源安全供应。"

"建设国家新能源基地。建成准东千万千瓦级新能源基地，推进建设哈密北千万千瓦级新能源基地和南疆环塔里木千万千瓦级清洁能源供应保障区，建设新能源平价上网项目示范区。推进风光水储一体化清洁能源发电示范工程，开展智能光伏、风电制氢试点。建成阜康 120 万千瓦抽水蓄能电站，推进哈密 120 万千瓦抽水蓄能电站、南疆四地州光伏侧储能等调峰设施建设，促进可再生能源规模稳定增长。"

3.《青海省国民经济和社会发展第十四个五年规划和二〇三五年远景目标纲要》

"建设国家清洁能源示范省，加快海西、海南清洁能源开发，打造风光水储多能互补、源网荷储一体化清洁能源基地，完善可再生能源消纳机制，促进更多就地就近消纳转化。加快黄河上游水电站规划建设进度，打造黄河上游千万千瓦级水电基地。推进页岩气、干热岩等非常规能源开发利用，加快共和干热岩实验性开采。推进储能项目建设，加强储能工厂、抽蓄电站、光热、氢能、电化学储能等技术创新应用，统筹发电侧、电网侧储能需求，不断扩大共享储能市场化交易规模，研究建立储能市场体制机制，探索制定储能技标准，建设全国储能发展先行示范区。"

4.《甘肃省国民经济和社会发展第十四个五年规划和二〇三五年远景目标纲要》

"大力发展新能源。坚持集中式和分布式并重、电力外送与就地消纳结合，着力增加风电、光伏发电、太阳能热发电、抽水蓄能发电等非化石能源供给，形成风光水火储一体化协调发展格局。持续推进河西特大型新能源基地建设，进一步拓展酒泉千万千瓦级风电基地规模，打造金（昌）张（掖）武（威）千万千瓦级风光电基地，积极开展白银复合型能源基地建设前期工作。加快酒湖直流、陇电入鲁配套外送风光电等重点项目建设。持续扩大光伏发电规模，推动"光伏＋"多元化发展。开工建设玉门昌马等抽水蓄能电站，谋划实施黄河、白龙江干流甘肃段抽水蓄能电站项目。加快推进光热示范项目建设，实现光热发电与风光电协同无补贴发展。推动储能成本进一步降低和多元利用，开展风储、光储、分布式微电网储和大电网储等发储用一体化商业应用试点示范。建设清洁能源交易大数据中心。大力发展生物质能。到 2025 年，全省风光电装机达到 5000 万千瓦以上，可再生能源装机占电源总装机比例接近 65％，非化石能源占一次能源消费比重超过 30％，外送电新能源占比达到 30％以上。"

5.《内蒙古自治区国民经济和社会发展第十四个五年规划和二〇三五年远景目标纲要》

"立足于现有产业基础，加快形成多种能源协同互补、综合利用、集约高效的供能方式。坚持大规模外送和本地消纳、集中式和分布式开发并举，推进风光等可再生能源高比例发展，重点建设包头、鄂尔多斯、乌兰察布、巴彦淖尔、阿拉善等千万千瓦级新能源基地。到 2025 年，新能源成为电力装机增量的主体能源，新能源装机比重超过 50％。推进源网荷储一体化、风光火储一体化综合应用示范。"

6.《黑龙江省国民经济和社会发展第十四个五年规划和二〇三五年远景目标纲要》

"优先发展新能源和可再生能源。以消纳为导向，结合省内外电力市场，提升可再生能源电力比重，构建多种能源形态灵活转换、智能协同的新能源和可再生能源供应体系，到 2025 年可再生能源装机达到 3000 万千瓦，占总装机比例 50％以上。有序推进风光资源利用，建设哈尔滨、绥化综合能源基地和齐齐哈尔、大庆可再生能源综合应用示范区，在佳木斯、牡丹江、鸡西、双鸭山、七台河、鹤岗等城市建设以电力外送为主的可再生能源基地，因地制宜发展分布式能源。科学布局生物质热电联产、燃气调峰电站，建设抽水蓄能电站等蓄能设施。推广地热能、太阳能等非电利用方式，积极稳妥推广核能供暖示范，探索可再生能源制氢，开展绿色氢能利用。"

7.《山东省国民经济和社会发展第十四个五年规划和 2035 年远景目标纲要》

"加快优化能源结构。突出可再生能源、核电、外电、天然气四大板块，实现能源消费增量由清洁能源供给。大力发展可再生能源，加强风电统一规划、一体开发，规划布局千万千瓦海上风电和陆上风电装备产业园，开展海洋牧场融合发展试点，加快发展光伏发电，建设盐碱滩涂地千万千瓦风光储一体化基地和鲁西南采煤沉陷区光伏发电基地，科学发展生物质能、水能、地热能。健全可再生能源电力消纳保障机制。实施核能高效开发利用行动计划，按照"3＋2"总体布局，稳步有序推进海阳、荣成、招远等沿海核电基地建设，适时启动第四核电厂址开发，探索核能小堆供热技术研究和示范，打造核能强省。持续扩大"外电入鲁"，重点推进昭沂直流配套电源投产，推动鲁固直流建设配套电源，开工陇东至山东特高压直流工程，提高通道利用率和清洁电量比例。"

8.《江苏省国民经济和社会发展第十四个五年规划和二〇三五年远景目标纲要》

"加快能源绿色转型，全面提高非化石能源占一次能源消费比重。有序推进海上风电集中连片、规模化开发和可持续发展，加快建设陆上风电平价项目，打造国家级海上千万千瓦级风电基地。因地制宜促进太阳能利用，鼓励发展分布式光伏发电，推动分布式光伏与储能、微电网等融合发展，建设一批综合利用平价示范基地。多元化推进生物质能利用，推进垃圾焚烧电站规划建设。加强源网荷储协同，提升新能源消纳和存储能力。安全利用核能，加快田湾核电 7、8 号机组项目建设。提高煤炭清洁集约利用水平，全面淘汰落后煤电机组。以能源结构调整倒逼产业结构调整，提高重大能源装备先进技术和生产制造水平，建设新能源产业基地。"

9.《河北省国民经济和社会发展第十四个五年规划和二〇三五年远景目标纲要》

"构建绿色清洁能源生产供应体系。加快建设冀北清洁能源基地，以推进张家口市可再生能源示范区建设为契机，重点建设张承百万千瓦风电基地和张家口、承德、唐山、沧州、沿太行山区光伏发电应用基地，大力发展分布式光伏，因地制宜推进生物天然气、生物质热电联产、垃圾焚烧发电项目建设，科学有序利用地热能，加快发展可再生能源，努力构建可再生能源发电与其他能源发展相协调、开发消纳相匹配、'发输储用'相衔接的新发展格局，助力实现'碳达峰'目标。到 2025 年，风电、光伏发电装机容量分别达到4300 万千瓦、5400 万千瓦。加快新能源制氢，合理布局加氢站、输氢管线，推进坝上地区氢能基地建设。科学布局天然气调峰电站，加快建设抽水蓄能电站、大容量储能等灵活调峰电源，稳定煤电产能，利用等容量替代建设热电联产和支撑电源项目，推进火电机组灵活性改造工作，保障电网运行安全。推动煤炭行业转型升级，推广煤炭绿色开采新模式，加快煤矿智能化建设。"

10.《山西省国民经济和社会发展第十四个五年规划和 2035 年远景目标纲要》

"提升清洁电力发展水平。立足电力外送基地战略定位，推进电力资源跨区域配置能力建设。以华北、华中等受电地区为重点，布局推进一批特高压及外送通道重点电网工程。适应煤电从主体性电源逐步向基础性电源转变趋势，探索大容量、高参数先进煤电项目与风电、光伏、储能项目一体化布局，实施多能互补和深度调峰，提升电力供给效率。深化电力市场建设，构建'中长期＋现货＋辅助服务'的现代电力市场体系。以市场化、法治化、公平性、可持续为方向，完善战略性新兴产业电价支持政策体系，努力把能源优势转换为新兴产业发展的竞争优势。到 2025 年，电力外送能力达到 5000 万～6000 万千瓦。

推动新能源和可再生能源高比例发展。统筹考虑电网条件和生态环境承载能力，利用采煤沉陷区、盐碱地、荒山荒坡等资源开展集中式光伏项目。探索立体利用土地发展清洁能源模式，推动分布式光伏、分散式风电与建筑、交通、农业等产业和设施协同发展。提升新能源消纳和存储能力，加快推进'新能源＋储能'试点，推动储能在可再生能源消纳、分布式发电、能源互联网等领域示范应用。发挥焦炉煤气制氢等工艺技术低成本优势，有序布局制、储、加、运、输、用氢全产业链发展。因地制宜推进水能、地热能、生物质能、核能等开发布局。"

2.4   开发现状与必要性

2.4.1   开发现状

风电基地的开发模式是我国充分开发利用风能资源的特有模式，是具有中国能源特色的一种战略性选择。我国风电基地化开发模式的推进无不伴随着政策的投入、管理体制和运行机制的创新，这有效地促进了风电的规模开发和集约利用，为未来促进大型风电基地的可持续发展奠定了良好的基础。

我国风电产业自 20 世纪 80 年代起步，早期的风电场单体建设规模小，风电机组的单机容量也小。随着风电产业的发展，建设经验的不断积累，风电场建设的技术基础逐步夯实。为了合理利用风能资源，发挥规模效益，促进设备进步，国家发展改革委等行业管理部门大力推动风电场的开发建设。2003 年，国家发展改革委办公厅发布《关于开展全国大型风电场建设前期工作的通知》（发改办能源〔2003〕408 号），决定从 2003 年开始用 2 年左右的时间，在全国范围内选择约 20 个 10 万 kW 以上的大型风电场，并完成风能资源评价和提出风电场建设的预可行性研究报告。

2003 年 10 月 21—22 日，国家发展改革委在京召开了全国大型风电场建设前期工作会议，会议以《国家发展改革委办公厅关于开展全国大型风电场建设前期工作的通知》（发改能源〔2003〕408 号）的精神为指导，对全国大型风电场建设前期工作内容、工作成果、工作要求及组织管理等进行了讨论，对下一步大型风电场建设前期工作进行了安排和部署。

2005 年，国家发展改革委办公厅下发《第二次全国风电建设前期工作会议纪要》（发改办能源〔2005〕1106 号），首次提出百万千瓦级风电基地的概念。纪要中明确："为了合理和有效利用风能资源，促进我国风电的健康发展，确保电网安全和可靠运行，对于具备成片大规模开发条件的地区，可按建设百万千瓦级风电场的要求进行统一规划，除进行风能资源评价和地质条件勘探外，要重点做好电网的规划设计、电力系统安全和经济性评价工作，并在此基础上，提出风电场建设和管理的有关意见和建议。"会议议定的有关事项，重点从规范规划及前期工作着手，为大规模风电开发的合理布局、高质量建设运行打下良好的基础。

我国幅员辽阔、海岸线长，风能资源大部分分布在东北、华北、西北等"三北"地区及东南沿海。作为清洁能源发展的重要力量之一，在规划、项目管理、电价和补贴、并网运行等方面多项政策的有效支持下，10 余年来我国风电产业得到迅猛发展，截至 2020 年，风电总装机容量位居全球第一。2005 年起我国先后规划了甘肃酒泉、新疆哈密、蒙东、蒙西、河北等装机容量在千万千瓦左右的大型风电基地，自此风电基地的概念应运而生，随后经历了快速生长、弃风困局、红色预警、保障消纳几个阶段，风电布局不断优化，风电利用水平进一步提升。与此同时，经过多年探索，我国已具备海上风电大规模开发条件，并建立了与之相适应的产业体系和制造能力，风电规模化发展再次成为我国清洁能源产业发展的焦点。

"十一五""十二五"属于我国大型风电基地的起步发展期。在此期间，我国陆续开始建设陆上风电基地，同时国内的风电装备制造业无论是在技术研发还是应用方面都获得了长足发展，产业链逐步健全、壮大、趋于完整。据不完全统计，截至2020年，我国共规划有10个大型风电基地，见表2-1。

表 2-1   我国十大风电基地及其基本信息

所在地区	基地名称	重点开发区域	消纳市场
河北	河北风电基地	张家口、承德、沿海地区	华北电网
蒙东	内蒙古东部风电基地	通辽、呼伦贝尔、兴安盟	东北电网
蒙西	内蒙古西部风电基地	包头、巴彦淖尔、乌兰察布、锡林郭勒	华北电网和华东电网
吉林	吉林风电基地	白城、四平、松原	东北电网
甘肃	甘肃风电基地	酒泉、武威	西北电网
新疆	新疆哈密风电基地	哈密	西北电网和华中电网
江苏	江苏沿海风电基地	盐城、南通	华东电网
山东	山东沿海风电基地	淄博、泰安、济宁、临沂	华北电网
黑龙江	黑龙江风电基地	大庆、齐齐哈尔、哈尔滨东部（依兰、通河）、佳木斯、伊春、绥化、牡丹江等	东北电网
山西	山西晋北风电基地	朔州、大同、忻州等	华北电网

2021年11月，国家发展改革委、国家能源局按照统筹规划、突出重点、生态优先、目标导向、保障消纳的原则，明确了第一批约1亿kW大型风电光伏基地项目。这些项目以风光资源为依托、以区域电网为支撑、以输电通道为牵引、以高效消纳为目标，统筹风光资源禀赋和消纳条件，重点利用沙漠、戈壁、荒漠地区土地资源，通过资源综合利用等发展模式，实现生态效益、经济效益、减碳效益等多重效益，在促进我国能源绿色低碳转型发展的同时，能够有效带动产业发展、地方经济发展。

2.4.2 必要性

1. 碳达峰、碳中和战略实施的需要

2021年10月12日，在云南昆明举办的《生物多样性公约》第十五次缔约方大会领导人峰会上指出，为推动实现碳达峰、碳中和目标，我国将陆续发布重点领域和行业碳达峰实施方案和一系列支撑保障措施，构建起碳达峰、碳中和"1+N"政策体系。我国将持续推进产业结构和能源结构调整，大力发展可再生能源，在沙漠、戈壁、荒漠地区加快规划建设大型风电光伏基地项目，第一期装机容量约1亿kW的项目已有序开工。大力发展风光等新能源发电是我国实施碳达峰、碳中和战略的需要。

2. 能源结构转型升级的需要

大力发展可再生能源是贯彻落实"四个革命、一个合作"能源安全新战略思想、推动

能源转型、应对气候变化、实现绿色发展的重要途径。我国将严控煤电项目，"十四五"时期严控煤炭消费增长、"十五五"时期逐步减少。为实现电力系统高质量发展，构建"以新能源为主体的新型电力系统"，提升可再生能源开发消纳水平和非化石能源消费比重，开展多能互补模式的大型新能源发电基地，是电力行业坚持系统观念的内在要求，是实现电力系统高质量发展的客观需要，是提升可再生能源开发消纳水平和非化石能源消费比重的必然选择，对于促进我国能源转型和经济社会发展具有重要意义。

3. 经济社会可持续发展的需要

风电基地规划要全面贯彻党的十九大精神，以习近平新时代中国特色社会主义思想为指导，统筹推进"五位一体"总体布局和协调推进"四个全面"战略布局，坚持以人民为中心的发展思想，牢固树立和贯彻落实新发展理念，坚持质量第一、效益优先，以供给侧结构性改革为主线，推动经济发展质量变革、效率变革、动力变革，着力推进生态环境共建共保，着力构建开放合作新格局，着力创新协同发展体制机制，着力引导产业协同发展，着力加快基础设施互联互通，努力提升人口和经济集聚水平，助力风电基地所在区域经济社会可持续发展。

4. 生态环境保护的需要

风电是清洁能源，其生产过程主要是利用当地自然风能转变为机械能，再将机械能转变为电能的过程，不排放任何有害气体，并减少一次能源的使用。风能资源开发利用可以节约大量的煤炭、油气等化石能源，改善能源结构，降低人类对化石能源的依赖。在风电场建设和运营过程中，采取适当的对策和措施可将环境影响降到最小。风电场建成后，既可以提供充足的电力，又不增加环境的压力，还可为当地增加新的旅游景观。

5. 打造国家清洁能源基地的需要

风电基地建设可以推动区域经济发展和产业转型升级，培育新的经济增长点，通过提升清洁可再生电力，减少地区不可再生能源的消耗，减少温室气体排放，从而达到社会效益、经济效益和生态环境效益多赢。同时积极推进生态环境共建共保，牢固树立生态文明理念，统筹山水林田湖草系统治理，实施最严格的生态环境保护制度，建立生态系统保护修复和污染防治区域联动机制，打好污染防治攻坚战，推动绿色发展，改善生态环境质量，争取更多的国家政策支持和合作机会，引导新能源产业健康发展。进一步倡导践行绿色低碳生活方式和消费理念，动员全社会共同参与践行低碳行动，支持绿色清洁生产。

2.5 规划建设技术标准

(1)《风电场风能资源测量方法》(GB/T 18709—2002)。

(2)《风电场风能资源评估方法》(GB/T 18710—2002)。

(3)《风电场工程风能资源测量与评估技术规范》(NB/T 31147—2018)。

(4)《风电场工程规划报告编制规程》(NB/T 31098—2016)。

(5)《风力发电机组 设计要求》(GB/T 18451.1—2022)。

（6）《风力发电场设计规范》（GB 51096—2015）。

（7）《陆上风电场工程可行性研究报告编制规程》（NB/T 31105—2016）。

（8）《陆上风电场工程设计概算编制规定及费用标准》（NB/T 31011—2019）。

（9）《陆上风电场工程概算定额》（NB/T 31010—2019）。

（10）《风电场项目环境影响评价技术规范》（NB/T 31087—2016）。

（11）《风电场工程场址选择技术规范》（NB/T 10639—2021）。

2.6 建设条件

在进行风电基地规划时，应对风电基地的建设条件进行初步分析，主要包括风电基地的区域气候条件、风能资源条件、交通运输条件、地质条件等。

（1）区域气候条件。分析风电基地所在区域的气候特点、气候成因、极端天气等。

（2）风能资源条件。根据中尺度数据或测风塔实测数据分析风电基地的风能资源，包括年平均风速、50年一遇最大风速、风切变、湍流强度等。

（3）交通运输条件。分析风电基地的区位关系以及周边的高速、国道、省道等交通道路条件，初步判断基地建设过程中的交通运输条件。

（4）地质条件。分析风电基地及其相邻地区、影响工程建筑结构类型、施工方法及其稳定性的各种自然条件，包括地形地貌、地层岩性、地质构造、水文地质条件、物理地质现象等。

2.7 实例

以某风电基地为例，对风电基地规划有关内容进行分析。

2.7.1 规划目标

基地通过打造平价上网示范、先进技术示范、智慧智能示范、工程建设示范、生态改善示范、社会效益示范等"六个示范"，引领风电行业建设新趋势；通过打造一流规划、一流设计、一流设备、一流工程、一流运维、一流成果等"六个一流"，实现建设世界一流风电基地的目标。

2.7.2 规划必要性

1. 实现地区电力可持续发展的需要

某风电基地所处的四子王旗属内蒙古风能资源可利用的地区之一，开发风能资源补充电网电量符合国家能源政策。通过对现场实测数据和测风资料分析，该项目所在地区风能资源品质较好，风能资源丰富，具有较好的可利用价值。

开发此风电基地能够将丰富的风能资源转化为电能，为经济社会发展提供有力支撑，同时能够提高区域清洁能源消费占比，推动实现地区电力的高质量及可持续发展。

2. 实现地区经济可持续发展的需要

风电基地所处的四子王旗，近年来经济社会发展取得了令人瞩目的成就，但是随着经济进入新常态模式，各级政府都在寻求变化发展，适应党中央、国务院提出的生态城市建设的方针。该风电基地总装机容量 600 万 kW，项目投资三百多亿元，项目建设将极大地带动周边区域的相关产业发展，并为当地提供大量的就业岗位，促进人民群众物质文化生活水平的提高，推动城镇和农村经济以及各项事业的发展。

3. 改善能源结构的需要

我国是化石能源消费大国，在"双碳"的战略背景下，需要推动经济、能源、环境实现均衡与路径优化，加速构建清洁高效的能源体系，而大力开发新能源是我国能源结构调整战略的重要途径。风能是清洁的、可再生的能源，开发风能符合国家环保、节能政策，风能开发利用对改善能源结构和节约能源资源将起到重大作用，可显著减少煤炭消耗，弥补我国化石能源的储备不足。

4. 改善生态和保护环境的需要

风能资源的开发利用，可以替代大量的化石能源，减少由此带来的对大气的排放污染，将带来显著的环境效益，促进地区生态文明建设。该风电基地一期 600 万 kW 示范项目建成后，年均上网电量为 1869552.1 万 kW·h。如以火电为替代电源，若按火电能耗（标准煤）为 309g/(kW·h)，则可节约标准煤约 576.25 万 t，每年可减少 CO_2 排放量约 2112.9 万 t，可减少烟尘排放量约 8515.3t，可有效减轻大气污染。

5. 促进当地旅游业发展的需要

风电基地位于内蒙古四子王旗，随着风电场的建成，不但可给地区电网提供电力，而且风电场本身也可成为旅游景点，促进当地旅游业的发展。

2.7.3 建设条件

1. 风电场开发条件

该风电基地位于四子王旗东南部，与旗政府驻地乌兰花镇直线距离为 40~105km，地理坐标位于东经 111°34′43″~112°57′57″、北纬 41°38′37″~42°13′30″，总面积约 3800km²，涉及供济堂镇、白音朝克图镇、红格尔苏木、查干补力格苏木、乌兰牧场等行政区域。风电基地地势由中部向东北和西南方向降低，整体地形中西部以丘陵为主，东北部地形较为平坦，海拔介于 1250.00~1740.00m。风电基地东邻 G55 高速、G208 国道，西部有 G209 国道南北向穿越，白土线、土大线、白白线等主干县道东西向穿越风电基地，与对外运输线路相通，交通条件便利。

2. 风能资源情况

该风电基地 90m 高度代表年平均风速 7.3~10.4m/s，风功率密度 410~1035W/m²。根据《风电场工程风能资源测量与评估技术规范》（NB/T 31147—2018）判定该风电场风功率密度等级为 3~7 级，风电基地风能资源丰富，可建设成风电场，具有较好的开发前景。

3. 地质条件

（1）场址区 50 年超越 10% 概率的地震动峰值加速度为 0.05g，地震动反应谱周期为

0.45s，对应地震烈度 6 度，属区域构造稳定区。

（2）风电场场址区为中等复杂场地，地基等级为中等复杂地基，场地环境类别为Ⅲ类。场址区地势平缓、开阔，部分区域地形起伏较大。地基土主要为全风化～强风化泥岩及花岗岩、片岩等基岩层，场址区属可进行建设的抗震一般地段，场地类别为Ⅰ$_1$～Ⅱ类。

（3）地震动峰值加速度为 0.05g，相对应的地震基本烈度为 6 度，场址区地基土可不考虑砂土液化问题。

（4）软岩区地下水位总体埋藏深度变化较大，在靠近冲沟部位局部地下水位埋藏深度为 1.8～4.2m，其他部位未发现地下水。地下水位的变化幅度为 3m。无覆盖的硬岩区地势较高，地表水不发育，地下水埋深大，对建筑物基础无影响。

（5）场址区存在季节性冻土，其标准冻深线深度为地面以下 2.3m 左右。

（6）根据地形地貌、地层岩性的差别，将风电场分为 3 个工程地质分区，第一分区为软岩区，主要分布于场址中北部和南部，地貌为平原区及缓丘区，下部岩层为第三系泥岩夹砂砾岩；第二分区为硬岩风化区，主要分布于场址西部、东部，地貌为丘陵，下部全风化坚硬岩石；第三分区为硬岩区，主要分布于场址中东部、南部，地貌为丘陵及山地，基岩裸露或零星浅覆盖。

（7）风电场场址区地基土主要分为 3 层。分区描述为：

1）软岩区。该分区主要由表土层、粉土层、粉细砂、砾砂、泥岩及砂砾岩组成，分述如下：①表土层，褐黄色，稍湿，结构松散，主要以黏性土为主，含大量植物根，偶见砾石；②粉土层，褐黄色，稍湿，稍密—中密，土质较均匀，含砂粒、云母等；③粉细砂，褐黄色，稍湿，稍密—中密，主要成分为石英、长石、云母等，细砂为主；④砾砂，褐黄色、褐红色，稍湿，中密—密实，主要成分为石英、长石，含云母片等，个别圆砾，细粒结构；⑤泥岩，褐红色为主，局部为褐黄色，硬塑状态，泥状结构，块状构造，见有水平层理，岩芯呈黏土状，主要成分为粉质黏土，含 10%～20% 的砂粒，个别砾石；⑥砂砾岩，褐红色为主，局部为褐黄色，块状构造，泥质胶结，岩芯呈砂土状，个别呈薄饼状，手捏易散。

2）硬岩风化区。该分区主要包括全风化花岗岩，灰白，灰黄色，主要成分为长石、石英，部分云母及少量暗色矿物，原岩已强烈风化，岩芯呈砂砾状，部分呈碎块状、薄饼状，手掰可掰碎。

3）硬岩区。该分区主要分布于场址中东部、南部，地貌为丘陵及山地，基岩裸露或零星浅覆盖，岩性成分为寒武—奥陶系白云鄂博群浅黄色变质砂岩、灰白色石英岩、侏罗系上统紫红色砂岩。

第 3 章
基地风能资源分析

3.1 基地风能资源分析方法与先进技术

3.1.1 全球高分辨率气候模型和高精度雷达影像地形数据技术

采用全球高分辨率（5km）气候模型和高精度（90m）雷达影像地形数据等前沿技术，创新研究风电基地所在区域的大气环流背景、气候类型、天气系统、地形地貌特点，研究以上多因素复合影响下风能资源的形成、分布和变化特点，从宏观层面分析风电基地的风能资源形成机理，为风电基地场址布局提供依据。

3.1.2 中小尺度数值天气预报模式技术

采用气象观测数据为源的中小尺度数值天气预报模式技术模拟结果，分析整个风电基地范围内风速和风向分布特点，为风电场场址布局提供选址和排布依据；对测风塔代表性不足的区域引入虚拟测风塔，提高无测风资料区域的风能资源评估精度。

3.2 基地风能资源测量

风电工程的开发利用过程中，项目现场的风能资源测量是一项非常重要的基础工作，通常在整个风电工程开发的起始阶段就应首先考虑开展此项工作，为风能资源评估提供可靠的基础数据支撑。对于风电基地而言，风能资源测量工作显得尤为重要，直接关系到风电基地的宏观选址、规模确定、整体布局、项目效益，是风电基地建设成功与否的关键。

风电基地的风能资源测量可根据基地开发进度需求划分为宏观风能资源普查和项目风能资源测量。宏观风能资源普查适用于风电基地前期规划阶段，项目风能资源测量适用于风电基地建设实施阶段。

3.2.1 宏观风能资源普查

我国的风电基地主要分布在"三北"地区和西南部分省区，这些区域风能资源丰富、地形相对平坦、建设条件良好。一般而言，风电基地的规划装机容量为 3～8GW 的规模，大型的风电基地规划装机容量甚至达到了 10GW 以上。风电基地呈现出集中、连片的特点，涉及的场址区域面积较大，比如某风电基地规划装机容量为 6GW，场址东西方向距离达到 80km、南北方向距离达到 95km，场址面积约 2700km²。面对如此大的空间区域范围，在风电基地的前期规划阶段，首先应该开展基地层面的宏观风能资源普查。

风电基地的宏观风能资源普查需结合区域气候特点和地形条件制订风能资源普查方案。本阶段风能资源普查建议采用中尺度风能资源数值模拟与测风塔观测相结合的技术方案。具体步骤为：

第一步：收集拟规划风电基地所在地区的气候资料，包括附近城市或城镇气象站的历史观测资料和区域气候特征资料，比如历年风速、风向、气温、气压、大风、极端气温、沙尘、雷暴等资料，主要用以初步分析判断风电基地的宏观气候特征，为基地宏观风能资源普查提供基础资料。

第二步：利用中尺度风能资源数值模拟技术，对风电基地所在区域的宏观风能资源特征进行模拟，主要进行风速和风向流场模拟。根据模拟结果，对风电基地宏观风能资源水平大小、风速空间分布特征、风向变化等进行分析判断，初步筛选出风电基地的区域范围。在此过程中，数值模拟要充分结合地形资料，模拟的空间区域范围一般在初步划定的风电基地范围基础上，再向四周延伸 10～30km；如果遇到周边有大的山体、湖泊等影响气流变化的地形，还应把这些特殊地形包含进去。常用的中尺度数值天气预报模式有MM4 与 MM5 模式、WRF 模式、ARPS 模式等。

第三步：编制测风方案，设立测风塔观测风电基地风能资源。本阶段对测风点的数量设置要求相对较低，能够基本摸清基地整体的风能资源和空间变化规律即可。对于平坦地形的风电基地，本阶段测风塔设立的原则为：在基地上风向、下风向各设立 1 座测风塔，沿主风向方向上可每间隔 10～20km 设立 1 座测风塔，垂直于主风向的方向上可每间隔5～10km 设立 1 座测风塔。对于丘陵及复杂地形的风电基地，本阶段测风塔的设立可视情况稍作加密，但在最低海拔、平均海拔、最高海拔的地方均需设立测风塔。鉴于当前的风电机组发展趋势，测风塔的高度建议至少在 120m。

3.2.2　项目风能资源测量

项目风能资源测量根据相关规范要求可在风电基地宏观风能资源普查进行一年后开展，但实际根据风电基地推进的进度情况在半年后就可开展。此时已确定某区域具备建设风电基地的宏观风能资源条件，基地内项目规划布局也基本确定，具体到基地内每个项目层面，宏观风能资源普查资料又不足以满足单个项目开发建设对风能资源评估的要求，需要进一步按照基地内的项目布局情况，针对性地制定细化的测风方案，测风方案中对测风点的数量设置及其区域代表性都提出了较高的要求，确保每个项目都按照规范要求开展风能资源测量，为项目的经济效益分析提供可靠的风能资源基础数据。

3.2.3　测量方案

风电基地的风能资源测量方案编制相对于一般风电场而言，技术要求基本相同，并无特殊之处，但在测风点的布局上应从风电基地整体的角度考虑出发。

测量方案的编制主要包括以下内容：

（1）风电基地的概况描述。主要包括地理位置、地形地貌、气候特征、宏观风能资源普查情况、基地的项目规划布局等。

（2）分析确定设立测风塔的数量、位置、高度及设备布置。

（3）测风点的拟定原则：

1）所选测风点的风况宜代表观测区域的平均水平，测风点宜避开场址最高、最低及其他与风电场主要地形、地貌或障碍物特征差异较大的地点。

2）所选测风点附近应无高大、与场址主要地表附着物迥异的障碍物，与单个障碍物距离应大于障碍物高度的 3 倍，与成排障碍物距离应保持在障碍物最大高度的 10 倍以上。

（4）简单地形风电基地风能资源测量方案应满足下列要求：

1）简单地形通常指高程变化较小、起伏不大的场址地形，典型代表如戈壁滩、沙漠、平原、滩涂、草原等，定量判定标准建议为场址区及周边 5km 范围内地形总体坡度不超过 2°，局部高差不超过 20m，总体坡度的计算方法是连续场址范围内的总体高程差除以所在区域最大水平距离。

2）根据拟开发区域面积、形状进行风电机组初步排布，合理确定测风塔数量，每座测风塔的有效控制区域半径宜为 3km，不应超过 5km。

3）拟开发区域内应至少有 1 座高度不小于初拟风电机组轮毂高度的测风塔。

（5）复杂地形风电基地风能资源测量方案应满足下列规定：

1）复杂地形指高程差异较大、坡度陡峭的场址地形，典型代表如丘陵、山地等，定量判定标准建议为场址区局部高差大于 20m。

2）需进行风电机组初步排布，并根据风电机组的水平空间分布和垂直空间分布综合确定测风塔数量及位置。

3）测风塔的有效控制区域半径不宜超过 2km，测风塔与预装风电机组的海拔高差不宜大于 50m。

4）拟开发区域及周边 3km 范围内测风塔数量不少于 2 座，其中至少有 1 座测风塔高度不小于初拟风电机组轮毂高度，其余测风塔高度接近初拟风电机组轮毂高度。

（6）过渡地形风电基地风能资源测量方案。过渡地形指场址区为简单地形，场址区周边 5km 范围内存在复杂地形的地形。风能资源可能受到周边大范围地形特征或区域气候特征的影响出现与局部地形特点不相符合的变化规律，例如：在垭口下风向可能存在与局部地形变化不一致的风速变化；在高大山脉周边可能存在因气候原因造成的风速变化；在沿海区域可能存在因海岸线距离不同造成的风速变化。因此，过渡地形风电基地风能资源测量方案除应满足简单地形测量方案编制规定外，还应在靠近复杂地形方向场址范围内加设测风塔，测风塔高度不小于初拟风电机组轮毂高度。

（7）仪器配置。拟开发区域内应至少有 1 座测风塔设计安装有 4 层及以上的风速传感器、2 层及以上的风向传感器、2 层气温计、1 层气压计及 1 层湿度计。

（8）各类测量设备的设计安装高度应满足下列要求：

1）随着风电机组叶轮直径增加，叶轮扫掠面上缘与下缘的风况差异可能扩大，轮毂高度处风况对整个叶轮扫掠面内风况的代表性可能下降，特别是在山地、峡谷、近海、森林等地形或下垫面变化复杂的区域，叶轮扫掠面内的风况可能存在突变，为降低风能资源开发风险，建议加强对整个叶轮扫掠面内的风能资源测量，在轮毂高度至扫掠面上缘之间增加测风。因此在 10m 高度设计安装 1 套风速传感器；在初拟风电机组轮毂高度处设计安装 2 套风速传感器；在接近风电机组叶轮扫掠面最低高度的 10m 的整倍数高度处设计安装 1 套风速传感器；在接近风电机组叶轮扫掠面最大高度的 10m 的整倍数高度处设计安装 1 套风速传感器；其余风速传感器设计安装在风电机组叶轮扫掠面内 10m 的整倍数高度处。

2）在 10m 高度及初拟风电机组轮毂高度处附近各设计安装 1 套风向传感器，可在风电机组叶轮扫掠面内增加 1 套风向传感器。

3）在测风塔近地面高度及初拟风电机组轮毂高度处附近各设计安装 1 套气温计，在测风塔初拟风电机组轮毂高度安装 1 套气压计和 1 套湿度计。安装 2 套气温计的目的是为了确定测风塔所在位置的大气稳定度，为避免地面热辐射对大气稳定度测量产生不利影响，建议低层气温计安装高度不低于 20m。

4）在植被茂密的林区，需在高于森林冠层 10m 左右高度处增加 1 套风速传感器和风向传感器。

5）在同一高度设计安装包含风速传感器在内的多种测量设备时，风向传感器、气温计、气压计及湿度计的设计安装高度应低于风速传感器 2m。

（9）对存在凝冻、台风、连阴雨等气象条件的风电场，应提出测风塔的特殊要求。

3.2.4 测风设备选型

目前，激光雷达、声雷达、超声波测风仪等新型观测设备已逐步应用于风能资源测量领域，特别是可移动的激光雷达和声雷达测风仪具有灵活机动的特点，能够有效降低复杂风况区域的风能资源测量成本和评估风险，已初步展现出了较好的工程应用价值。但同时也应当看到，这些新型测风设备采用与机械式测风设备完全不同的技术原理，相关技术应用有待进一步推广，可靠性和准确性仍需大量工程实践的验证，单独使用可能存在一定风险，配合机械式测风设备使用更加稳妥。所以在风能资源测量中应使用机械式测风设备，可使用激光雷达和超声波测风仪等观测设备作为补充。

3.2.5 测量仪器

风能资源测量仪器应适应野外环境条件并具有检验合格证。当前工程应用较多的包括机械式测风设备、雷达测风仪、超声波测风仪等三种主流设备。

1. 机械式测风设备

（1）风速传感器需满足下列规定：①测量范围应为 0～50m/s，在极端大风天气的区域，测量范围为 0～70m/s；②分辨率不大于 0.1m/s；③在 3～30m/s 范围内测量误差不超过±0.3m/s；④起始风速不大于 0.5m/s；⑤距离常数不大于 5m；⑥运行温度区间为 −40～50℃；⑦运行湿度范围为 0～100%（相对湿度）；⑧风速传感器在使用前需进行标定，使用过程中若数据发生异常则重新进行标定，使用时间不超过 2 年。

（2）风向传感器需满足下列规定：①测量范围为 0°～360°；②分辨率不大于 0.5°；③测量误差不超过±1°；④选择无死区的设备；⑤运行温度区间为 −40～50℃；⑥运行湿度范围为 0～100%（相对湿度）。

（3）气温计需满足下列规定：①测量范围为−40～50℃；②测量误差不超过±0.5℃。

（4）气压计需满足下列规定：①测量范围为50～110kPa；②测量误差不超过3%。

（5）湿度计需满足下列规定：①测量范围为0～100%（相对湿度）；②在相对湿度20%～80%范围内测量误差不超过±3%。

（6）数据采集器需满足下列规定：①具备采集、计算、记录测量参数的功能；②至少具备数据拷贝、有线传输及无线传输功能；③具备能够保存完整2年10min记录时段数据的存储能力；④具备防盗功能，存储卡宜加密；⑤具备在存储卡丢失或损坏后仍能正常测风、短期存储并通过无线传输发送数据的能力；⑥具备在风电场所在地气候条件下可靠运行2年的能力。

2. 雷达和超声波测风仪

雷达和超声波测风仪需满足下列规定：①正式测风前与机械式测量设备进行对比观测，时间需在7天以上，至少在1套超声波测风仪安装高度上同时安装1套机械式风速传感器进行对比观测；②激光雷达和超声波测风仪风速测量范围宜为0～70m/s，声雷达风速测量范围宜为0～30m/s；③分辨率不大于0.1m/s；④测量误差不超过±0.3m/s；⑤运行温度区间为−40～50℃；⑥有效数据完整率不小于80%；⑦雷达的探测头具备自清洁功能；⑧针对风电场所在地气候特点出具适应性说明；⑨具备7天以上不间断测量的电源供应能力；⑩采取防盗措施。

3.2.6   数据管理

风能资源测量工作开始后，需定期进行测量数据整理，数据整理的时间间隔宜为1个月。

数据整理按照《风电场工程风能资源测量与评估技术规范》（NB/T 31147—2018）要求，初步检验数据的完整性及合理性，统计数据完整率和平均风速，制作风向玫瑰图及风速分布柱状图，整理异常记录及维修记录等并编制测风简报。

3.3   基地风能资源计算

风能资源计算主要对各项风特征参数进行统计计算，采用的国家标准包括《风电场风能资源评估方法》（GB/T 18710—2002）和《风电场工程风能资源测量与评估技术规范》（NB/T 31147—2018）。目前没有关于风电基地风能资源计算的相关标准，在风电基地的风能资源计算中，主要考虑空气密度、平均风速、风功率密度、风切变指数、湍流强度、50年一遇最大风速、威布尔分布参数等风特征参数。

1. 空气密度

空气密度 ρ 与风功率密度呈线性关系，空气密度的大小直接关系到风能的多少。由于场址区域较大，有的风电基地会有海拔相差较大的现象，将导致基地内不同风电场之间的空气密度 ρ 数值差距明显，因此风电基地的空气密度计算显得尤为重要。空气密度计算有以下两种方法：

（1）根据参证气象站资料计算空气密度，有

$$\rho = \frac{1.276}{1+0.00366t} \cdot \frac{P-0.378e}{1000} \tag{3-1}$$

式中　t——平均气温，℃；

　　　P——平均气压，hPa；

　　　e——平均水汽压，hPa。

采用式（3-1）计算空气密度需要知道气温、气压和水汽压3个因子，因此只适用于计算气象站的空气密度。由于风电基地大都远离城镇，距离参证气象站较远，海拔相差也较大，因此在实际工程计算中，需要采用经验公式将参证气象站海拔处的空气密度推算至风电基地平均海拔处的空气密度。如果风电基地内的各风电场海拔相差较大，还需要推算出每个风电场的平均海拔处的空气密度。空气密度与海拔的经验公式为

$$\rho_{z_2} = \rho_{z_1} e^{-0.001(z_2-z_1)} \tag{3-2}$$

式中　ρ_{z_2}——风电基地实际高程的空气密度，kg/m^3；

　　　ρ_{z_1}——参证气象站高度的空气密度，kg/m^3；

　　　z_2——风电基地海拔，m；

　　　z_1——参证气象站海拔，m。

（2）采用现场测风塔资料计算空气密度。计算公式为

$$\rho = \frac{P}{RT} \tag{3-3}$$

式中　P——测风塔实测平均气压，hPa；

　　　R——气体常数，取287J/（kg·K）；

　　　T——测风塔实测年平均空气开氏温标。

在风电基地的实际工程计算中，由于气象站具有长期资料，可以计算得到多年平均空气密度，但气象站到风电基地距离较远、海拔相差较大；现场测风塔位于风电基地内、海拔与风电基地海拔接近，但观测时间往往只有一年，时间较短。因此，需要对上述两种方法计算的风电基地空气密度进行综合分析，如两者计算结果相差较小（根据工程经验，差值小于等于$0.03kg/m^3$），建议取参证气象站推算的空气密度值；如两者计算结果相差较大（差值大于$0.03kg/m^3$），建议取现场测风塔计算的空气密度值。

2. 平均风速

平均风速是反映风能资源大小的重要参数，是观测时段内的风速之和除以观测次数。它可以是年平均风速、月平均风速、小时平均风速。其中，年平均风速是全年瞬时风速的平均值，年平均风速越大，则风能资源越好。平均风速的计算公式为

$$v = \frac{1}{n} \sum_{i=1}^{n} v_i \tag{3-4}$$

式中　v——平均风速，m/s；

　　　v_i——观测点风速，m/s；

　　　n——观测点样本数。

3. 风功率密度

风能是气流运动时的动能，它是气流在单位时间内以速度 v 通过面积 A 时所具有的能量，即获得的功率计算公式为

$$W = \frac{1}{2}\rho A v^3 \tag{3-5}$$

式中　W——风能功率，W；

　　　ρ——空气密度，kg/m³；

　　　v——风速，m/s；

　　　A——面积，m²。

风功率密度表征的是气流垂直通过单位面积（叶轮面积）的风能，它是表示风能资源多少的指标。假设叶轮面积为 1m²，则风功率密度 ω 为

$$\omega = \frac{1}{2}\rho v^3 \tag{3-6}$$

式中　ω——风功率密度，W/m²。

风电基地的风能资源评估通常需要计算平均风功率密度，才具有实际意义。由于风速是一个随机性很大的量，需通过一定时间长度的观测来衡量它的平均状况。因此，在一段时间内（一般是一年）平均风功率密度为将式（3-6）对时间积分后再求平均，即

$$\overline{\omega} = \frac{1}{T}\int_0^T \frac{1}{2}\rho v^3 \mathrm{d}t \tag{3-7}$$

式中　$\overline{\omega}$——平均风功率密度，W/m²；

　　　T——时间，h。

在实际工程计算中，除了计算平均风功率密度外，还应计算有效风功率密度，它对风能资源计算更具有实际意义。有效风功率密度指的是风电机组切入风速至切出风速区间范围内的平均风功率密度。

4. 风切变指数

风电工程中用到的风切变指数一般指的是垂直风切变，它表示风速随高度变化程度的大小或快慢。在实际工程中一般采用幂指数公式计算风切变指数，即

$$v_2 = v_1\left(\frac{z_2}{z_1}\right)^\alpha \tag{3-8}$$

式中　α——风切变指数；

　　　v_1——高度 z_1 处的风速，m/s；

　　　v_2——高度 z_2 处的风速，m/s。

对式（3-8）取对数，得到风切变指数 α 的计算公式为

$$\alpha = \frac{\lg\dfrac{v_2}{v_1}}{\lg\dfrac{z_2}{z_1}} \tag{3-9}$$

计算风切变指数时，需注意以下几点：

（1）用于风切变指数计算的数据为实测的有效数据，不得为经过修正、订正或通过数

值模拟获得的数据。

（2）用于风切变指数计算的数据来源为测风塔上相同安装方向风速传感器的测量成果。

（3）分别计算不同高度间的风切变指数。

（4）拟合大风时段风切变指数时，大风时段选取标准宜为 10m 高度处不小于 10m/s 的观测数据，若数据量过少，也可选用风速降序排列后前 5% 的数据。

对于风电基地而言，风切变指数计算建议增加各测风塔的年内各月风切变指数对比分析，以便对基地内的风切变空间变化及年内变化进行对比分析。在某风电基地内选取两座测风塔的风切变指数进行举例，其风切变指数年内变化曲线如图 3-1 所示，可以看出：从空间分布来看，9260 测风塔的风切变指数总体比 9680 测风塔的风切变指数大；从时间分布来看，两座测风塔的风切变指数年内各月变化规律基本相同，总体表现出秋冬季节风切变大，春夏季节风切变小的特点，这与风速的年内变化规律基本一致。

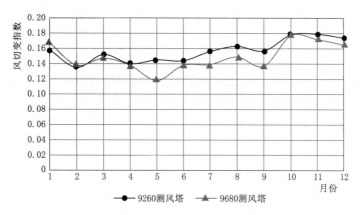

图 3-1　风切变指数年内变化曲线

5. 湍流强度

湍流又称紊流，它是风速的标准偏差与平均风速的比率，用同一组测量数据和规定的周期进行计算，通常采用 10min 周期的数据进行计算。湍流表征的是风速的扰动或不规律性，是重要的风况特征指标，它对风能资源评估和风电机组选型具有重要的参考价值。

湍流的影响因素较为复杂，很大程度上取决于地表粗糙度、大气稳定度和障碍物。产生湍流的原因可分为两大类：一类是动力因子，当气流运动时，受到地表粗糙度的摩擦或者地形阻滞作用，从而产生湍流；另一类是热力因子，大气受到太阳照射，导致空气密度差异和大气温度差异，从而引起气流运动。通常而言，上述两种因子往往共同作用，对大气的湍流运动产生影响。在中性大气层结条件下，空气随着上升运动发生绝热冷却，并与周围环境气温达到热平衡，故在中性大气中，湍流强度取决于地表粗糙度大小。

风电工程中的湍流强度由水平风速的标准偏差和相同时段的平均风速计算得出。10min 湍流强度的计算公式为

$$I_T = \frac{\sigma}{v} \tag{3-10}$$

式中　I_T——湍流强度；

σ——10min 风速的标准偏差，m/s；

v——10min 平均风速，m/s。

在风电基地的风能资源计算中，根据工程实际需要，往往需要计算初拟风电机组轮毂高度处全风速段的代表性湍流强度。代表性湍流强度计算式为

$$I_{rep}^{j} = I_{ave}^{j} + 1.28\sigma_{1}^{j} \tag{3-11}$$

式中 I_{rep}^{j}——j 个风速段的代表性湍流强度，风速段为 $(j-0.5, j+0.5)$ m/s；

I_{ave}^{j}——j 个风速段的平均湍流强度，湍流强度应按照现行国家标准《风电场风能资源评估方法》（GB/T 18710—2002）的规定计算；

σ_{1}^{j}——第 j 个风速段的湍流强度的标准差。

在某风电基地内选取一座测风塔数据计算的轮毂高度处各风速段湍流强度计算结果见表 3-1，其变化曲线如图 3-2 所示，可以看出湍流强度随风速增大而减小。此外，测风塔在风速低于 6m/s 时湍流强度为 IEC B 类，风速大于 6m/s 时湍流强度为 IEC C 类。在实际工程中，关于湍流强度的计算和分析，目前大都采用轮毂高度处全风速段的代表性湍流强度曲线，根据该曲线对湍流强度进行分析和判断，以满足风能资源分析和风电机组选型的需要。

表 3-1   某测风塔 90m 高度处各风速段湍流强度计算结果表

风速段/(m/s)	记录数	平均湍流强度	湍流强度标准差	代表性湍流强度
<0.5	419	0.16	0.21	0.43
1	1284	0.51	0.19	0.75
2	1996	0.29	0.17	0.51
3	3232	0.19	0.12	0.34
4	3716	0.16	0.10	0.28
5	4207	0.13	0.08	0.23
6	4772	0.11	0.06	0.19
7	4883	0.10	0.05	0.16
8	4468	0.08	0.04	0.14
9	4275	0.08	0.04	0.13
10	3909	0.08	0.04	0.13
11	3466	0.07	0.03	0.12
12	2497	0.07	0.03	0.12
13	1945	0.08	0.03	0.12
14	1361	0.08	0.03	0.11
15	1035	0.08	0.03	0.11
16	665	0.08	0.02	0.11
17	497	0.08	0.02	0.11
18	335	0.08	0.03	0.11
19	212	0.08	0.02	0.10
20	117	0.08	0.02	0.11
21	66	0.08	0.02	0.10

续表

风速段/(m/s)	记录数	平均湍流强度	湍流强度标准差	代表性湍流强度
22	43	0.08	0.01	0.10
23	18	0.09	0.01	0.10
24	6	0.09	0.01	0.11
25	3	0.08	0.01	0.10
26	1	0.07	0.00	0.07

6. 50 年一遇最大风速

风电机组轮毂高度处 50 年一遇最大风速是关于风电场安全等级判定的重要参数，也是风电机组选型和极限荷载评估的重要依据。根据《风力发电系统 第 1 部分：设计要求》（IEC 61400-1：2019）中关于风速设计安全等级的参考建议，给出了Ⅰ类、Ⅱ类、Ⅲ类风电场 50 年一遇最大风速的参考值，分别为 50m/s、42.5m/s、37.5m/s。

关于 50 年一遇最大风速的计算，结合工程经验，给出极值Ⅰ型概率分布法、7 日风暴法、5 倍平均风速法及风压法四种计算方法。

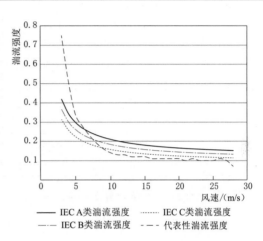

图 3-2 某测风塔 90m 高度处各风速段湍流强度变化曲线图

（1）极值Ⅰ型概率分布法（耿贝尔分布）。《风电场工程风能资源测量与评估技术规范》（NB/T 31147—2018）中给出了具体的计算方法。风速的年最大值应按照极值Ⅰ型概率分布进行拟合，分布函数为

$$F(V_{max}) = e^{-\exp[-\alpha(V_{max}-u)]} \tag{3-12}$$

式中 V_{max}——风速的年最大值，m/s；

u——极值Ⅰ型概率分布的位置参数，m/s；

α——极值Ⅰ型概率分布的尺度参数。

极值Ⅰ型概率分布的位置参数 u 和极值Ⅰ型概率分布的尺度参数 α 的计算式为

$$\mu = \frac{1}{n}\sum_{i=1}^{n} v_{max\,i} \tag{3-13}$$

$$\sigma = \sqrt{\frac{1}{n-1}\sum_{i=1}^{n}(v_{max\,i}-\mu)^2} \tag{3-14}$$

$$\alpha = \frac{c_1}{\sigma} \tag{3-15}$$

$$u = \mu - \frac{c_2}{\alpha} \tag{3-16}$$

式中 μ——实测年最大风速序列均值，m/s；

σ——实测年最大风速序列标准差，m/s；

n——实测年最大风速序列样本数（$n \geqslant 15$）；

c_1、c_2——系数，见表 3-2。

表 3-2　　　　　　　　　　　系数 c_1、c_2 值

n	c_1	c_2	n	c_1	c_2
10	0.94970	0.49520	60	1.17465	0.55208
15	1.02057	0.51820	70	1.18536	0.55477
20	1.06283	0.52355	80	1.19385	0.55688
25	1.09145	0.53086	90	1.20649	0.55860
30	1.11238	0.53622	100	1.20649	0.56002
35	1.12847	0.54034	250	1.24292	0.56878
40	1.14132	0.54362	500	1.25880	0.57240
45	1.15185	0.54630	1000	1.26851	0.57450
50	1.16066	0.54853	100000	1.28255	0.57722

50 年一遇最大风速计算公式为

$$V_{50-\max} = u - \frac{1}{\alpha} \ln \left[\ln \left(\frac{50}{50-1} \right) \right] \tag{3-17}$$

采用极值 I 型概率分布法计算 50 年一遇最大风速时，根据工程经验，需注意以下两点：

1) 应根据气象站 50 年一遇最大风速推算风电场初拟风电机组轮毂高度处标准空气密度下的 50 年一遇最大风速范围，推算公式为

$$V_{std} = V_{mea} \times \sqrt{\frac{\rho_m}{\rho_0}} \tag{3-18}$$

式中　V_{std}——标准空气密度下 50 年一遇 10min 平均最大风速，m/s；

V_{mea}——气象站空气密度下 50 年一遇 10min 平均最大风速，m/s；

ρ_m——气象站空气密度，kg/m^3；

ρ_0——标准空气密度，kg/m^3。

2) 在进行不同高度 50 年一遇最大风速和极大风速的推算时采用大风时段风切变指数。

实际上，在对风电场风能资源实际计算过程中，往往还需要计算 50 年一遇极大风速 V_{e50}，即 50 年内出现的 3s 极大平均风速。50 年一遇极大风速由 50 年一遇最大风速乘以系数 θ 计算得到，θ 的计算式为

$$\theta = \frac{1}{n} \sum_{i=1}^{n} \frac{V_i^{\max}}{V_i^{ave}} \tag{3-19}$$

式中　n——大风时段的风速记录数；

$V_i^{\max}$——大风时段第 i 个 10min 最大风速，m/s；

V_i^{ave}——大风时段第 i 个 10min 平均风速，m/s。

极值 I 型概率分布法的优缺点为：优点是计算结果可信度高，是行业内普遍认可的方法；缺点是参证气象站与风电基地普遍较远，气象站与风电基地测风数据相关性普遍较差，且有些气象站长期资料不齐全，导致本方法的计算结果在很多情况下参考价值不高。

（2）7 日风暴法。由罗斯贝波理论和自然天气周期概念可知，天气系统对某一地区的影响大约有 7～10 日的平均影响周期，但在不同的气候区域，又不尽相同。考虑到中小尺度天气系统的影响，一次天气过程可能会出现 2 个风速较大的时段，以 7 日最大 10min 平均风速取样，既能较为全面地反映出较大风速的变化，又可以在一定程度上屏蔽掉无效或有干扰的样本。7 日最大 10min 平均风速不是严格的随机过程，样本概率之间不能严格地满足泊松分布，这主要是由影响当地天气的系统变化所致。对于 1 年以上的风速变化来说，7 日最大 10min 平均风速仍然可以认为是准平稳过程，可以使用极值 I 型概率分布法。因此，从本质上说，7 日最大 10min 平均风速取样法实际是极值 I 型概率分布法的一种演变。用于风电基地的实测数据要求至少有完整的 1 年样本序列，一个实测高度上正好可以获得 52 个 7 日最大 10min 平均风速样本。以此 52 个样本，采用极值 I 型概率分布法，便可估算此高度上的 50 年一遇最大风速。

7 日风暴法的优缺点为：优点是在实际项目计算中，仅有短期实测数据的情况下也可采用本方法；缺点是计算结果准确性不高，仅作为参考。

（3）5 倍平均风速法。威布尔曲线用于拟合风速的分布频率，由形状参数 k 和尺度参数 A 决定。我国区域范围内的 k 值通常为 1.0～2.6。根据欧洲经验，当 k 值为 1.8～2.3 时，用 5 倍平均风速法来计算 50 年一遇最大风速是合适的。其计算公式为

$$V_{50-\max}=5v_{\mathrm{ave}} \tag{3-20}$$

5 倍平均风速法的优缺点为：优点是计算简便，在仅有短期实测数据的情况下也可采用本方法；缺点是计算结果准确性不高，仅作为参考。

（4）风压法。根据伯努利方程得到风压公式，即

$$W_{\mathrm{P}}=0.5\rho V_{50-\max}^2 \tag{3-21}$$

式中　W_{P}——风压，N/m²；

ρ——空气密度，kg/m³；

$V_{50-\max}$——50 年一遇最大风速，m/s。

从《建筑结构荷载规范》（GB 50009—2012）标准中的全国风压数值表或全国风压等值线图可以查得风电基地所在地的风压，由此可计算 $V_{50-\max}$。

风压法的优缺点为：优点是计算简便；缺点是计算结果准确性不高，仅作为参考。

以上四种方法各有优缺点，采用不同方法计算的结果通常存在一定差别。在风电基地的实际计算中，应尽可能多地收集参证气象站数据，并选取多种方法进行对比分析计算，以降低评估的不确定性。

7. 威布尔分布参数

用于拟合风速分布的函数较多，通常有瑞利分布、对数形态分布、Γ -分布、双参数

威布尔分布、三参数威布尔分布等。在风电行业内，双参数威布尔分布普遍被认为是适用于风速频率分布描述的概率密度函数。

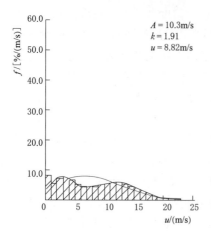

图 3-3 威布尔分布拟合

威布尔分布是用来描述风速频率分布的概率密度函数，是对现场测风数据风频的近似拟合。计算威布尔分布参数的方法通常有最小二乘法、平均风速和标准差估算法、平均风速和最大风速估算法。根据国内外大量验证结果，上述方法中最小二乘法误差最大。在风电行业的具体应用中，最小二乘法、平均风速和标准差估算法需要有完整的风速观测资料，需要进行大量的统计工作；平均风速和最大风速估算法中的平均风速和最大风速可以从常规气象资料获取，因此更具优越性。

在风电工程的实际应用中，采用双参数威布尔分布虽然符合大部分风电场的风速频率分布规律，但也有一些地区的威布尔分布拟合较差，比如新疆小草湖地区、青海冷湖地区等。风速频率分布呈现双峰型时，威布尔分布（图3-3）的拟合情况较差，在实际的工程中计算发电量时就不能用威布尔分布拟合，而必须采用实测的风频曲线进行计算。

一般采用威布尔分布的 k、A 两个参数时仅用于粗略估算发电量，在实际应用中大都采用专业软件进行发电量计算，软件中通常以实测的数据序列、各风向扇区的风频分布表、威布尔分布拟合作为计算的输入数据。但采用威布尔分布拟合作为输入数据时，仅限于威布尔分布拟合较好的情况，比如上述双峰型的风速频率分布则必须采用实测的数据序列作为输入数据进行计算，否则会导致发电量计算结果误差较大。

3.4 基地风能资源特性分析

风电基地一般包含多个风电场，总体装机容量大，涉及的场区面积广，但基地内的风电场大都集中连片分布，属于同一气候类型。鉴于风电基地存在上述区别于单个风电场的特点，风电基地在进行风能资源分析时，除了单个风电场风能资源分析的常规内容外，还应对风电基地整体进行流场模拟，分析风电基地的流场分布特征，包括风速的空间分布特点及规律、风向变化特征等。

3.4.1 风电基地整体流场模拟

风电基地由于装机容量大、场址范围广，实际开发建设过程中不可能设立足够多的测风塔对风电基地整体的流场分布情况进行观测，因而在风电行业的发展过程中，数值模拟技术越来越得到广泛应用，并且日趋成熟可靠。特别是在风电基地这种大范围空间的风能资源评估中，这种技术不仅可以填补对无风记录区域风能资源状况不清的空白，而且对风电基地选址和规划布局也有一定的指导作用。由于这种技术利用计算机进行数值模拟，具有灵活性高、可扩展性强、易于维护和计算平台多等多种特点，并且投资少、可信度高，因此在风电行业特别是在风电基地的风能资源分析中得到了广泛的应用。

1. 常用的中尺度数值天气预报模式

中尺度数值天气预报模式是评估区域风能资源的重要手段，它能很好地呈现低空大气层的流畅分布。通过中尺度数值天气预报模式的模拟计算可以得到高分辨率的、动力协调的四维数据，使得由传统实际观测得到的数据的时空分辨率和连续性得到极大提升。

在利用中尺度数值天气预报模式进行风能资源评估时，大多采用以下两种方法得到多年（20～30 年）平均的区域风能资源分布情况：①MCP（measure correlate predict）方法，是指将长时间序列的台站观测数据和短时间序列的数值模拟结果进行统计分析，从而得到多年平均的风能资源分布情况；②动力—统计相结合的数值模拟，基于大气热力学、大气动力学基本原理，首先通过对气候资料中的要素分型，从而建立大尺度气候背景场类型，其次利用高分辨率的地形和土地利用资料，使用中尺度数值天气预报模式，模拟在各型背景场条件下由地形的驱动作用而产生的风能资源分布，最后以各型模拟结果的频次为权重进行加权统计，从而得到多年的区域风能资源分布。

常用的中尺度数值天气预报模式分为以下几种：

（1）MM4 模式与 MM5 模式。MM4 模式是由美国宾夕法尼亚州立大学和美国大气研究中心 NCEP 共同开发的一个适合有限区域的中尺度数值预报模式。该模式为静力平衡模式，因此水平网格距不能取得太小。MM4 模式在使用的过程中经过了不断地发展与改进，在其基础上开发出的非静力平衡模式为 MM5 模式；在 MM5 模式基础上，对边界层处理、陆面过程、积云对流参数化、辐射传输过程以及时间积分技术进行完善，发展为可进行区域气候模拟的模式，为 RegCM 模式。

MM4 模式流程如图 3-4 所示，主要包括了地面资料处理、高空数据处理、客观分析、垂直内插及初始化、形势预报及后处理等多个模块。

相较于 MM4 模式，MM5 模式发展了非静力平衡模式的选项，因此网格距可

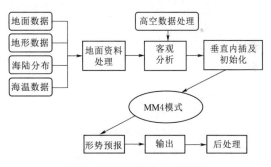

图 3-4 MM4 模式流程图

小至 1km 的量级。另一个显著进展是，MM5 模式提供了降水处理的显示计算方案，提高了较小尺度强降水的预报能力。此外，还对行星边界层物理工程参数化、辐射过程参数化等进行了进一步改善。

（2）WRF 模式。WRF（weather research and forecasting）模式是新一代高分辨率中尺度数值天气预报模式，由于其不仅可应用在业务数值天气预报与气候变化，还可用于诸如空气质量模拟、数据同化、物理过程参数化以及理想实验模拟等多种大气数值模拟研究方面，并且具有灵活性高、可扩展性强、易于维护和计算平台多等多种特点，因此在全球范围得到了广泛的应用。WRF 模式拥有先进的数据同化技术、物理过程以及强大的嵌套能力，从而能较好地模拟大气环流形势和各类气象要素。

　　WRF 模式包含 ARW 和 NMM 两种动力框架，它们的动力求解方法不同，但均包含在 WRF 基础框架中，共享相同的物理过程模块，均可以进行实时数值天气预报和预报系统研究、大气物理及其参数化研究、天气个例研究等。此外，ARW 还可以进行区域气候和季节时间尺度的模拟、化学过程耦合、多尺度理想实验和数据同化等。

　　WRF - ARW 运行流程如图 3-5 所示，WRF 主要构成为前处理、基础框架、后处理及可视化三大模块。

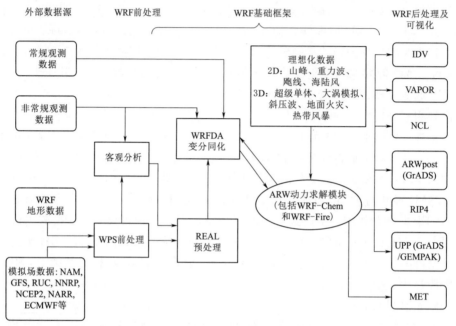

图 3-5　WRF - ARW 运行流程图

　　WRF 前处理（WRF pre - processing system，WPS）。WPS 是为模式运行所作的前期数据准备，分为 geogrid、ungrib、metgrid 三个程序。geogrid 定义投影类型、模拟区域和嵌套范围，将静态地形资料插值到格点；ungrib 从 GRIB 格式中提取气象数据；metgrid 将 ungrib 解码的气象场水平地插值到 geogrid 定义的网格上。插值的 metgrid 输出可以被 REAL 程序接收并由 REAL 程序将气象场垂直插值到 eta 层。

　　WRF 基础框架。WRF 基础框架由 WRFDA（变分同化系统，可选）和动力求解模块构成，其中动力求解模块分为 ARW 和 NMM 两种。WRFDA 将不同来源的气象观测数据与数值预报产品相结合，产生更为准确的气象要素作为模式运行的初始场。WRFDA 采用增量同化技术，利用共轭梯度方法进行极小化运算。同化采用 Arakwa A 网格，然后将分析增量插值至 Arakawa C 网格，并与背景场相加得到最终结果。WRFDA 可以同化各种常规、非常规观测数据，并在同化完成后，根据同化结果更新边界条件。

　　ARW 动力求解模块。ARW 动力求解模块是建模系统的核心组成部分，主要对控制大气运动的方程组进行地图投影并空间离散、选择时间积分方案、采取耗散处理以保证运行稳定等。其具有以下几个特点：①使用完全可压非静力平衡方程（包括静力平衡选项）；②区域至全球空间尺度可用；③包含完整的地转偏向力和曲率项；④具有单向、双向及移动嵌套能力；⑤垂直网格距随高度可变并且采用质量地形跟随坐标；⑥水平离散使用 Arakawa C 网格；⑦时间积分采用二阶和三阶 Runge-Kutta 等，并且还可选择多种侧边条件。动力求解模块中还包含了完整的物理过程选项，可以对微物理、积云对流、陆面模式、辐射、行星边界层等过程选择不同的参数化方案。

WRF 后处理及可视化。WRF 目前支持的后处理实用程序有 NCL、RIP4、ARWpost（转换器到 GrADS）、UPP 和 VAPOR。NCL、RIP4、ARWpost 和 VAPOR 目前只能读取 netCDF 格式的数据，而 UPP 可以读取 netCDF 和二进制格式的数据。

（3）ARPS 模式。高级区域天气预报系统（the advanced regional prediction system，ARPS）是由美国俄克拉荷马大学开发的非静力平衡数值模式，其设计用于中尺度-对流风暴尺度天气系统的数值预报和理想实验研究。ARPS 模式主要由数据分析和同化、前向预报、后处理分析三个模块组成。

2. 常用的风能资源模拟软件

目前，风电行业中风能资源模拟软件发展较为成熟的主要有线性和非线性两类：线性模拟软件以 WAsP 为代表；非线性模拟软件以 WT、Windsim 为代表，这类模拟软件均以流体力学（CFD）为基础。这些软件都具备对某个区域进行风能资源模拟的功能，且模拟效果经过工程实践检验可信度越来越高。对于中型的风电基地（3~5GW）来说，WT已完全能够用于风电基地整体的风能资源流场模拟。

WAsP 软件模型适用于简单地形的风电场，其模型简单，在此不再赘述。WT 是目前较为成熟的商业化 CFD 软件，在风电行业内应用广泛，本书主要介绍 WT 对风电基地的风流场模拟。

WT 建模计算包括资料准备和输入、参数设置、结果分析和调整，其建模过程如下：

（1）测风数据文件准备。输入的测风数据文件为 TAB 格式或某个高度的时间序列文件。TAB 测风数据文件是对某个高度的风速按照风向扇区统计各个风速区间的发生频率，风向扇区一般为 16 个，也可以进一步加密。

（2）地图文件处理。对于输入的地图文件，要求只能是带有高程数据的曲线类型，如有面域类型需先将面域转换成曲线类型。

对于地形图的范围，要求在风电基地场址范围的基础上进一步扩展。具体扩展的大小，取决于周围的地理环境对风电基地的影响。比如，风电基地外围有一座较高的山体，可将山体视为障碍物，障碍物的影响距离由其宽高比决定，当宽高比不大于 5 时，影响距离可达到障碍物高度的 10~20 倍，当宽度远大于高度时，影响距离可达障碍物的 35 倍。因此，地图的范围在扩展时要求把该山体包含进去。

由于粗糙度对风速的影响有一个延缓滞后的过程，远处的粗糙度对风况的影响不能忽视。当远处粗糙度发生大范围突变时，在其影响范围内的风电场近地面形成内部边界层，其风况是突变前后两种粗糙度共同作用的结果。有研究表明，粗糙度发生突变位置与最外面的风电机组的直线距离至少为轮毂高度的 100 倍时，粗糙度影响基本消除。因此粗糙度地图的大小应该根据风电基地周围的地表环境来确定。

（3）风速外推。对于风电基地而言，由于面积较大，通常会有多个测风塔，使用多塔综合外推预测点风速。通常有两种方法外推预测点风速：一种是按照机位点距离测风塔的远近，由软件将风电机组分配给距离最近的测风塔，根据最近的测风塔外推该机位点的风速；另一种是有工程师按照自己的标准将风电机组点位分配给指定的测风塔。对于风电基地流场建模而言，为了提高模型的准确性，通常采用多塔综合外推。该方法在外推前给每个测风塔赋予权重值，使用加权平均的算法进行预测点风速外推，在操作过程中，根据与测风塔距离的平方倒数给每个测风塔赋予权重值。

（4）尾流模型选择。软件中一般都内置了多种尾流模型，一般包括以下几种：

1）Jensen 模型。该模型为线性尾流模型，不考虑湍流效应，近似认为尾流影响区域随距离线性扩张。

2）涡旋黏性模型。该模型采用涡旋黏性理论求解 N—S 方程，考虑了自由空气和风电机组运行对叶轮后风速的湍流影响，风速沿截面方向是非均匀分布的。一般常用于流场的精确计算。

3）制动盘模型。制动盘理论是用均匀分布在一个可穿透圆盘上的等效力来替代叶轮在流场中所受的力。

3. 风电基地流场模拟的分析

采用中尺度数值模式或软件对风电基地整体的流场进行模拟，其成果内容及形式分为以下两类：

（1）空间数据。初拟风电机组轮毂高度层上，风能资源分布模拟数据及图片，要素包括风速、风向、气压和气温。风电基地重点关注的要素主要为风速、风向，有时气温和气压两个要素也作为输出的对象。

（2）点位时间序列数据。包括某个或多个目标点位的小时时间序列数值，包含需要的高度，例如 10m、30m、50m、70m、90m、100m、120m 高度层上的风速，10m、50m、90m、120m 高度层上的风向。数据提交的格式为 txt。

采用 WRF 模式对某风电基地区域进行流场模拟后得到 3km 分辨率 90m 平均风速分布及风向分布，分别如图 3-6 和图 3-7 所示，根据模拟图可以对基地的流场分布特点、风向变化规律进行分析、归纳和总结，为风电基地的场址优化、项目布局等提供依据。

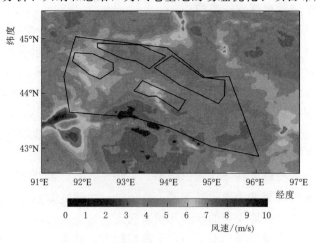

图 3-6　3km 分辨率 90m 平均风速分布

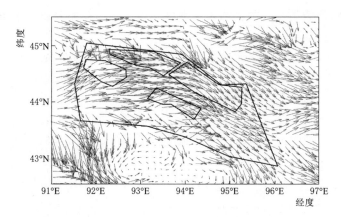

图 3-7 3km 分辨率 90m 平均风向分布

3.4.2 风速年内变化

风速年内变化反映的是风速在一年当中各月的变化趋势，可以看出每个月风速的大小。一般情况下我国的风速年内变化呈现出冬春季节风速大、夏秋季节风速小的特点，这与我国的四季交替及气候类型有关。对于风电基地而言，由于有多个风电场，需要横向对比，分析不同风电场之间的风速年内变化趋势是否一致。通常情况下，由于风电基地内的多个风电场集中连片分布在同一区域，当有天气系统发生时，各风电场因处于同一天气系统而表现出相同的规律，即一般而言风电基地内各风电场大风和小风出现的时段基本相同，有时因为空间跨度大会略有延迟。某风电基地的风速和风功率密度年内变化曲线如图 3-8 所示。

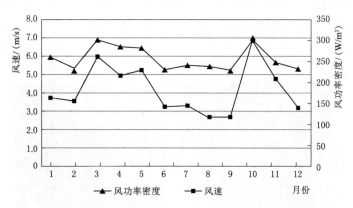

图 3-8 某风电基地的风速和风功率密度年内变化曲线

3.4.3 风速日变化

风速虽瞬息万变，但如果把长期的资料平均起来便会呈现出一定的规律性。根据工程经验，风电机组轮毂高度处（90～120m）的风速日变化呈现出晚上风速大、白天风速小的特点。同理，对于风电基地而言，由于有多个风电场，需要横向对比，分析不同风电场

之间的风速日变化趋势是否一致。某风电基地的风速和风功率密度日变化曲线如图 3 - 9
所示。

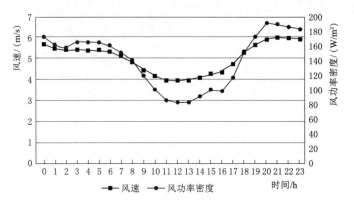

图 3 - 9　某风电基地的风速和风功率密度日变化曲线

3.4.4　风向

对于风向主要采用风向玫瑰图进行表征。风电基地因为区域范围大,遇到地形起伏等
情况可能导致风向发生变化,因此对于风电基地的风向,应结合流场的风向拟合结果、地
形变化进行宏观层面的对比分析,同时结合不同风电场的风向观测数据进行相互对比,分
析风向变化规律及原因,为风电机组布置及场址优化提供依据。

某风电基地场区分布如图 3 - 10 所示,其两个场址由于地形变化,东北—西南走向的
山脉东南侧存在明显的风速低值区,南区 0004 风电场处在低值区内,但其风能资源仍较
为丰富,主要由于河道及周边谷地对来风有偏转和加速的作用,不过由于谷地较宽,加速
效应较弱。两个场址的风向特征有较大差异,其风向玫瑰图如图 3 - 11 所示,0001 风电
场的主风向为西北风和东风,0004 风电场主风向为东北风和西西北风。究其成因,主要
归因为以下因素:

图 3 - 10　某风电基地场区分布

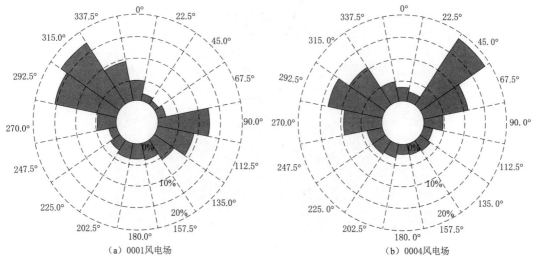

| (a) 0001风电场 | (b) 0004风电场 |

图 3-11　风向玫瑰图

（1）峡口弧形河道谷地的偏转作用，导致 0004 风电场多为东北～西南走向，以东北风为主。

（2）0001 风电场东侧有一个小型的豁口，东侧风可以无阻拦吹过，因而次主风向基本以东风为主，与 0004 风电场成因有明显的差异。

3.5　实例

以某风电基地为例，对风能资源分析进行简要介绍。

3.5.1　区域风能资源

1. 大气环流及气候类型

某风电基地所在的四子王旗处于中纬度西风带，盛行偏西风。该区域冬半年在蒙古冷高压控制下，气压梯度大，经常形成强劲的西北风。同时四子王旗地处蒙古高原南缘，是冬季冷空气南下进入我国的重要通道之一，风能资源丰富。该风电基地的风能资源数值模拟结果以及西风环流背景下仿真流场模拟分别如图 3-12 和图 3-13 所示。

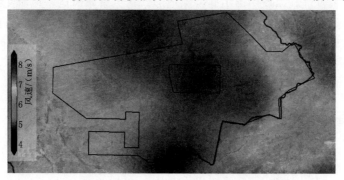

图 3-12　某风电基地的风能资源数值模拟结果

图 3-13　某风电基地西风环流背景下仿真流场模拟

2. 蒙古气旋

影响四子王旗境内气流运动的另一重要因素是蒙古气旋。蒙古气旋发生或发展于蒙古中部和东部高原一带,春秋季因冷暖空气活动频繁,发生频率较高,特点主要以大风天气现象为主。当蒙古气旋发生在蒙古高原中部时,四子王旗位于蒙古气旋影响的东南缘,风向以西南风为主;当蒙古气旋发生在蒙古高原东部时,四子王旗位于蒙古气旋影响的西南缘,风向以西风和西北风为主。蒙古气旋影响下某风电基地仿真流场模拟如图 3-14所示。

3. 区域地形影响

四子王旗地形特点为南高北低,自南向北地貌分别为阴山山脉、乌兰察布丘陵和内蒙古高原。由四子王旗南部进入的偏西风气流受到阴山山脉的阻挡,逐步转变为西南风,从风电基地西南部进入;由四子王旗中部进入的偏西风气流,与南部气流在风电基地西南部汇合,并在向东行进的过程中转变为偏西风气流。风电基地中部以丘陵地形为主,受地形效应影响风速得到加强,形成风能资源富集区域。地形影响下四子王旗风能资源形成示意图如图 3-15所示。

综合以上分析结果,影响风电基地风能资源形成的主要因素有西风环流背景、温带大陆性气候特点、蒙古气旋以及阴山山脉特殊地形。乌兰察布风电基地所在区域在西风环流的背景下,盛行偏西风;风电基地西部区域除盛行偏西风外,因西入气流南支受阴山山脉阻挡,会并存有显著的西南风;基地北部和东部无高大地形阻挡,以偏西风和西北风为主;此外,因处于蒙古气旋的南部影响范围,出现大风天气的频率较高,并且随着蒙古气旋的位置变化,基地会出现西偏北或西偏南的风向。

3.5.2　风电基地风能资源

1. 测风塔

某风电基地装机容量为 6GW,规模较大,总共规划了 10 个风电场,规划的风电场数量较多。基地内大部分为丘陵起伏地形,部分为平坦地形。进入建设的实施阶段后,对每

（a）西、西南风为主风向

（b）西、西北风为主风向

图 3-14　蒙古气旋影响下某风电基地仿真流场模拟

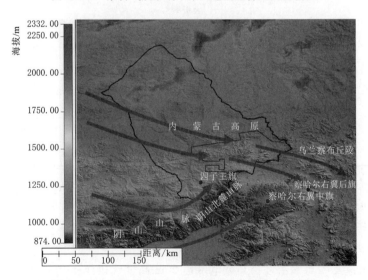

图 3-15　地形影响下四子王旗风能资源形成示意图

个风电场都制定了详细的测风方案，以确保每个风电场的风能资源评估的准确性。乌兰察布风电基地共设立了48座测风塔，各区域测风塔分布如图3-16所示。

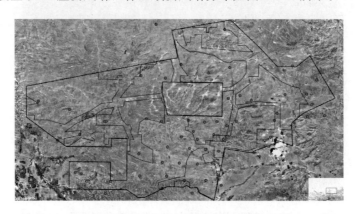

图3-16   某风电基地各区域测风塔分布图

2. 风特征参数

（1）风切变指数。各风电场风切变指数统计见表3-3。由统计结果可见，总体而言，风电基地风切变指数较小，各风电场内测风塔风切变指数略有差异，这主要与测风塔所在区域地形特点、下垫面条件等有关。

表3-3   各风电场风切变指数统计

子 基 地	子 风 电 场	风切变指数
幸福基地	幸福一	0.058～0.145
	幸福二	0.074～0.132
大板梁基地	大板梁一	0.109
	大板梁二	0.063～0.152
	大板梁三	0.067～0.157
	大板梁四	0.071～0.154
红格尔基地	红格尔一	0.116～0.122
	红格尔二	0.023～0.070
	红格尔三	0.080～0.112
	红格尔四	0.053～0.153

（2）湍流强度。各测风塔接近轮毂高度处15m/s风速段平均湍流强度统计见表3-4，可知，风电基地湍流强度总体较小，70～100m高度湍流强度为0.051～0.081，可判定风电场湍流强度等级均属IEC C类。

3. 风能资源计算

（1）平均风速及风功率密度。某风电基地90m高度代表年平均风速为7.3～10.6m/s，风功率密度为410～1090W/m^2。各测风塔轮毂高度代表年平均风速及风功率密度统计见

表3-5。

表3-4　　各测风塔接近轮毂高度处15m/s风速段平均湍流强度统计

子基地	子风电场	高度/m	15m/s风速段平均湍流强度	湍流强度等级
幸福基地	幸福一	70~90	0.054~0.081	IEC C
	幸福二	70~100	0.055~0.083	IEC C
大板梁基地	大板梁一	80~100	0.052~0.057	IEC C
	大板梁二	70	0.062~0.079	IEC C
	大板梁三	70~90	0.056~0.078	IEC C
	大板梁四	70~90	0.068~0.084	IEC C
红格尔基地	红格尔一	70	0.066~0.067	IEC C
	红格尔二	80~100	0.051~0.058	IEC C
	红格尔三	70~90	0.061~0.082	IEC C
	红格尔四	70~100	0.060~0.067	IEC C

表3-5　　各测风塔轮毂高度代表年平均风速及风功率密度统计

子基地	子风电场	轮毂高度/m	年平均风速/(m/s)	风功率密度/(W/m²)
幸福基地	幸福一	95	8.02~10.54	507~1086
		90	8.07~10.49	497~1069
	幸福二	90	7.86~9.21	456~637
大板梁基地	大板梁一	90	9.62~9.94	788~878
	大板梁二	95	7.88~9.49	483~861
		86	7.76~9.40	460~838
	大板梁三	90	7.37~9.65	412~839
	大板梁四	90	7.57~9.03	384~741
红格尔基地	红格尔一	100	8.05~8.52	494~482
	红格尔二	100	9.00~9.20	617~669
	红格尔三	90	8.22~8.54	437~524
	红格尔四	93.5	8.32~9.55	449~751

　　（2）风向特性。各风电场主风向及主风能方向统计见表3-6，可知，幸福基地、大板梁基地各风电场主风向集中在西南（SW）～西北（NW）区间方向，主风能方向集中在西西南（WSW）～西西北（WNW）区间方向；红格尔基地各风电场主风向集中在南（S）～西北（NW）区间方向，主风能方向集中在南西南（SSW）～西西北（WNW）区

间方向。以上结论与区域风能资源成因分析结论一致。

表 3 - 6　　　　　　　各风电场主风向及主风能方向统计

子基地	子风电场	轮毂高度/m	主风向	主风能方向
幸福基地	幸福一	95	西西南（WSW）～西西北（WNW）	西西南（WSW）～西西北（WNW）
	幸福二	90	西西南（WSW）～西西北（WNW）	西（W）
大板梁基地	大板梁一	90	西南（SW）～西北（NW）	西（W）
	大板梁二	95	西南（SW）～西西北（WNW）	西西南（WSW）、西（W）
	大板梁三	90	南西南（SSW）～西西北（WNW）	西（W）～西西北（WNW）
	大板梁四	90	南西南（SSW）～西北（NW）	西（W）～西西北（WNW）
红格尔基地	红格尔一	100	南（S）～西北（NNW）	南西南（SSW）、西（W）、西西北（WNW）
	红格尔二	100	南西南（SSW）～西西北（WNW）	南西南（SSW）～西西北（WNW）
	红格尔三	90	西西南（WSW）～西西北（WNW）	南西南（SSW）、西（W）、西西北（WNW）
	红格尔四	93.5	西南（SW）～西西北（WNW）	西南（SW）～西西北（WNW）

第 4 章
基地风电机组选型

4.1 风电机组发展的基本趋势

4.1.1 风电产业发展形势

风电产业的发展始于 1973 年石油危机，美欧等西方国家为寻求化石燃料的替代能源，转而将目光投向风电，并于 20 世纪 80 年代建立了示范风电场。我国的风电产业探索起步于 1986 年，在山东荣成建成了我国第一个风电场。2005 年颁布了《中华人民共和国可再生能源法》(中华人民共和国主席令第三十三号)，积极推动了我国风电产业的快速发展。自此开始，我国不断加大可再生能源发展的政策支持力度，出台了一系列政策法规，比如 2006 年颁布的《可再生能源发电有关管理规定》(发改能源〔2006〕13 号)、《可再生能源发电价格和费用分摊管理试行办法》(发改价格〔2006〕7 号)，2010 年颁布的《中华人民共和国可再生能源法修正案》(中华人民共和国主席令第二十三号)，2009—2018 年的标杆上网电价、2019—2020 年的指导上网电价和 2021 之后的平价上网电价政策等，对推动我国风电产业的进一步规范化、快速化发展，具有里程碑式的意义。

1. 装机容量屡创新高

2021 年是我国"十四五"开局之年，也是国内风电产业倍速增长的第二年。截至 2021 年年底，全国风电累计装机容量为 3.28 亿 kW，其中陆上风电累计装机容量为 3.02 亿 kW、海上风电累计装机容量为 2639 万 kW。2011—2021 年我国风电装机容量及年增长率如图 4-1 所示。

2. 发电量持续增长

近年来，风电年发电量占全国电发电量的比重稳步提升，风能利用水平持续提高，2011—2021 年我国风电年发电量及占比变化趋势如图 4-2 所示。2021 年我国风电年发电量达 6526 亿 kW·h，同比增长 39.9%，占全部电源总年发电量的 7.9%，较 2020 年提高 1.8 个百分点，保持位于煤电、水电之后的第三位。

3. 风电产业景气度快速提升

在补贴退坡和存量项目建设时限要求的背景下，2020—2021 年成为陆上风电集中并网大年。受全球疫情影响，尽管叠加了巴沙木和风电机组主轴承等原材料和关键设备受限于国外市场、海上风电安装船数量不足、陆上风电吊装能力不足等不利因素，我国风电市场依然呈现强劲的发展势头，产业链上下游需求旺盛，持续推动本地化进程和新材料的推广应用。

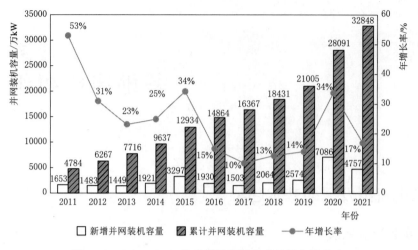

图 4-1 2011—2021 年我国风电装机容量及年增长率

图 4-2 2011—2021 年我国风电年发电量及占比变化趋势

4. 利用小时数同比略有上升

2011—2021 年我国风电年平均利用小时数对比如图 4-3 所示，2021 年我国风电年平均利用小时数为 2246h，较 2020 年增加 149h，增幅 7.1%。

5. 风电智慧化程度不断加快

风电行业智慧化技术快速发展并落地应用，促进了风电工程的降本增效。风电机组制造企业不断提出创新智慧化风电机组，完善数字化、场景化解决方案体系，将智慧化技术与传统风电技术相结合。设计研究单位与开发企业联合打造全生命周期数字化智慧风电场管理平台，推动风电行业数字化、智慧化发展。比如内蒙古霍林河循环及经济示范工程风电场打造多品牌多机型统一化、智慧化管理的智慧风电场运营管理平台，实现了对 5 个风电机组制造企业多种机型的统一监控和综合能量管理。

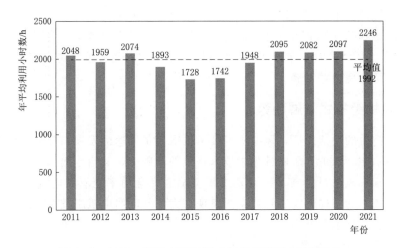

图 4-3 2011—2021 年我国风电年平均利用小时数对比

6. "三北"地区成为风电开发重点

2021 年是我国风电装机大年，从风电并网情况来看，截至 2021 年年底，我国累计并网容量超过千万千瓦的省份已达 12 个，其中 10 个省份位于"三北"地区。2021 年全国各区域累计并网装机容量占比如图 4-4 所示，其中"三北"地区风电累计并网容量 18911 万 kW，占全国的 57.6%。"三北"地区风电并网容量超过中东部和南方地区，全国风电建设布局重心向"三北"地区倾斜。

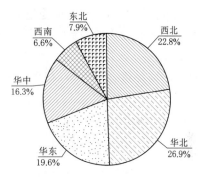

图 4-4 2021 年全国各区域累计
并网装机容量占比

"三北"地区依托自然资源优势，大力发展大型风电基地、综合能源基地、清洁能源高比例外送基地等综合性一体化能源基地。2021 年 11 月，在《生物多样性公约》第十五次缔约方大会领导人峰会上，我国提出将大力发展可再生能源，在沙漠、戈壁、荒漠地区加快规划建设大型风电光伏基地项目。与此同时，第一批装机容量约 1 亿 kW 的大型风电光伏基地项目已有序开工，从已开工的大型风电光伏基地项目看，甘肃规模最大，青海次之。以上大型风电光伏基地将成为 2022—2025 年风电装机容量新的增长点。

7. 风电场延寿市场开始

陆上风电机组设计使用寿命一般为 20 年。从 2020 年年底开始，我国约有 34 万 kW 风电机组进入退役期。部分项目通过技改、更新等方式，推进风电场延期运行，提升经济性。已有省（自治区）比如宁夏、辽宁等发布了风电场技改相关支持政策，技术研究结构和风电开发企业、风电机组制造企业编制了《风力发电机组延寿技术规范》（CGC/GF 149—2020），规范与指导风电机组延寿。

8. 风电与生态环境系统发展

2020 年国务院新闻办发布《新时代的中国能源发展》白皮书，确立生态优先、绿色发展；生态环境部制定《生态保护红线监管指标体系（试行）》，同步发布 7 项生态保护红线标准，规范和指导风电与生态保护协同发展；中国可再生能源学会制定《风电场绿色评估指标》（T/CRES 0005—2020），对风电场全过程"绿色程度"进行定性、定量评估，引导风电与生态环境协调发展。

4.1.2 风电机组技术发展趋势

随着风电行业的快速发展，风电机组技术也取得了飞速的发展，并呈现多样化发展的趋势。在直驱永磁、双馈异步两种基本技术路线的基础上，又衍生出了半直驱永磁风电机组技术、中速永磁风电机组技术、鼠笼式感应发电机全功率变流风电机组技术等新型路线。风电机组技术的多样化发展趋势主要表现在大型并网风电机组技术、海上风电机组技术、高空风力发电技术等方面。

1. 风电机组容量不断增大

在国家继续落实陆上大型风电基地建设、陆上分散式并网开发和海上风电基地建设的政策背景下，用于风电开发的土地资源趋于紧张，为节省风电场占地面积，不断降低工程投资，提高经济效益，风电机组制造企业不断致力于增大机组单机容量。2011—2021 年我国风电机组平均单机容量变化情况如图 4-5 所示，新增装机的风电机组平均单机容量基本处于不断增大的趋势。2021 年我国新增装机的风电机组平均单机容量为 3.5MW，同比增长 31.7%，其中：陆上风电机组平均单机容量为 3.1MW，同比增长 19.2%；海上风电机组平均单机容量为 5.6MW，同比增长 14.3%。

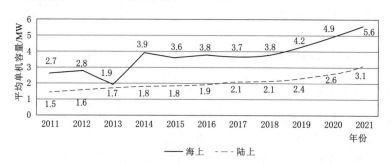

图 4-5　2011—2021 年我国风电机组平均单机容量变化情况

风电机组容量不断增大具体表现在以下方面：

（1）单机容量进一步增大。陆上风电方面，新疆金风科技股份有限公司（以下简称"金风科技"）、中国船舶集团海装风电股份有限公司（以下简称"中国海装"）、明阳智慧能源集团股份公司（以下简称"明阳智能"）、远景能源有限公司（以下简称"远景能源"）、东方电气风电股份有限公司、三一重能股份有限公司（以下简称"三一重能"）、浙江运达风电股份有限公司（以下简称"运达风电"）等风电机组制造企业均发布了 5～7MW 级的陆上大容量机型。海上风电方面，明阳智能推出 MySE11MW、MySE16MW半直驱漂浮式风电机组，以及 MySE6.0MW、MySE5.5-155 漂浮式风电机组；金风科技发布 GW175-8MW、GW171-8MW、GW242-12MW 机型；中国海装推出 H256-16MW 机型以及国内首台 5MW 国产化海上风电机组海装 H171-5MW 等。

(2) 高塔架技术进一步提升。一批 150~160m 高度塔筒技术相继发布，其中金风科技在山东菏泽完成 160m 构架式钢管塔架的应用，维斯塔斯风力技术（中国）有限公司（以下简称"维斯塔斯"）在河北秦皇岛完成首台 162m 塔架高度的风电机组吊装。

(3) 超长叶片技术进一步突破。金风科技、上海电气集团股份有限公司（以下简称"上海电气"）、明阳智能、运达风电等风电机组制造企业相继发布了 80~100m 长度叶片的机型。

2. 大型并网型风电机组技术

2005 年以前，定桨距风电机组曾是全球风电场建设的主流机型，如金风科技早期生产的功率为 750kW 的定桨距风电机组。由于变桨距的功率调节方式具有载荷控制平稳、安全和高效等优点，2005 年以后，变桨距在大型风电机组上得到了广泛应用。结合变桨距技术的应用及电力电子技术的发展，大多数风电机组制造企业采用了变桨变速恒频技术，并开发出了液压变桨变速风电机组和电动变桨变速风电机组，使风能转换效率有了进一步的提高。2014 年以后，新安装的大型并网型风电机组全部采用了变桨变速恒频技术。变桨变速恒频技术将在今后很长一段时期内存在并发展。

(1) 双馈异步风电机组技术。双馈异步风电机组是由变桨距叶轮通过高速齿轮箱驱动双馈异步发电机发电，发电机转子通过变流器向电网馈电，定子电流直接向电网馈电的风力发电系统。带齿轮箱的双馈机组整机结构如图 4-6 所示。

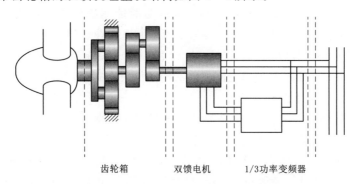

齿轮箱　　双馈电机　　1/3功率变频器

图 4-6　带齿轮箱的双馈机组整机结构

从目前来看，双馈异步发电机变速恒频风电机组是技术最成熟的变速恒频风电机组。欧美多家领先的风电机组制造企业，如丹麦维斯塔斯、西班牙西门子歌美飒可再生能源科技（中国）有限公司（以下简称"歌美飒"）、美国通用电气公司（以下简称"通用电气"）等都在批量生产此类风电机组。

我国的主流风电机组制造企业，如远景能源、明阳智能、上海电气、中国海装、东方风电、运达风电和三一重能等都在生产双馈异步发电机变速恒频风电机组。目前，我国 3~5MW 双馈异步发电机变速恒频风电机组的技术已经非常成熟，并已成为主流机型。

2021 年，我国新增风电机组中，双馈异步发电机变速恒频风电机组的占比超过 50%。但是由于直驱和半直驱风电机组技术的不断成熟和发展，双馈异步发电机变速恒频风电机组的竞争性将不断下降，预计到 2030 年，此类风电机组将逐步退出风电市场。

（2）直驱永磁风电机组技术。直驱永磁风电机组是由变桨距叶轮直接驱动永磁发电机发电，通过全功率变流器向电网馈电的风力发电系统。无齿轮箱的直驱方式能有效减少由于齿轮箱问题而造成的机械故障，可有效提高系统运行的可靠性和寿命，减少风电场维护成本，因而直驱永磁风电机组逐步得到了市场的青睐。直驱永磁风电机组整机结构如图4-7所示。

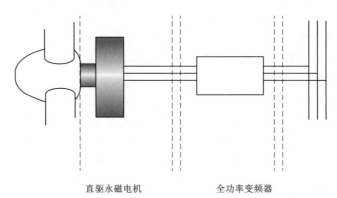

直驱永磁电机　　　　　　　　　全功率变频器

图4-7　直驱永磁风电机组整机结构

金风科技生产的1.5～4.5MW直驱永磁风电机组已有3万多台安装在风电场，在2020年推出了5.6MW的直驱永磁风电机组。随着直驱永磁风电机组技术的不断成熟和发展，其市场占有率逐年上升。欧美主要风电机组制造企业也逐步转向研制大型直驱永磁风电机组，如西门子公司已研制出SWT6.0-154直驱永磁新型海上风电机组。

直驱永磁风电机组发展形势稳定向好，2021年，我国累计风电机组中，此类风电机组占到25%以上的市场份额。

（3）直驱励磁风电机组技术。直驱励磁风电机组是由变桨距叶轮直接驱动励磁发电机发电，通过全功率变流器向电网馈电的风电系统。

德国Enercon公司在21世纪初开发了直驱励磁全功率变流风电机组，功率涵盖1.5～7.5MW，在欧洲风电场得到了广泛应用。该公司近年来研制的新一代E-127大型直驱励磁风电机组的叶轮直径为127m，轮毂高度为198m，单机容量为7MW，采用直驱励磁发电机及全功率变流器。

中国航天万源国际（集团）有限公司生产的直驱励磁风电机组也已在陆上风电场得到应用。预计大型直驱励磁风电机组今后的发展形势稳定，将成为21世纪全球风电场建设的主流机型之一。

（4）半直驱永磁风电机组技术。半直驱永磁风电机组又称中速永磁风电机组，采用增速比较低的变速装置以提高发电机转速，同时减少了多极同步发电机的极数，介于高速发电机型（双馈）和直接驱动机型（直驱）之间，故又称"半直驱"型。中速永磁风电机组兼顾双馈与直驱风电机组的特点，中速风电机组从结构上与双馈风电机组是类似的，配置的中速齿轮箱避免了传统双馈机型高速齿轮箱故障率较高的弊端；发电机采用中速永磁同步发电机，与同功率低速永磁直驱机型比较，体积和重量小了许多，同时保留了永磁同步发电机系统优良的低电压穿越（电网支撑）能力和电网适应性。带齿轮箱的半直驱风电机组整机结构如图4-8所示。

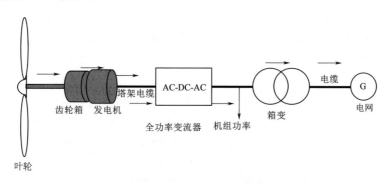

图4-8 带齿轮箱的半直驱风电机组整机结构

明阳风电研制了SCD 6.5MW超紧凑半直驱永磁海上风电机组，该机组采用两叶片叶轮、液压独立变桨、中速齿轮箱驱动永磁同步发电机的发电技术，发出的电通过全功率变流器馈入电网。该系统具有高发电量、高可靠性、低度电成本、防盐雾、抗雷击、抗台风等独特优势。与传统的风电机组技术相比，此类风电机组的关键技术和优势主要体现在超紧凑的传动链、轻量化结构、集成化液压系统、全密封设计四个方面。

（5）鼠笼式感应发电机全功率变流风电机组技术。鼠笼式感应发电机全功率变流风电机组是由变桨距叶轮通过高速齿轮箱驱动鼠笼式感应发电机发电，通过全功率变流器向电网馈电的风电系统。西门子公司的2.3MW和3.6MW海上风电机组就采用了由液压变桨距叶轮驱动高速齿轮箱，带动鼠笼式感应发电机发电，通过全功率变流器向电网馈电的技术路线。这两种海上风电机组已经在海上风电场大批量应用，属于经受住考验的成熟机型，也是2016年以前海上风电场的主流机型。

上海电气引进西门子公司研制的4MW海上风电机组也采用了这种技术路线，并且在我国近海风电场批量投入运行。

（6）低风速大容量风电机组技术。针对我国大多数地区处于低风速区的实际情况，低风速大容量风电机组将可以大大满足风能资源严重不足地区的风电开发需求。我国风电机组制造企业通过技术创新，研发出具有针对性的风电机组产品及解决方案，最为明显的特征是叶片更长、塔架更高、捕获的风能资源更多。

以1.5MW风电机组为例，在国内提供1.5MW风电机组的30余家企业之中，已有10多家具备了90m以上叶轮直径机型的供应能力。在2MW级机型中，远景能源、国电联合动力技术有限公司、明阳智能、金风科技、中国海装等公司制造的2MW低风速风电机组的叶轮直径已达到121m以上。金风科技制造的3MW低风速风电机组的叶轮直径已达到140m以上。这些低风速风电机组在我国中、南部省份的风电场建设运行中发挥了较好的作用。

（7）其他适合特殊气候环境的风电机组。我国北方有较多沙尘暴、低温、冰雪、雷气候，东南沿海有较多台风、盐雾气候，西南地区有高海拔等恶劣气候特点。恶劣气候环境已对风电机组造成很大的影响，包括增加维护工作量、减少发电量，严重时还会导致风电机组损坏。因此在风电机组设计和运行时，必须要有一定的防范措施，以提高风电机组抗恶劣气候环境的能力，减少损失。近年来，我国的风电机组制造企业已开发了抗风沙型、抗低温型、高原型、低风速型等各类适应恶劣气候环境的风电机组，确保了风电机组能够在恶劣气候条件下的风电场可靠运行，并有效地提高了发电量。

3. 高空风力发电技术

（1）高空风力发电的技术路线。目前高空风力发电有两种技术路线：一种是"气球路线"，利用氦气球等的升力作用，将发电机升到半空，利用高空丰富的风能转化为机械能，又将机械能转化为电能，之后将电能通过电缆传到地面电网，这一技术路线的典型代表为麻省理工学院 Altaeros Energies 清洁能源创业公司的高空风电系统"空中浮动涡轮"；另一种技术路线是"风筝路线"，将发电机组固定在地面，通过巨型"风筝"在空中利用风能拉动地面发电机组，从而将风能转化为机械能，带动地面的发电机将机械能转化成电能，从而解决电缆和发电机的自重问题，由于"风筝"的升空高度高、系统的建造难度低，该路线已经成为目前的主流技术路线。意大利 KiteGen 公司的 MARS 系统是该类技术路线的典型代表。

上述高空风力发电的两种技术路线都存在其自身缺陷：①发电机在空中的"气球路线"，由于发电机及输电电缆的重量会随着容量的增加而增加，其升空高度受到限制，所以如何降低发电设备的重量是该路线目前需要解决的问题；②对于发电机位于地面的"风筝路线"，其空中发电系统的稳定性是这一技术路线所面临的最大问题，如何通过技术手段控制"风筝"在空中的运行轨迹，提高系统发电效率，保证系统持续运行是未来需要研究的主要问题。

（2）风筝式高空风力发电装置。风筝式高空风力发电装置是指工作于距地面几百米甚至上千米高度的风筝式发电机。在这一高度，大气层的风速和气流相对稳定，无紊流干扰，因而适用于利用风能进行长时间的发电。这类发电装置的工作原理是：当筝面垂直于气流时，其拉力拖动绳索驱动地面上的卷扬机做功发电；当筝面平行于气流时，拉力最小，卷扬机倒转拉回风筝；由此，风筝反复做功发电。通过绞车滚筒连接一对风筝串联工作，当其中一只风筝上升到450m的高度时，会拉动绞车滚筒上的绳索，使连接的另一只风筝相应下坠，然后两只风筝以数字"8"的运动轨迹上下浮动，如此反复，带动发电机连续发电。

相较于传统高塔式的风电机组，风筝式发电机能够到达风源持久且强劲的高空中，发电效率更高；此外，风筝式发电机也不需要叶片、涡轮机或其他机械设备，建设成本低廉，且噪声污染小。在国外，该领域的关键技术已取得突破。世界上首个规模化的风筝发电站是位于意大利的 KiteGen Stem 发电站，该发电站于2015年4月投入运营，装机容量为3MW，由意大利 KiteGen 公司负责建造。在风筝式高空风力发电装置方面，我国尚处于起步阶段，高强度风筝设计制造技术、风筝筝面材料技术与地空缆索驱动技术，以及双向驱动发电机技术和装置控制技术等均待突破。预计到2025年，我国风电机组制造企业可开发出 2MW 级风筝式高空风力发电装置。

4. 其他发展趋势

（1）大型风电机组设计和制造发展趋势。

1）大型风电机组的开发。随着风电机组单机容量的不断增加及我国风电开发的不断深入，利用智能控制技术，通过先进传感技术和大数据分析技术的深度融合，综合分析风电机组运行状态及工况条件，对机组运行参数进行实时调整，实现风电设备的高效、高可靠性运行，是未来风电设备智能化研究的趋势。大型风电机组整机技术需求主要包括：①大功率风电机组整机一体化优化设计及轻量化设计技术；②大功率风电机组叶片、载荷与先进传感控制集成一体化降载优化技术；③大功率风电机组电气控制系统智能诊断、故障自恢复免维护技术；④大功率陆上风电机组及关键部件绿色制造技术。

2）零部件配套。在风电机组大型化的同时，结构性问题的重要性也越来越凸显，一些新型的技术方案，如分段式叶片、全钢分瓣式柔性塔架、低成本的辅助控制小型激光雷达、海上机组用的高度生物可降解油品等，我国尚未完全掌握。叶片大型化和柔性化带来一些新的问题，如：叶片的一阶扭转频率越来越低；叶片气弹发散以及颤振稳定性边界逐渐降低，甚至威胁风电机组的正常运行。因此叶片气弹稳定性分析将是未来大型叶片结构设计的必要内容，通过结构设计提高叶片的气弹稳定性具有重要意义。

（2）数字化风电技术发展趋势。

1）风电智能监控。风电场智能化监控具体需求主要包括：风电机组和风电场综合智能化传感技术，风电大数据收集、传输、存储、整合及快速搜索提取技术；风电场中不同风电机组制造企业的风电机组间通信兼容解决方案，建立风电场监控系统通信信息模型；大型风电场群远程通信技术，开发风电场间通信协议及数据可视化展示平台，实现风电场信息的无缝集成等。

2）风电智能运维。风电场智能化运维技术正在向着信息化、集群化的方向发展。通过智能控制技术、先进传感技术以及高速数据传输技术的深度融合，综合分析风电机组运行状态及工况条件，对机组运行参数进行实时调整，实现风电设备的高效、高可靠性运行。

3）风电机组故障智能诊断和预警。结合机组主控制系统、SCADA 系统和 CMS 系统，开展风电机组状态预测与故障诊断方法研究、振动信号检测与分析研究，对风电机组关键部件故障进行特征提取与精确定位，并结合疲劳载荷分析和智能控制技术，对风电机组进行健康状态监测、故障诊断、寿命评估及自动化处置，已经成为各个风电机组制造企业都在积极投入的技术方向。

（3）电网友好型技术发展趋势。我国风电的接入形式正从单一的集中接入、远距输送向多元化方式发展，分散式接入和微网应用正成为发展的趋势。在全新的应用场景下，风电将更为直接地面对用户需求，而用户对于风电的电能品质也将提出更高的标准。未来风电电源和传统电源、储能、负荷、其他新能源、充电桩和智能配电保护系统等都会产生更多元和深入的互动，在运行控制、信息交互和安全方面必将有广阔的发展空间。

4.1.3　主要风电机组机型介绍

2021 年，风电行业对机组大兆瓦、高捕风能力、平价低价等的需求旺盛，国内主流整机企业纷纷推出面向陆上风电基地、"三北"高风速区域、中东南低风速区域，以及海上风电平价市场的新平台新机型。

金风科技在 2021 年推出全新一代中速永磁平台，包括 GWH171/191 - 4.0/4.5、GWH171 - 5.0/5.3/5.6 等全新机型，并针对风电基地、分散式风电以及海上风电推出旗舰机型。

远景能源推出伽利略超感知风电机组，开启 AI 在能源领域的典型应用，以及 Model Y 平台两款代表性机型 EN - 200/7.0、EN - 190/8.0。

明阳智能推出 MySE7.XMW 陆上半直驱机组、MySE11MW 与 MySE16MW 海上半直驱漂浮式风电机组，以及 MySE6.0MW 与 MySE5.5 - 155 漂浮式机组。

上海电气推出全新"Poseidon"海神平台 EW8.0 - 208 机型、"Petrel"海燕平台 EW11.0 - 208 机型，以及 WH4.65N - 192、WH5.0N - 192 机型。

其他较有代表性的新机型还包括：运达风电海上机型 WD22X - 10.X - OS、WD24X - 15.X - OS；三一重能 6.X MW、7.X MW 陆上风电机组；中国海装 H256 - 16 机型、国内首台 5MW 国产化海上风电机组海装 H171 - 5MW。

4.2   基地风电机组选型的基本要求

对风电基地而言，风电机组选型应与风电基地风能资源特性实现最优匹配，同时需要充分结合地形地貌、建设条件、气候特征等要素，选择性价比高的机型，实现经济效益最大化。

4.2.1   风电机组选型原则

1. 质量认证

风电机组选型中最重要的一个方面是质量认证，主要从型式认证和设计认证两个方面进行考量，选型时主要考虑型式认证。

型式认证通过设计评估、型式试验、生产质量控制审核等工作，对风电机组设备相对于规范、标准的符合性进行评价。认证对象涉及整个风电机组，包括叶片、齿轮箱、发电机、塔架、偏航系统、控制系统、主轴等零部件。认证范围包括结构的一致性、安全、检验以及对这些要求的符合程度的评估。型式认证可用于相同设计和制造的风电机组，在满足相关技术要求的条件下颁发型式认证证书。

2. 业绩良好

业绩是反映风电机组制造质量的指标之一。风电机组选型时建议对制造企业的相关型号风电机组的业绩进行调研、考察。主要从机型的销售合同业绩、运行业绩以及投资方的评价等方面进行考量。经过几十年的发展，运行的 1.5~5MW 级别的风电机组数量已超过几十万台，国内主流风电机组制造企业的水平和能力已经处于国际领先地位。但在碳达峰、碳中和背景下，各风电机组制造企业都在不断研发新机型，应该说，新机型在技术上更加成熟先进，但业绩还需要时间的积累，因此对业绩的考察是风电机组选型必须考虑的一个因素。

3. 可靠性好

可靠性是风电机组选型最重要的因素，主要体现在设计、制造和运行等方面。对于设计而言，主要通过是否取得设计认证和型式认证进行判断；对于制造而言，主要取决于制造工艺和产品试验，特别是主要部件的动静态试验结果是否取得产品认证证书；对于运行而言，风电机组的可靠性评价指标主要是设备可利用率。

4. 发电量优

风电机组是风电场的核心设备，其主要使命就是将风能转换为电能，因此对风电机组选型而言，考虑的最主要的因素就是机组的发电量最优，要选择与风能资源特性匹配程度最好的风电机组，最大程度地提高项目发电量。机组发电量最优主要从运行功率曲线和发电小时数等方面考量。

5. 适用性好

风电机组选型除了考虑发电量最优外，同时要考虑机组的适用性。主要包括机组对项目现场的特定气象条件，比如低温、雷暴、沙尘暴、积雪、极端安全风速、高海拔、海上等。只有风电机组能够很好适应当地的气象条件，才能够保证其全生命周期的安全良好运行。

4.2.2　基地风电机组选型的基本要求

1. 风能资源的适应性要求

风能资源的适应性要求是风电机组选型的基本要求，主要考虑参考年平均风速、50年一遇最大风速、湍流强度三个参数。具体来说，在风电机组选型时，首先按照现场的50年一遇最大风速和湍流强度来确定风电机组安全等级；其次可参考年平均风速确定风电机组的适用风速。风电机组安全等级与风能资源特性要求见表4-1。对于风电基地而言，由于场址范围大，基地内各风电场之间的风能资源特性不尽相同，需要针对每个风电场的风能资源特性选择适用的风电机组。

表 4-1　　　　　　　　　　　　风电机组安全等级与风能资源特性要求

风电机组等级		I	II	III	S
$V_{ave}/(m/s)$		10	8.5	7.5	由设计者确定
$V_{ref}/(m/s)$ （热带$V_{ref,T}$）		50 (57)	42.5 (57)	37.5 (57)	
A+	I_{ref}（—）	0.18			
A	I_{ref}（—）	0.16			
B	I_{ref}（—）	0.14			
C	I_{ref}（—）	0.12			

注　A+、A、B、C表示湍流强度。

表中的数值一般指风电机组轮毂高度处的值，V_{ave}是参考的年平均风速，V_{ref}是50年一遇最大风速，A、B、C代表高、中、低湍流强度等级，I_{ref}是轮毂高度处15m/s风速段的平均湍流强度值。

2. 功率曲线要求

功率曲线是反映风电机组发电性能好坏的主要参数之一。目前功率曲线分为静态功率曲线和动态功率曲线。经测算和工程实践经验，静态和动态功率曲线对风电机组的发电量有5%～10%的影响，因此风电机组选型要求提供动态功率曲线。另外，由于空气密度对功率曲线的影响较为显著，通常要求提供风电场现场空气密度条件下的动态功率曲线来测算发电量。

3. 特定条件要求

（1）低温要求。对于北方地区、青藏高原、云贵高原以及某些山区，冬季经常发生极端低温现象，温度低于－30℃，甚至低于－40℃。风电机组在低温环境下，部分零部件、材料等机械特性会发生变化，比如叶片变脆、齿轮箱需加温等问题，导致风电机组故障和停机风险加大。因此对于寒冷地区，要准确评估低温影响，风电机组选型应考虑选择低温型风电机组，以提高其对低温的适应性。

（2）防风沙要求。我国北方地区特别是沙漠、戈壁、荒漠地区的风电场都面临风沙危险，在风电机组选型时应提出防风沙的要求，主要应在叶片、轮毂、机舱、塔筒等方面提出针对性的要求，如：①叶片应采用耐候性能和力学性能优良的面漆，如聚氨酯材料在柔韧兼顾的同时，具有抗紫外线辐射、耐酸、耐碱、耐盐雾等特性，使叶片不易受到污染物和沙尘的冲蚀，由于叶片的前缘更易受到风沙的侵蚀，可以采用高性能保护漆或增大涂料厚度，以保证叶片前缘免受风沙的侵蚀；②轮毂中的变桨轴承应采用可靠的密封工艺，如双唇口密封，以防止沙尘或杂质的入侵，轮毂的罩壳与其他部件的连接和旋转部位可以增加尼龙毛刷或翻边雨眉，以阻挡风沙的入侵；③机舱的罩壳应秉承流线型设计原则，以减弱砂石的磨损，发电机应选用不低于IP54的防护等级，发电机过渡连接部位应设置接触式密封板；④塔筒门及通风孔应采用专门设计，安装防尘罩或采用防尘材料，以实现多级过滤，有效降低沙尘从机组底部侵入的可能性；⑤对于处于流动沙丘活动范围内的风电机组，首先应采取抬高基础的方法进行保护，其次可根据当地环保政策，在典型移动沙丘的缓坡面种植灌木，陡坡面种植高秆植物，以减小沙丘的移动。

（3）冰冻要求。我国的云贵高原，以及贵州、四川、湖北、湖南等南方地区在冬季经常出现冻雨和结冰的情况，这会对风电机组产生较大的影响。对于此类地区，风电机组需要采取防冻、除冰等技术，尽量减少冰冻对风电机组设备的影响和发电量损失。

（4）防雷要求。风电机组高度较高，且通常处于戈壁荒漠、山区、高原等环境，需采取防雷措施对其进行保护。我国高原地区和东南部经常遭遇雷暴等自然灾害，雷击放电会导致风电机组零部件及控制系统损坏。对于易发生雷暴的地区，风电机组需考虑防雷保护设计，通过安装雷电保护系统确保机组的安全。

（5）防腐要求。对于盐雾较大的地区，由于化学反应会对风电机组的裸露部位造成腐蚀，比如法兰、机舱、叶片、塔筒等部位，需要按照防护等级采取镀锌等措施进行保护。

（6）高海拔要求。对于青藏高原、云贵高原等高海拔地区风电场，所处环境更为恶劣，具有空气密度降低、绝对湿度降低、太阳辐射增强、气温日较差变化、绝缘性能降低等一系列问题。因此对高海拔地区的风电机组选型，需按照《高海拔风力发电机组技术导则》（NB/T 31074—2015）选择，在设计中充分考虑绝缘、元器件温升、雷暴、紫外线强、低电压穿越等问题，确保所选风电机组能够较好地适用当地环境。

4. 电网适应性要求

电网一般要求风电机组具备以下功能：

（1）风电机组应具有有功功率控制系统，使风电场具备有功功率调节能力。当风电场有功功率在总额定出力的 20% 以上时，对于场内有功出力超过额定容量 20% 的所有风电机组，能够实现有功功率的连续平滑调节，并参与系统有功功率控制。

（2）风电机组应具有无功功率控制系统，使风电机组功率因数能在 −0.95 ～ +0.95 的范围内动态可调，风电机组应具有恒功率因数运行模式；风电机组无功功率控制系统应能与风电场集中无功补偿装置协调运行，以实现风电场高压侧功率因数在 −0.98 ～ +0.98 的调节能力。

（3）风电机组应具有低电压穿越能力，风电机组在并网点电压跌至 20% 额定电压时能保证不脱网连续运行 625ms 的能力；风电场并网点电压在发生跌落后 2s 内能够恢复到额定电压的 90% 时，风电机组能保证不脱网连续运行。

（4）风电机组电能质量应满足《风电场接入电力系统技术规定 第 1 部分：陆上风电》（GB/T 19963.1—2021）要求：风电机组应能确保风电场所接入公共连接点的闪变干扰值满足《电能质量 电压波动和闪变》（GB/T 12326—2008）的要求；风电场所接入公共连接点的谐波注入电流应满足《电能质量 公用电网谐波》（GB/T 14549—1993）的要求。

（5）风电机组应具备涉网保护功能。

5. 性价比考量要求

风能资源的适应性要求、功率曲线要求、特定条件要求、电网适应性要求均是从技术性能方面对风电机组选型提出的要求，在实际工程中，风电机组选型除了需要考虑技术性能要求外，同时需要结合风电场进场和建设条件、市场化成熟度、实际运行情况、价格等方面，综合考虑发电量及投资进行综合对比分析，选择性价比高的风电机组，比如采用单位电度投资法确定机型。

4.3 基地风电机组选型的基本方法

基地风电机组选型的基本方法归纳起来主要包括发电量最优法、单位千瓦投资法、单位电度投资法。

1. 发电量最优法

发电量最优法是对满足风电基地风能资源特性及建设条件要求的不同风电机组制造企业的风电机组，采用相同的风电机组布置原则，对比选机型首先进行风电机组布置优化，再根据比选机型在当地空气密度条件下的功率曲线和测风数据进行发电量计算，计算结果选取发电量最大的一种机型作为推荐机型。在实际工程应用中，一般选择不同风电机组制造企业的机型进行对比分析，比选时需进行不同单机容量、不同叶轮直径、不同轮毂高度的机型进行组合，对其发电量进行计算。在风电基地风电机组的选型过程中一般应比选四种机型以上，比选机型的范围应该包含主流风电机组制造企业或者前一年度新增装机容量排名尽量靠前的风电机组制造企业。

2. 单位千瓦投资法

单位千瓦投资法是从项目投资的角度出发，以单位千瓦投资最小为原则，选择推荐机型。单位千瓦投资计算公式为

$$单位千瓦投资 = \frac{静态总投资}{装机容量} \tag{4-1}$$

对风电基地而言，在风能资源相同、装机容量相同的条件下，不同风电机组由于其布置及配套工程投资不同，会导致静态总投资产生较大差距，从而导致单位千瓦投资不同。在初选风电机组机型时，需综合考虑风电机组、塔筒、箱式变压器、风电机组基础、道路、集电线路、吊装，以及升压变电站与送出公用部分投资，这些投资与风电机组选型密切相关，不同机型的投资偏差较大。在实际工程中，通常选择单位千瓦投资最小的机型作为推荐机型，往往能够提升整体效益，也是工程中常用的机组选型方法之一。

3. 单位电度投资法

单位电度投资计算公式为

$$单位电度投资 = \frac{静态总投资}{年上网电量} \tag{4-2}$$

单位电度投资法结合了发电量最优法和单位千瓦投资法两种方法的优点，既能反映推荐机型的发电量优势，又可体现推荐机型的工程整体效益，是一种从工程技术与经济多角度出发综合考量推荐机型工程综合效益的方法。在实际的工程应用中，此方法的适用性最广，也是目前被用来确定风电基地风电机组选型的认可度最高的方法。

单位电度投资法的应用需同时注意结合风电机组选型的原则和基本要求，最终推荐最适合风电基地的机型。

4.4 实例

以某风电基地为例，对风电机组选型进行举例说明。

4.4.1 参与选型的机组

某风电基地在风电机组选型时综合考虑目前国内风电机组制造企业业绩、技术成熟度、价格水平和供货能力等因素，选择金风科技、远景能源、明阳智能、上海电气等风电机组制造企业的风电机组进行比选。

结合区域风能资源评估结论，初步选择七种机型进行比选。

4.4.2 技术指标比较

比选机型主要技术参数见表4-2。比选机型当地空气密度下动态功率曲线、推力系数曲线分别如图4-9和图4-10所示。

表 4 - 2   比选机型主要技术参数表

项 目		比 选 机 型						
		WTG140－3.0MW	WTG141－3.2MW	WTG145－3.2MW	WTG146－3.45MW	WTG156－3.3MW	WTG156－4.0MW	WTG150－2.8MW
认证情况		设计认证	设计认证	设计认证	设计认证	设计认证	设计认证	设计认证
		型式认证	型式认证	型式认证	型式认证	型式认证	型式认证	无型式认证
机组数据	风电机组类型	直驱	双馈	半直驱	双馈	双馈	半直驱	直驱
	单机容量/kW	3000	3200	3200	3450	3300	4000	2800
	叶轮直径/m	140	141	145	146	156	156	150
	轮毂高度/m	90	90	90	90	100	100	90
	切入风速/(m/s)	2.5	3	2.5	3	3	2.5	2.5
	额定风速/(m/s)	9.5	10	9.2	9.6	10	9.5	8.7
	切出风速/(m/s)	20	20	20	22	25	20	18
	安全等级	ⅢB 59.5	S 59.5	S 59.5	S 52.5	S 40	S 59.5	S 52.5
	运行温度范围/℃	－30～40	－30～40	－30～40	－30～40	－30～40	－30～40	－30～40
	生存温度/℃	－40～50	－40～50	－40～50	－40～50	－40～50	－40～50	－40～50
叶片	叶片数	3	3	3	3	3	3	3
	扫风面积/m²	15481	15615	16505	16765	19103	19103	17671
发电机	额定功率/kW	3250	3350	3450	3700	3400	4100	3000
	额定电压/V	720	690	690	750	690	690	760

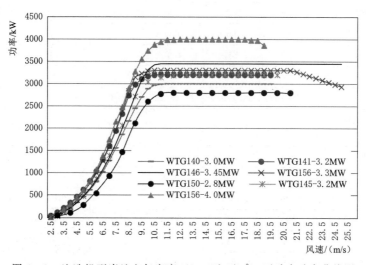

图 4 - 9   比选机型当地空气密度（1.037kg/m³）下动态功率曲线图

4.4.3 经济性比较

根据各机型风电机组布置、各风电机组当地空气密度下动态功率曲线和推力系数曲线，采用 WT5.2.1 软件分别计算理论发电量和尾流影响后发电量，经综合折减后得到年

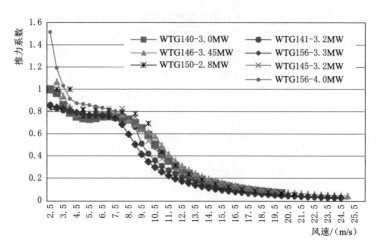

图 4-10 比选机型当地空气密度（1.037kg/m³）下推力系数曲线图

上网电量。参照各风电机组的报价情况，估算各比选机型的综合配套投资，对各比选机型进行技术经济比较，结果见表 4-3。

表 4-3 比选机型技术经济参数表

项　目	比　选　机　型						
	WTG140-3.0MW	WTG141-3.2MW	WTG145-3.2MW	WTG146-3.45MW	WTG156-3.3MW	WTG156-4.0MW	WTG150-2.8MW
装机容量/MW	240	256	256	276	264	320	224
单机容量/kW	3000	3200	3200	3450	3300	4000	2800
台数	80	80	80	80	80	80	80
叶轮直径/m	140	141	145	146	156	156	150
轮毂高度/m	90	90	90	90	100	100	90
理论发电量/(万 kW·h)	107626.6	113126.0	114464.2	119346.1	126364.3	140148.5	108750.4
尾流影响后发电量/(万 kW·h)	100722.0	105459.2	105920.0	110543.0	117929.5	129020.6	101273.8
平均尾流损失/%	6.4	6.8	7.5	7.4	6.7	7.9	6.9
最大尾流损失/%	9.4	9.9	10.8	10.8	9.6	11.4	10.0
年上网电量/(万 kW·h)	71198.4	74547.1	74872.8	78140.7	83362.1	91202.2	71588.5
等效满负荷利用小时数/h	2967	2912	2925	2831	3158	2850	3196
容量系数	0.34	0.33	0.33	0.32	0.36	0.33	0.36
静态投资/万元	156636.5	163840.0	164944.7	176597.9	176811.0	205934.5	151624.4
单位千瓦投资(静态)/(元/kW)	6527	6400	6443	6398	6697	6435	6769
单位电度投资(静态)/[元/(kW·h)]	2.200	2.198	2.203	2.260	2.121	2.258	2.118
经济性排序	4	3	5	7	2	6	1

4.4.4 选型情况

由表 4-2 和表 4-3 可以看出：

（1）各比选机型等效满负荷利用小时数为 2831～3196h，单位千瓦投资（静态）为 6398～6769 元/kW，单位电度投资（静态）为 2.118～2.260 元/(kW·h)，WTG150-2.8MW 机型的单位电度投资最低。

（2）WTG150-2.8MW、WTG156-3.3MW 机型的等效满负荷利用小时数较高，单位电度投资较低，不足之处是 WTG150-2.8MW 机型没有获得型式认证。

综合考虑以上因素，推荐成熟机型中的 WTG156-3.3MW，最终机型以招标确定的机型为准。

第 5 章
场址划分与容量估算

5.1 场址划分的原则和目标

风电基地规模一般为百万千瓦乃至千万千瓦级，要合理有序地开发风电基地，需将其按照一定的原则和目标进行划分。

1. 场址划分的原则

风电基地的场址划分应遵循以下原则：

（1）节约集约用地。在基地规模一定的情况下，应尽可能少地占用土地资源，场址划分要避免土地资源的浪费。

（2）资源有效利用。风电基地开发要充分利用风能资源，科学选址，合理规划，提高项目经济效益。

（3）风电机组运行安全。场址划分要考虑到风电机组布置与相邻风电场风电机组的相互影响，应符合风电机组安全性和尾流影响的要求，合理设置风速恢复区。

（4）施工运维便利。对风电基地进行场址划分，要充分考虑到各子风电场在施工和运行维护过程中的合理性与便利性。

2. 场址划分的目标

风电基地的场址划分，以下面几点为主要目标：

（1）通过对风电基地场址的合理划分，减小各风电场场址之间的尾流影响，提高整体发电量。

（2）风电基地整体的道路、线路等可以实现合理布局，减少工程量。

（3）通过合理的场址划分，实现场站道路、场用电、电网接入点和升压变电站等公共资源的有效利用。

（4）各子风电场开发建设和运行维护较为便利，提高风电基地的管理水平。

5.2 基地尾流与电量折减

5.2.1 基地尾流

1. 尾流概念

在风电场中，沿风速方向布置的上风向风电机组转动产生的尾流，会使下风向风电机组所利用的风速发生变化。当风经过风电机组时，由于叶轮吸收了部分风能且转动的叶轮会造成湍流动能的增大，因此，经过风电机组后风速会出现一定程度的突变减小，这就是风电机组的尾流效应。

尾流造成的能量损失典型值为10％，一般其范围为2％～30％。影响尾流效应的因素主要有地形、风电机组间的距离、风电机组的推力特性以及风电机组的相对高程等。由于尾流的存在，风电机组之间必须保持一定的距离，既是出于提高发电量的考虑，也是为了使风电机组能够安全运行。对风电场尾流的研究是风电机组排布优化的关键之一，也是实现风电场最佳收益的关键。

风电机组单机容量正在持续增大，叶片不断变长，对风电机组尾流效应和空气动力学特性的理解也因此变得越发重要。尾流降低了下风向风电机组可获得的风能，降低了发电量。尾流中的湍流强度与邻近风电机组的距离和风速有关。唯有掌握尾流变化特性，才能优化得到风电场的最佳排布，获得最优的发电量，同时使风险得到有效控制。

2. 风电基地的尾流

风电基地的尾流问题十分复杂，很难建立稳定的物理模型。因为在风电基地中，风电机组本身也具有一定的地理特征属性，可以理解成是地表粗糙元，有时也可以理解为障碍物，简单的尾流模型显然不能将这些现象考虑进去。

边界层顶部的动量不断生成，并向地面传输，形成动态平衡，风电机组消耗这些动量，也就形成了动态平衡的组成部分，与树木和其他粗糙元类似，形成内部边界层。

随着风电场规模的不断增大，对大型风电基地尾流模型的研究变得日益迫切，是近些年风电场尾流模型研究的热点。普通的尾流模型会严重低估后排风电机组受到的尾流影响，从而高估其发电量，这是很多风电基地发电量低于预期的原因之一。

5.2.2　电量折减

由《陆上风电场工程可行性研究报告编制规程》（NB/T 31105—2016）可知，应从空气密度尾流损失、风电机组可利用率、风电机组功率曲线保证率、风电机组控制与湍流影响、叶片污染、气候影响、场用电及线损等能量损耗及其他因素等可能造成风电场发电量减小的方面对理论发电量进行折减，通过各项折减系数连乘的方式计算发电量综合折减系数，并估算风电场年上网电量、年等效满负荷小时数及容量系数。

1. 空气密度折减

空气密度折减系数计算公式为

$$\text{空气密度折减系数} = \left(1 - \frac{\text{风电场空气密度}}{\text{标准空气密度}}\right) \times \text{额定风速前的风能频率} \qquad (5-1)$$

若计算发电量时采用的是风电场空气密度的功率曲线，则不需再考虑此项折减。

2. 尾流损失折减

各风电机组的尾流损失折减一般通过软件计算进行考虑。

3. 风电机组可利用率折减

考虑风电机组故障、检修及电网故障进行折减，将常规检修安排在小风月，具体可根据当前风电机组的制造水平和风电场的实际情况拟定。

4. 风电机组功率曲线保证率折减

风电机组制造企业对风电机组功率曲线的保证率一般为95％，在计算发电量时应适当考虑，并根据风电机组制造企业运行经验适当调整。

5. 风电机组控制与湍流影响折减

控制与湍流影响折减主要包括风电机组偏航、变桨、解缆或运行方式改变而使发电量减少以及由于湍流影响使风电机组出力下降两部分折减。风电场此两项折减系数一般取 2%～5%。

6. 叶片污染折减

叶片污染使叶片表面粗糙度提高，翼型的气动特性下降，发电量下降。一般叶片污染折减系数取 2%～5%。

7. 气候影响折减

一般风电机组的适应温度范围为 −20～40℃，当风电场的气温超出适应范围，风电机组运行将受影响；当气温下降到 −10℃ 时，风电机组的润滑系统和叶片的气动效应也将受到影响，一般气候影响停机折减系数取 2% 左右。

8. 场用电及线损等能量损耗折减

考虑到风电场区域面积较大，场内线路较长，且低温型风电机组冬季加热损耗也较大，因此风电场场用电、线损及变压器损耗较大，折减系数取 2%～4%。

9. 其他因素影响折减

风电场发电量计算时，涉及周边其他风电场折减系数、测风数据代表性、地形图、软件计算误差等影响，折减系数根据实际情况取值。

在风电基地规划阶段，参考以上可行性研究阶段的电量折减计算方法，综合各类因素后取综合折减系数，数值初步可取 70%～80%。

5.3　规模估算

根据地形或场地条件，按下列方法估算风电基地的装机容量：

（1）对于地形平坦、地势简单的风电场场址，可按 5MW/km² 的参考指标估算风电基地的装机容量。

（2）对于地形起伏较大的场址，宜根据风能资源分布特点、运输及施工安装条件、风电机组适宜机型及单机容量、可布置风电机组场地等因素，或根据典型场址的试算成果，估算风电基地的装机容量。

（3）对于单一线状布置的场址，可类比当地同时期的风电场工程估算装机容量。

（4）对于大型风电基地，应结合电力系统接入条件、尾流影响等因素，在合理划分风电场场址基础上估算装机容量。宜根据相关研究工作提出风能恢复区的设立方案。

5.4　场址划分优化

风电基地规模较大，一般为百万千瓦乃至千万千瓦级，要合理有序地开发风电基地，必须将其按照一定的原则和方法进行划分。一般需进行多方案比较，综合考虑风电基地整体发电效益、各场址发电效益、风电机组安全性、建设投资节约、施工建设合理、运行维护便利等因素，推荐场址划分方案。

（1）结合风电基地规模、规划建设时序、投资开发条件等，合理确定单个风电场的装机容量。

（2）综合考虑风能资源、风电机组特性、安全性以及地形等因素，合理确定各风电场间的风速恢复带宽度。

（3）初步划分场址，可依托风电基地地形、限制性因素、特殊地形等天然因素设置风速恢复带。

（4）综合考虑场内道路、集电线路等因素，对场址划分进行优化调整。

（5）对风电基地进行整体发电量计算，验证各子风电场的发电能力、风电机组安全性等。

5.5 实例

以某风电基地为例，对场址划分进行具体分析。

5.5.1 区域地理条件

该风电基地位于四子王旗东南部，与旗政府驻地乌兰花镇直线距离 $40\sim105km$，总面积约 $3800km^2$，涉及供济堂镇、白音朝克图镇、红格尔苏木、查干补力格苏木、乌兰牧场等行政区域。风电基地地势由中部向东北和西南方向降低，整体地形中西部以丘陵为主，东北部地形较为平坦，海拔为 $1250.00\sim1740.00m$。风电基地东邻 G55 高速、G208 国道，西部有 G209 国道南北向穿越，白土线、土大线、白白线等主干县道东西向穿越风电基地，与对外运输线路相通，交通条件便利。

5.5.2 风电基地优化布局研究重点

该风电基地致力于对外打造"平价上网、先进技术、智慧风电场、生态能源"四个示范工程，对内建设"六个世界一流"。风电基地优化布局为作为实现以上目标的重要保障之一，其研究重点有以下几个方面：

（1）该风电基地地形条件差异较大，低山丘陵与平坦地形交错分布，不同区域风向和风速差异显著。研究区域风能资源宏观形成机理以及场址范围内风能资源空间分布特点，为场址优化布局提供支撑。

（2）该风电基地场址范围内分布有包括国家公益林、重点保护文物、压覆矿和地质公园等在内的众多限制性因素，根据主要限制因素的分布特点和避让要求，研究合理的场址划分方案，最大程度地利用区域土地资源提升装机容量。

（3）采用中尺度再分析数据与测风塔实测数据相嵌套的降尺度分析方法，精细化评估风电基地风能资源，研究基地风电场之间的尾流影响规律，设置合适的风速恢复距离，并考虑利用限制因素作为"天然"风速恢复带，充分利用土地资源。

（4）结合风电基地优化场址布局，统筹考虑 220kV 升压变电站以及 500kV 汇流站站址布局、接入规模，以及 220kV 升压变电站的接入和送出线路的经济性。

（5）结合风电基地优化场址布局和现有的省道、县道、乡道，充分考虑与各场址连接的经济性和便捷性，合理规划公用道路布线方案。

5.5.3 风电基地优化布局思路

1. 依据限制性因素分布优化

（1）选择规模化成片分布的可利用区域。区域内限制性因素分布多而复杂，为减少风电场内道路、集电线路等配套工程投资，风电机组应相对集中在同一区域布置，并且尽可能减少场内道路和集电线路跨越限制性因素的情况发生。因此，项目布局区域尽可能利用规模化成片分布的可利用区域。某风电基地规模化成片布置区域示意图如图5-1所示。

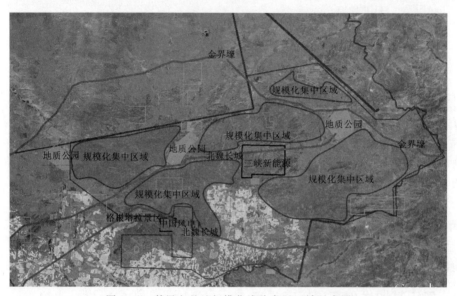

图5-1　某风电基地规模化成片布置区域示意图

（2）金界壕和北魏长城遗址等限制因素。某风电基地内自北向南分布有3条呈东—西方向分布的带状遗址，分别为金界壕和2条北魏长城。依据文物部门要求，金界壕保护范围为本体四周外延100m，建设控制地带为保护范围基础上，四周再向外延伸500m；北魏长城保护范围为本体四周外延200m，建设控制地带为保护范围基础上，四周再向外延伸300m。

鉴于金界壕和北魏长城分别为国家级保护区和自治区级保护区，避让标准及要求严格，同时政府相关部门要求，设计中尽可能采用原有跨越通道，不新建跨越通道。场址布局优化应尽可能避免35kV线路和场址道路跨越金界壕和北魏长城遗址。某风电基地范围内主要限制性因素分布如图5-2所示。

（3）基本农田和国家公益林等限制因素。某风电基地南部场址区域内分布有大面积的国家公益林、基本农田和一般耕地，若场址布置在此区域，其存在的主要问题有：①场址可利用面积较小，风电机组布置位置仅能利用限制因素中的空位，导致场内整体风电机组布置分散，配套的场内道路和集电线路长度增加，工程建设、运行成本增大；②集电线路杆塔、道路将不可避免地征用农田、国家公益林等区域的土地，该部分征租费用成本较

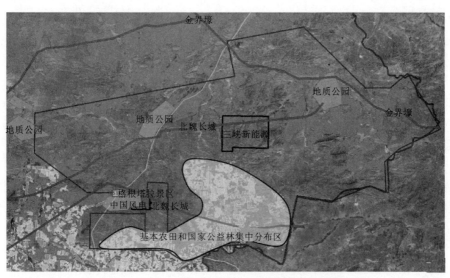

图 5-2 某风电基地范围内主要限制性因素分布

高，且协调难度较大；③所处位置受基本农田和国家公益林阻隔而较为独立，其与 500kV 汇流站间的 220kV 线路较长，由此带来的工程建设成本偏高。某风电基地南部区域限制因素分布如图 5-3 所示。

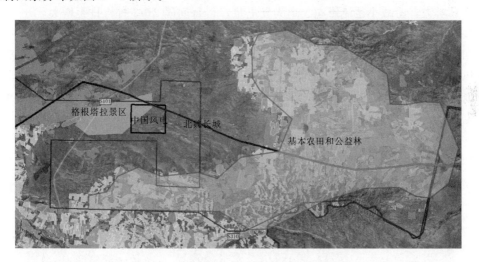

图 5-3 某风电基地南部区域限制因素分布

综合以上限制因素分布特点设计拟提出以下优化方案：①场址划分以金界壕和北魏长城为界，避免风电场内 35kV 线路和检修道路跨越长城遗址，减小相应的工程成本，规避由此带来的项目建设协调难度和风险；②整体优化场址布局，将风电基地南部基本农田和国家公益林集中区域在北魏长城以南的范围调整为备用场址。

2. 依据大型风电基地尾流影响特点进行优化

根据大型风电基地设计和研究成果，为减小主风向上、下各风电场间的尾流影响，提高发电量，各风电场之间应预留风速恢复带。结合西北院在国内大型风电基地方面的设计经验和后评估结果，沿主风向上风电场之间的间距一般设置在 2~2.5km 宽的风速恢复带较为合适，既能够使经过上风向风电场的风能资源得到有效恢复，也能够避免因距离设置太大而造成的道路和线路成本增加以及土地资源的浪费。

针对某风电基地限制性因素分布和风能资源特点，主要优化方案如下：①基于风电基地西部和西南部风向以西偏北和西南风为主，北部和东部以西和西偏北风为主的特点，初步考虑基地西部和西南部区域南北方向风电场之间的间距增大到 2~2.5km；②基地北部和东部区域各风电场间东西方向预留 2~2.5km 距离。

3. 依据风电场内风电机组布置方案和尾流影响规律优化

根据目前西北院在大型风电基地的设计经验、研究成果和后评估结果等，同时结合某风电基地的特点，为了充分利用有限场址范围内的优势资源发电，提出以下优化方案：

（1）在地形较为平坦的区域采用规则的梅花形排布方案，在地形起伏较大的区域采用不规则布置。

（2）风电机组垂直于主风向布置，在追求发电效益的同时兼顾土地资源集约和风电场建设成本。

（3）规则排布方案下，垂直主风向排布间距一般为 $2.5D$~$3.5D$，沿主风能方向排布间距一般不小于 $10D$，主风能方向风电机组排布多于 3 排时，从第 3 排开始风电机组尾流影响明显增大，为减小尾流影响、增大发电量，可每间隔 2~3 排将排距增大。

4. 借助限制性因素和特殊地形作为风速恢复带

四子王旗境内限制性因素分布众多，为了充分利用可利用土地面积进行风电机组布置，风速恢复距离的设置应尽可能利用压覆矿范围、国家一级公益林范围地质公园、文物，以及沟壑、冲沟、居民密集分布区域等风速恢复带，最大程度利用现有可利用土地布置风电机组。利用限制因素作为风速恢复带优化布置示意图如图 5-4 所示。

图 5-4 利用限制因素作为风速恢复带优化布置示意

5.5.4 优化布局初步方案

根据风电基地优化布局思路得到优化布局初步方案，即风电基地分幸福基地、红格尔基地和大板梁基地 3 个子基地，共 13 个单体风电场，单体装机容量分别为 40 万 kW、50 万 kW、60 万 kW，有利于后期分标。风电基地场址优化布局初步方案如图 5-5 所示，基地场址装机容量分配见表 5-1。

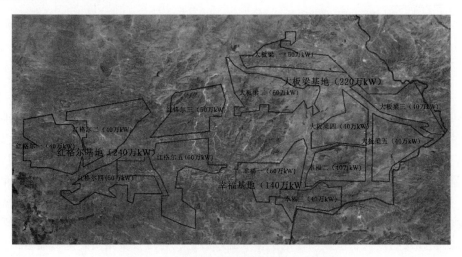

图 5-5 风电基地场址优化布局初步方案

表 5-1 风电基地场址装机容量分配

子 基 地	子 风 电 场	装机容量/kW	合计/万 kW
幸福基地	幸福一	60	140
	幸福二	40	
	幸福三	40	
红格尔基地	红格尔一	40	240
	红格尔二	40	
	红格尔三	50	
	红格尔四	50	
	红格尔五	60	
大板梁基地	大板梁一	50	220
	大板梁二	50	
	大板梁三	40	
	大板梁四	40	
	大板梁五	40	
合 计		600	600

第6章
基地并网与送出

6.1 电力系统接纳风电能力

接入系统并网输电工程规划是大型新能源发电基地并网运行的首要环节，但实际工程中新能源发电基地的发展速度往往超前于其配套并网输电工程的建设进度，导致大型新能源发电基地运行的规模效益受到影响。

工程实践中，大规模新能源发电并网输电工程大多按照新能源发电装机容量进行容量投资，并就近接入附近主网。然而，由于新能源发电出力的间歇性和波动性以及大规模新能源发电的汇集特性，新能源电站的年最大出力通常低于其装机容量大小，若按照装机容量进行新能源发电接入系统并网输电工程规划，会造成容量投资浪费，降低输电工程投资效率。

基地并网容量需在大规模新能源发电出力特性分析的基础上，寻求能够合理表征新能源发电出力特性的方法，将其用于大规模新能源发电接入系统规划方案的经济性评估中，从规划源头对新能源并网工程的汇集容量进行合理地优化配置，并结合实际接入系统的工程条件，确定最佳的汇集容量。

相较于传统能源发电出力，风电由于其一次能源的间歇性而导致其出力最为突出的特点是具有很强的随机性、不可控性和季节性。大规模新能源发电地域分布较广，发电单元种类多样，一次能源分布情况存在差异化。随着装机容量的提升，由于更多发电单元出力的汇集，大规模新能源发电出力呈现出不同于单一发电单元的特性。分析大规模新能源的出力特性有助于充分掌握电网对新能源发电消纳能力的需求，是新能源接入系统并网输电工程的技术经济性评估的基础。

我国西北地区某风电场群 2015 年 6 月 1—4 日不同装机容量下风电实时出力曲线如图 6-1 所示，数据采样间隔 10min，纵坐标是以装机容量为基准容量的实时出力标幺值。该风电场内部风电机组额定容量均为 2MW，图中 2MW、50MW、100MW、300MW 及 800MW 曲线分别代表 1 台风电机组、25 台风电机组、50 台风电机组、150 台风电机组以及 400 台风电机组的实时出力曲线。其中总装机容量不超过 300MW 的风电机组隶属于同一个 300MW 的风电场，装机容量为 800MW 的风电出力是由该 300MW 的风电场与另外 3 个容量分别为 100MW、200MW 和 200MW 的风电场出力汇集而成。

由图 6-1 可以看出：①单台风电机组最小出力为 0，最大出力为满发状态，达到 1p.u.，具有很明显的间歇性；②50MW 风电出力在该段时间内的最大出力达 0.978p.u.；

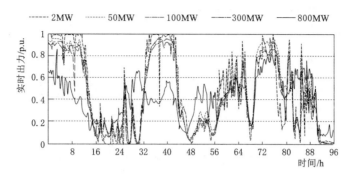

图 6-1 不同装机容量下风电实时出力曲线

③100MW 风电出力在该段时间内的最大出力为 0.955p.u.；④300MW 风电出力在该段时间内的最大出力为 0.934p.u.，最小出力为 0.019p.u.；⑤800MW 风电出力在该段时间内的最大出力仅为 0.832p.u.，且最小出力上升至 0.045p.u.。

随着风电机组数量的增加，风电出力的最大值在降低，100MW 以内风电出力为 0 的频率逐步降低，而 300MW 和 800MW 的风电出力最小值在升高。由图 6-1 还可以看出，隶属于同一个风电场不超过 300MW 的风电出力曲线所呈现的趋势大致一致，而由 4 个风电场组成的 800MW 风电场群的出力曲线更为平缓，但与 300MW 风电场的出力总体呈正相关。导致这一现象的原因是风电场群所占地域范围较广，不同地理位置的风电场之间风能资源的分布具有较大的差异性，致使多个风电场出力具有一定的互补性，因而其所汇集的总出力变化趋势更为平缓。

难以预测的风电出力功率波动是制约风电并网运行的主要原因，给电网的运行调度与安全稳定控制带来了很大的挑战。时序风电出力曲线能够很好地体现一定时期内风电实时出力功率波动特性，为电网运行层面的调度与控制提供了很好的分析基础。然而，时序风电出力曲线缺乏对风电整体出力趋势的把握，在时间跨度较长的电网规划工作中很难成为规划人员分析大规模风电汇集整体出力特性的手段。

参考电力系统分析中常用的年持续负荷曲线（根据一年 8760h 各风电出力水平的累计持续时间排列出来的曲线），将风电场出力一年中各小时出力功率按照由大到小的顺序排列，则可得到风电场年持续出力曲线。该曲线每个点表示的物理意义为风电出力不低于该点出力水平的累积持续时间。通过风电场年持续出力曲线可以统计出风电出力的年最大出力、年最小出力，以及年发电量等长期出力特性，能够满足涉及新能源发电的规划工作需求。

根据上述风电场年持续出力曲线的概念和获取方法，可以根据历史出力数据处理得到不同装机容量的风电场年持续出力曲线，如图 6-2 所示。可以看出：①该风电场群中单台风电机组年满发和出力为 0 的累积持续时间均超 1000h；②随着装机容量的增加，满发和出力为 0 的累积持续时间逐步缩短，直至容量增加到一定程度，风电的最大出力低于额定容量，满发或者出力为 0 的现象基本消失；③随着装机容量的进一步增大，风电场的年最大出力逐步减小，年最小出力逐步增加，年持续出力曲线越发平缓。由此说明从风电机组至风电场以及风电场群的汇集过程中，风电总出力呈现一定的平抑波动趋势，这种现象称之为风电场群的汇聚效应或风电场群的平滑效应。

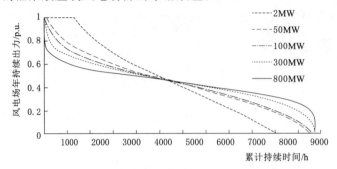

图6-2   不同装机容量的风电场年持续出力曲线

目前对电力系统接纳风电能力方面的研究可根据时间尺度可分为长期和短期两种方法：长期方法是从长期电网调峰的角度，同时考虑系统中自备容量、抽水蓄能电站和联络线计划等的影响，全面分析电源结构和负荷特性，以此评估满足电网调峰的新能源接纳能力；短期方法是从短期电网运行的角度，考虑电网运行的约束条件，包括电压稳定、线路容量以及频率稳定等，得出满足电网运行约束的新能源消纳能力。

考虑新能源出力的波动性与间歇性，电网潮流、节点电压、系统稳定、电能质量、调峰能力等都是限制新能源消纳能力的因素。随着大规模新能源的不断接入，电网潮流、节点电压、系统稳定、电能质量等常见问题一般可以通过电网结构的优化、加装装置等措施在新能源并网地区就得到很好的解决；而对于系统调峰来说，由于受到系统负荷特性、电源结构等的影响，调峰能力往往成为限制新能源消纳的主要因素。

现有研究中，新能源消纳能力采用量化分析方法，着眼于长期电网调峰和短期电网运行两个方面：①长期电网调峰方面，从系统负荷特性和电源结构这两个角度出发，通过对电网的调峰、调频特性的研究，分析电网接纳新能源的能力；②短期电网运行方面，考虑了电力系统静态安全约束，利用代数模型来求解风电并网功率的极限。

随着龙羊峡水光互补项目的实施运行，提出风水协调运行的理念，利用水电、风电协调运行的特性，计算出水电可吸收的风电出力波动，同时利用电力系统运行仿真程序计算火电可吸收的风电出力波动，进而得出整个系统的风电消纳能力。

随着国民经济的快速发展，用户对电力系统的要求也在不断提高，对电源进行优化配置变得十分重要。电源规划解决的是何时、何地、建什么样的电厂以及电厂规模多大等问题，其合理性将对今后系统运行的可靠性、经济性、电能质量和网络结构产生直接影响。

6.2   风电基地接入系统分析

以风电和光伏发电为代表的新能源发电相比于传统电源表现出明显的出力随机性和不确定性，随着我国以风电、光伏发电为代表的新能源发电并网规模不断增大，开展电力系统规划设计工作应充分考虑新能源发电的特点。同时由于我国电源分布与负荷分布表现出逆向分布特征，"跨区域互联、特高压交直流混合输电"成为我国电网发展的必经之路。考虑新能源发电出力和省间输电线路电力交换，建立电力系统运行模拟模型，指导大规模新能源规划和电网规划，提高新能源发电电量利用率，减少系统新能源弃电量，是电力系统规划工作中的重要部分。

6.2.1 风电并网运行特点

风电运行方式通常可以简单地分为离网发电和并网发电两种。离网风电场通常是独立运行的，具有发电规模小、小范围就地供电的特点，经常与储能装置组成联合系统，为偏远的山区小负荷供电。而并网风电场又可以分为分散式接入和集中式接入两种接入方式，分散式接入方式装机容量较小且大多用于就地消纳，这种方式接入的电压等级较低且对电力系统运行的影响不大，相比之下，集中式接入方式通常是针对装机容量较大的风电场而

言，其普遍以外送异地消纳为主，这种方式接入的电压等级高且需要远距离外送风电，对电力系统的影响很大。由于并网风电场不仅能够得到电网给予的各方面补偿和支持，而且有利于充分利用风能资源，因此已经逐渐成为风电发展的趋势。风电并网运行结构示意如图6-3所示。

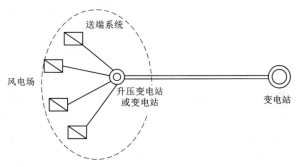

图6-3 风电并网运行结构示意图

不同于常规的水电和煤电机组，风电机组的最初动力是自然界中不可控、不可调的风能资源，因此会直接导致风电出力的随机性和波动性。

而根据现代电力系统的基本要求，电网供电必须要保证连续性、可靠性和安全性，因此，风电场的并网运行必然会给电网的可靠、经济和安全运行带来极大的挑战。目前对如何抑制风电出力波动的研究有很多，在电力电子技术以及出力控制方面的进展非常大，然而这些方法的缓解效果有限，风电的波动性无法从根本上得到解决。尤其是在现有的风速预测水平和风电出力模拟技术下，风电输出功率还基本无法进行精确的预报，换言之，风电目前仍然不可调度。

对于电网来说，大规模并网的风电场就是一个随机的影响较大的扰动源，并且随着风电出力的波动持续地影响电网的安全运行。根据我国风能资源的分布特点，由于丰富的风能资源大都分布在电网的末端薄弱环节，因此多数风电场也都在这些末端薄弱环节并网，对当地电网的影响不容忽视。风电并网运行的特点主要包括：①风电出力的随机性、间歇性十分明显，出力波动大，且具有明显的反调峰性；②风电的年利用小时数较低，根据我国各地的地理条件和风能资源条件不同，一般在2000h左右；③由于风能资源的不确定性以及风电机组的运行特性，风电功率的调节能力较差。

6.2.2 风电并网对系统稳定性的影响

1. 风电并网对系统电压稳定性的影响

电压稳定性是电力系统维持其自身母线电压的一种能力，是保持在正常状态和受扰动后电压偏差不超过一定允许范围的能力。总体而言，无论是电压失稳还是电压崩溃，根本

原因都是系统无功功率不平衡，即由于负荷过重或者受扰动后，线路功率超出承受范围，造成系统无法提供相应大小的无功功率，导致电压问题相继出现。大规模风电并网时，风能资源分布不均匀、远离负荷中心，因此需汇集后集中外送，在输送走廊紧张的情况下甚至会出现百万风电基地和火电打捆外送的情况，这就会使大规模风电并网后的电压稳定问题由末梢电网延伸到了主干网架，研究表明风电场对无功功率的需求是导致电网电压稳定性降低的主要原因。

国际大电网会议（CIGRE）在报告中指出：根据所研究电压的扰动大小以及时域范围，系统的电压稳定性可以大致分为小干扰电压稳定性、暂态电压稳定性和长期电压稳定性。

随着对电力系统电压稳定性问题的不断研究和继续深入，人们逐渐认识到电压稳定性问题从本质上来说是一个从稳态走向分岔的问题。目前国内外对电力系统电压稳定性都有研究，相关的研究方法总体上分为两类：一是以潮流方程为依据的静态电压稳定性研究，其所依据的潮流方程包括常规潮流方程和修正过的潮流方程；二是以微分代数方程为依据的暂态电压稳定性研究，常用的方法有小干扰电压稳定性分析方法和时域仿真法。

2. 风电并网对系统功角稳定性的影响

功角稳定是指电力系统中同步发电机组受到一定扰动后不脱离同步，能够继续保持同步运行的能力。电网发生故障时有时会导致机械转矩和电磁转矩之间的不平衡，这就使得同步机组的转子转速增加或减少，造成同步机组功角的变动，进而引起发电机组所输出电磁功率的波动和机组电压的变化。若故障没有及时清除，甚至会引起同步发电机组失去同步，电网稳定性遭到破坏。根据我国《电力系统安全稳定导则》（GB 38755—2019），电力系统功角稳定从时间长短和扰动大小方面可以分为静态功角稳定、暂态功角稳定和动态功角稳定，具体分类见表 6-1。

表 6-1　　　　　　　　　　　　电力系统功角稳定分类

功角稳定分类	扰 动 大 小	失 步 时 间
静态功角稳定	小干扰	不发生非周期失步
暂态功角稳定	大干扰	第一个或第二个振荡周期不失步
动态功角稳定	小干扰或大干扰	保持长过程运行稳定性

大规模风电并网发电后，风电输出功率会使电力系统中的潮流发生变化，而且系统中一部分同步发电机组被风电机组取代，必然会使电力系统的惯量发生变化，导致系统中同步发电机组的同步稳定性受到影响，因此会产生系统功角稳定问题。目前应用最广泛的风电机组是双馈式风电机组，它有外加的转子变流器和对应的控制系统，从本质上属于交流励磁异步化的同步发电机。这种风电机组的转子转速能够用改变励磁电流频率的方式进行调节，如果由于电网侧故障使得发电机转子加速，可用降低转子励磁电流频率的方式使旋转磁场的转速维持同步转速不变，使得故障过程中发电机功角基本不变，因此输出的电磁功率也不会发生剧烈波动。综上可知，双馈式风电机组能克服普通同步机组必须满足的同步运行的要求，达到改善暂态稳定特性的目的。

3. 风电并网对系统频率稳定性的影响

有功功率的实时平衡是电力系统频率稳定的前提条件，如果电力系统中出现联络线开断、跳机、系统解列或者短路等各种扰动，通常会造成电力系统的负荷水平和发电出力不匹配，进而引起系统频率的偏差。风电的波动性和间歇性将导致大规模风电机组并网后电力系统的频率调整形势严峻，与此同时，频率变动也能够反过来影响机组运行。为了维持电力系统的频率稳定，世界各国的风电并网政策均要求风电机组在给定的系统频率区间内正常运行，而当系统频率超出给定范围时，风电机组必须限制出力或者延迟时间后停运。

6.2.3 风电并网对系统电能质量的影响

由于风电出力的波动性，风电机组的大规模并网会引起系统一系列的电能质量问题，通常表现为电压波动与闪变、电压偏差和谐波，且波动性越大，产生的电压波动和闪变就越明显。目前为了减小风电并网的冲击，风电机组基本上都是通过软并网方式接入电网的，然而即便是在软并网方式下，启动风电机组的瞬间冲击电流也很大，可以达到额定电流的五六倍。在大规模风电接入小电网的系统中，这种冲击电流会使电网的电压水平瞬间骤降。

1. 风电引起的电压偏差问题

在电力系统的正常运行方式下，某节点的电压偏差是指该节点实际电压偏离额定电压的大小与该系统额定电压的百分比。由于风电出力的波动性和间歇性，风电并网可能会造成电网结构的不稳定，电网潮流发生变化，当输电线路中流过大量的无功功率时就会引起电压偏差，这是电压偏差产生的根本原因。电压偏差问题属于电力系统的稳态范畴，由于风电出力波动性较大且多在薄弱的电网末端，因此在风电并网时很可能造成局部电压变动。对于定速风电机组，因其切换时间较短，电压会由于无功功率严重不足而迅速下降，解决的办法只能是借助无功补偿设备；对于变速风电机组，采用一定的算法可以实现无功功率和有功功率的解耦，因此风电机组与电网之间的无功功率缺额不大，系统电压偏差问题并不严重。《风电场接入电力系统技术规定》（GB/T 19963—2011）指出，风电场应该能够在自身容量的范围内进行无功功率的自动调节，保证风电场所接入变电站的高压侧母线上的电压偏差在控制范围内。现阶段电网中应用最广泛的无功补偿装置为动态无功补偿器（SVG）。

2. 风电并网引起的电压波动与闪变

电压波动是指电力系统中的节点电压随时间小幅度地沿包络线作周期性的波动。电压波动会引起电动机失稳、照明灯闪烁、屏幕的刷新质量变差等问题，同时也会影响电子计算机、电子设备以及某些自动控制仪器的正常运转。电力系统中的电压闪变具有高压、高频、瞬态等特点，短时间闪变值和长时间闪变值是衡量电力系统电压闪变的两个重要指标。大规模风电并网引起的电压波动和闪变是对电网电能质量的主要不利影响之一，风电并网引起电网电压波动与闪变的因素来源于风能资源和风电机组自身两方面：①风能资源的随机性、间歇性和无序性；②风电机组的某固有属性，如塔影效应、风剪切、偏航误差和叶片重力误差等。归根结底，风功率的波动是风电并网引起电网电压波动和闪变的根本原因。

3. 风电并网引起的电网谐波问题

通常电力系统中的铁磁设备饱和以及电力电子设备的非线性是产生谐波的主要原因。大规模风电并网后，由于风电机组是旋转设备，机组自身没有谐波产生，因此风电并网引起的谐波问题实际上并不是风电机组本身引起的，而是一些并网辅助设备引起的。恒速风电机组在其正常运行情况下并不需要电力电子设备做辅助，此时不会产生谐波。但是恒速风电机组的并网装置部分包含有电力电子装置，因此恒速风电机组在进行切换时会有一定的谐波产生，然而鉴于切换操作非常迅速，此时产生的谐波很小甚至可以忽略不计。现阶段应用最多的风电机组都是变速机组，如双馈异步风电机组和永磁直驱风电机组，他们的正常运行需要较多的电力电子设备，因此会给电网带来谐波。谐波的主要负面影响有以下方面：

（1）降低电能的生产、变换、输送和使用效率，同时谐波注入会使绝缘老化、设备过热、寿命缩短，甚至可能引起设备故障或毁坏设备。

（2）可能会引发系统谐振，继而增大系统电流中的谐波含量，甚至烧毁电气设备。

（3）可能会引起电力系统的继电保护和自动装置误动作，因而影响系统可靠性。

（4）干扰电力系统中的电力电子设备和通信设备的正常工作，进而影响电力系统的正常运行。

4. 风电并网对电网调度的影响

现有的研究表明风电大规模并网将在很大程度上影响电力系统的调度方式，对制定发电计划、制定调度计划、调度运行控制、制定联络线的考核和联络线传输电量消耗机制，都会产生很大的影响。

（1）对制定发电计划的影响。对于不含间歇性能源的传统电网，系统电源的可靠性高，加之负荷预测精度已经达到较高水平，因此传统电网的发电调度可靠性很高，能够很好地保证电力系统正常运转。然而大规模的风电并入系统后，由于风功率的随机性导致风电出力难以预测，此时无论把风电作为系统电源还是与传统负荷叠加形成等效负荷，都会影响发电计划的可靠性，这就给制定发电计划造成了较大的影响。

（2）对制定调度计划的影响。在现有的研究中通常把风电出力当作负的负荷看待，使之与传统负荷曲线相叠加形成等效负荷时序曲线。风电的反调峰特性使得等效负荷曲线的峰谷差比原负荷曲线要大，因此减小了电网调峰裕度，使调度部门不得不改变调度计划以满足含风电的电力系统的调峰需求。

（3）对调度运行控制的影响。风电出力的随机性使得电力系统潮流运行控制、联络线功率控制、系统频率调整等电力系统控制运行的各方面难度都有所增加，进而风电并网对系统调度人员的监控和反应能力，以及对现代电力系统调度自动化等方面都是一个严峻的挑战。

（4）对制定联络线的考核和联络线传输电量消纳机制的影响。由于我国近年来风电装机容量大幅度增长，就地消纳的方式在很多省份都被证明不再适用，大规模风电并网后，在不弃风的情况下仍采取就地消纳将会对地区电网产生极大的影响。因此，改变现有省内平衡的风电调度方式、考虑大规模风电外送消纳是一个必然的趋势，这就要求电力系统必须提出新的联络线考核以及电量消纳机制。

6.3　风电基地汇集方案

6.3.1　电气接线方案

风电场电气接线是整个风电场电气设计工作的首要环节，具体接线形式的选择与风电场的运行可靠性、灵活性和经济性密切相关，并且对电气设备的选型、配电装置的布置、继电保护和控制方式的设定都有着非常大的影响。风电场电气接线方案主要包含以下内容：

（1）风电机组升压配电装置电气接线。根据风电机组升压配电装置与风电机组间的连接线方式，以及风电机组升压配电装置自身的电气接线型式，提出常用的风电机组升压配电装置电气接线型式，通过分析、比较其优缺点，给出不同接线型式的适用范围。

（2）风电场配套升压变电站电气接线。

1）升压变电站高压侧电气接线型式选择。

2）升压变电站低压侧电气接线型式选择。

3）主变压器高压侧中性点接地方式及 35kV 汇集线系统中性点接地方式选择。

6.3.1.1　风电机组升压配电装置电气接线

本章主要介绍风电机组升压配电装置与风电机组间接线方式，重点介绍风电机组升压配电装置接线，提出了常用的风电机组升压配电装置的接线型式，给出了不同接线型式的适用范围。

1. 风电机组升压配电装置与风电机组间接接线方式

由于风电机组出口电压低（0.69kV、0.9kV、0.95kV、1.14kV），风电机组间距大，将几台或多台风电机组集中升压需要较长联络导体，明显不经济。因此，风电场出口附近应设置机组升压变压器，配套变压器与风电机组连接选择一机一变单元接线。

2. 风电机组升压配电装置接线

（1）主要接线方案。风电机组升压配电装置的接线随具体设备配置需求的不同而不同，主要有以下方案：①方案一为户外型变压器＋跌落式熔断器接线；②方案二为户外型变压器＋跌落式熔断器＋隔离开关接线；③方案三为箱式变电站＋隔离开关接线；④方案四为箱式变电站＋跌落式熔断器接线。

（2）接线方案比较。上述接线方案分组进行比较。

方案一与方案二。方案二基本同于方案一，但相比于方案一，其优点是检修维护方便。方案一和方案二的主要优点是采用敞开式设备，露天布置，可以节省设备造价。主要缺点为：①高压侧单相短路时，无法断开变压器，可靠性低；②风电场通常地处偏远，气象条件差，户外设备故障率要高于箱式变电站；③施工周期长，占地面积大；④检修维护难度大，时间长。虽然户外型变压器方案能节约设备造价，但设备可靠性低，后期综合成本较高，因此不推荐采用。

方案三与方案四。方案三与方案四的区别在于设置隔离开关还是跌落式熔断器。跌落式熔断器相比于隔离开关的主要优点是设备价格便宜，但存在以下缺点：①由于在风电场环境条件下，大风时容易跌落，设备可靠性较低，若采用防风型跌落式熔断器，则设备造价与隔离开关相差不大，没有优势；②在预装式变电站内已设置熔断器设备，在预装式变电站外侧再串联设置跌落式熔断器属于重复设置，且增加了断点，降低了可靠性。

综合以上分析，推荐采用方案三的预装式变电站＋隔离开关接线方案。

在箱式变电站中，根据设备配置的不同，分为以下方案：①油浸式变压器＋油浸式负荷开关＋油浸式熔断器；②油浸式变压器＋负荷开关-熔断器组合电器；③油浸式变压器＋断路器。

在高压侧单相短路时，油浸式负荷开关只能实现手动操作，无法联动断开箱式变电站，这时需要通过低压侧断路器与熔断器联动才能断开箱式变电站，可靠性较低。

考虑到组合式变压器（美变）在经济上有一定优势，目前在1.5MW机组中广泛采用，在1.5MW以上容量的风电机组中不建议采用。

油浸式变压器＋负荷开关-熔断器组合电器方案相比组合式变压器（美变）方案增加箱式变压器造价约10%，但运行可靠性增加较多，因此风电机组升压配电装置推荐采用该接线方案。

2.5MW以上风电机组目前无配套的负荷开关-熔断器组合电器产品，这时选择油浸式变压器＋断路器接线方案。

6.3.1.2　风电场配套升压变电站电气接线

风电场配套升压变电站电气接线主要包括升压站高压侧电气接线、低压侧电气接线、35kV汇集线系统中性点接地方式等内容。

1. 高压侧电气接线

（1）接入系统方式。风电场升压变电站接入系统方式目前主要有两种：①升压变电站一级升压，即就近直接以风电场集电线路接入升压变电站，升压变电站一级升压后接入电力系统；②升压变电站二级升压，即风电场集电线路接入升压变电站后，先经一级升压后就近汇集到所处风区的升压汇集站，后经二级升压后接入电力系统。

升压变电站一级升压成立的前提是压降满足系统要求。当风电场集电线路电压等级为35kV，距离升压变电站最近的风电机组升压配电装置较远时，需复核压降要求。在压降满足要求的前提下，两种方式技术上相差不大，选择的重点是经济比选，应比选采用二级升压增加的变配电设施造价及运维费用与一级升压增加的线路投资及线路损耗。风电场升压变电站接入系统方式比较见表6-2。

表6-2　　　　　　　　　风电场升压变电站接入系统方式比较表

方式	升压变电站一级升压	升压变电站二级升压
优点	（1）减少了二级升压所需的变配电设施。 （2）运行管理简单，减少了升压变电站的管理费用	（1）线路投资节省。 （2）线路损耗小。 （3）集电线路压降小
缺点	（1）线路投资较大。 （2）线路损耗较大。 （3）集电线路压降较大	（1）增加了二级升压所需的变配电设施。 （2）增加了升压变电站的管理费用

（2）高压侧电气接线选型的要求及特点。风电场升压变电站高压侧电气接线应结合升压变电站在电力系统中的地位、升压变电站及相应风电场规划容量、线路回路数和变压器连接元件总数、设备特点等条件确定，并应满足供电可靠、运行灵活、操作检修方便、投资节约以及便于过渡和扩建等要求。

风电场升压站相比系统其他升压变电站有以下特点：①作为风电机组电源点升压变电站，由于风电场年利用小时数低（一般为1600～2400h/年），对可靠性要求相对较低，升压变电站高压侧接线一般情况下宜选择变压器线路组接线、单母线接线及单母线分段接线等简化接线；②高压侧进出线回路数较少。

（3）常用高压侧接线型式。

1）送出最高电压等级为66～330kV且为一级升压的变电站，当规划终期的主变压器台数为1台时，应选择变压器线路组接线。

2）送出最高电压等级为66～330kV、出线线路只有1回时，推荐选择单母线接线；有2回及以上出线线路，宜选择单母线分段接线。

3）送出最高电压等级为66～330kV、线路回路数和变压器连接元件总数达到6回及以上时，应经济技术比选后再选用双母线接线、3/2断路器接线等复杂接线型式。

常用的风电场高压侧接线型式如图6-4～图6-8所示。

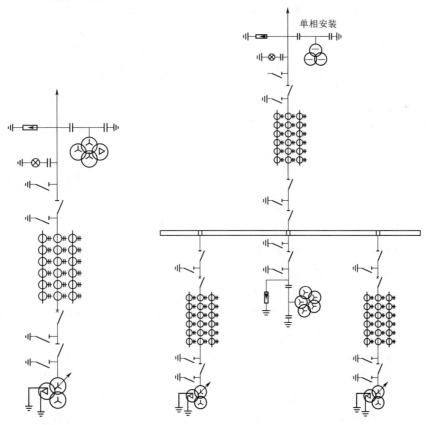

图6-4　高压侧变压器　　　　图6-5　高压侧单母线接线型式
线路组接线型式

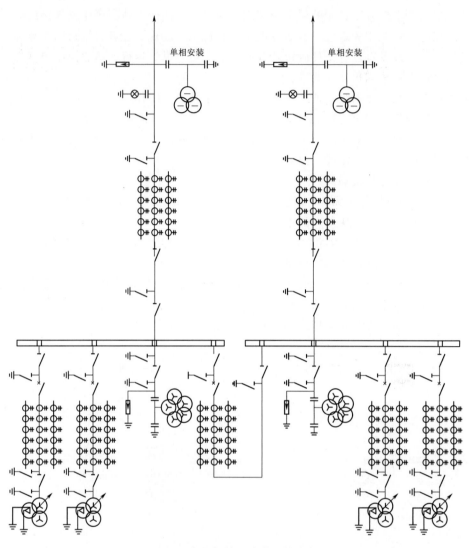

图 6-6　高压侧单母线分段接线型式

（4）高压侧选用 GIS 设备时对主接线型式的影响。从 1973 年由西安高压开关厂生产的我国首台 110kV 气体绝缘金属封闭开关设备（GIS 设备）在湖北丹江口水电站投入使用开始，GIS 设备在我国已经使用了近 50 年，其具有运行可靠性高、检修维护周期长、占地面积小、受外部环境影响小、安装调试方便等优点，在风电场升压变电站中被越来越多地选择。虽然其整体运行可靠性高于敞开式高压配电装置（AIS 设备），但由于其刚性连接、连接紧凑、金属外壳内气体压力高的结构特点。当检修 GIS 某一元件时，有些情况（例如抽真空、动导体、漏气处理等）经常影响相邻元件，使停运范围远高于 AIS 设备。因此，当高压侧选用 GIS 设备时，其接线型式有时应适当调整。目前风电场升压变电站在选择电气接线时，有时未考虑 GIS 设备配电装置主要元件结构特点对电气主接线的影响，可能导致选择的主接线方案不合适。现结合风电场常用的几种主接线型式进行具体论述。

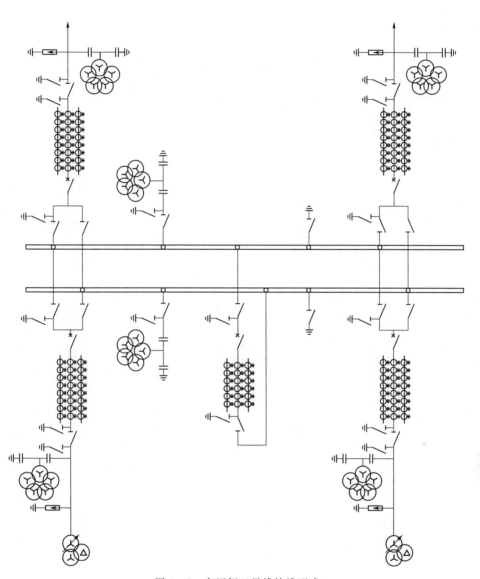

图 6-7　高压侧双母线接线型式

1）单母线接线。单母线接线选择 GIS 设备应满足：GIS 设备扩建部分耐压时，原有相邻设备应断电并接地，否则，应考虑突然击穿对原有部分造成损坏时采取措施。如果在故障处理、维修或重新调整中进行了解体拆装，也应进行现场耐压试验。GIS 设备中若没有可以灵活拆解的部位，当设备进行耐压试验时，与被试部分相邻的设备要可靠接地，否则可能造成全厂停电。

风电场升压变电站分期建设比较常见。当高压侧接线采用单母线时，为避免后期扩建项目耐压试验造成全厂停电，建议在汇流母线上增加 2 组耐压用隔离开关（独立气室），对一侧进行耐压试验时，保留另一侧设备继续运行。单母线接线选择 AIS 设备与 GIS 设备的比较如图 6-9 所示，单母线接线 GIS 设备典型剖面如图 6-10 所示。

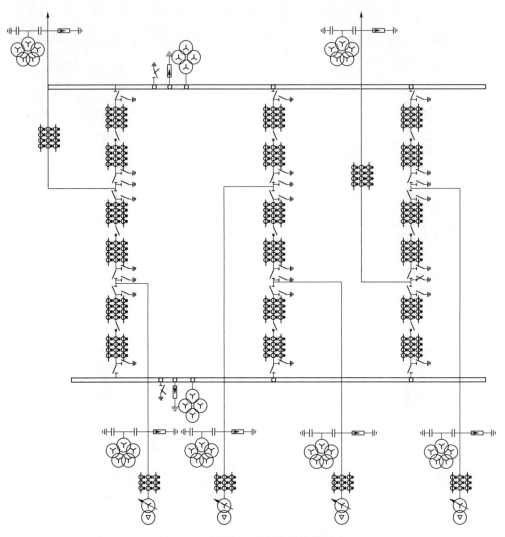

图 6 - 8   高压侧 3/2 断路器接线型式

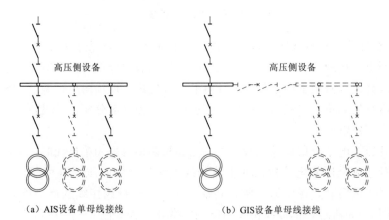

（a）AIS设备单母线接线   （b）GIS设备单母线接线

图 6 - 9   单母线接线选择 AIS 设备与 GIS 设备的比较图

2）单母线分段接线。单母线分段接线选择 GIS 设备，由于有分段断路器及两侧隔离开关，单母线分段接线可避免全站停电，因此选择 GIS 设备后接线方式与选择 AIS 设备一致。

3）双母线接线。双母线接线 GIS 设备典型剖面如图 6-11 所示。由于可通过母线隔离开关将带电部分经倒闸操作将需做耐压试验的新增间隔或需检修的间隔接入其中一段母线上，另一段母线继续带电运行，理论上不存在全站停电可能。但由于 GIS 设备的结构特点，两段母线的母线隔离开关在结构上相邻，任一回路母线上隔离开关金属外壳内部元件检修时，由于 GIS 设备内部充有高压（约 4~5 倍大气压）的 SF_6 气体，该隔离开关气室放出 SF_6 气体并抽真空后，为使气室两侧的压力相差不太大，保证相邻气室分隔处盆式绝缘子的运行安全，相邻气室 SF_6 气体降半压运行，这将导致相邻气室内绝缘水平降低。因此相邻气室设备无法正常运行，相隔气室才可正常运行，两种情况的双母线接线气室分隔分别如图 6-12、图 6-13 所示。

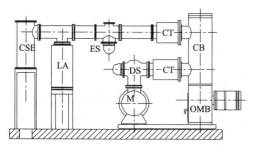

图 6-10　单母线接线 GIS 设备典型剖面图

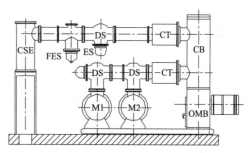

图 6-11　双母线接线 GIS 设备典型剖面图

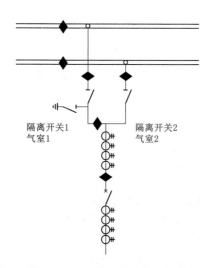

图 6-12　不满足要求的双母线
接线气室分隔图

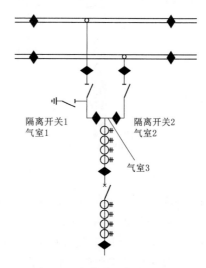

图 6-13　满足要求的双母线
接线气室分隔图

如图 6-12 所示，若隔离开关 1 检修，则气室 1 抽真空，气室 2 半压运行，隔离开关 2 无法正常运行；如图 6-13 所示，若隔离开关 1 检修，则气室 1 抽真空，气室 3 半压运行，气室2不受影响，隔离开关2可正常运行。以此类推，选择双母线接线时，其中任一母线隔离开关检修，气室分隔应保证另一母线隔离开关不受影响。因此，当高压侧选用双母线时，应在相邻的两母线隔离开关各自独立的气室间增加1个气室以避免相互影响。

2. 低压侧电气接线

（1）低压侧电压等级。升压变电站低压侧电压等级与集电线路系统电压等级相同，一般为35kV。

（2）低压侧接线方式。主变压器低压侧接线一般有单母线接线、单母线分段接线和扩大单元接线三种方式，分别如图6-14～图6-16所示。

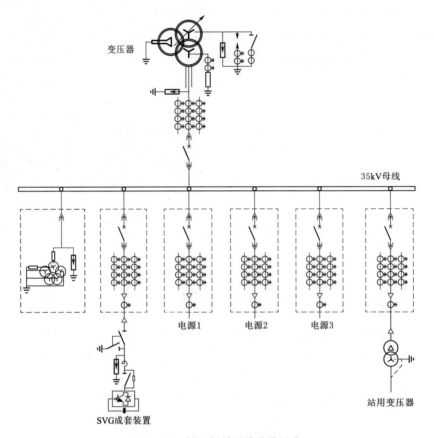

图6-14　低压侧单母线接线示意

单母线分段接线相比于单母线接线，主要优点是可实现在小风月时，一台变压器检修期间，本台变压器对应的35kV电源回路可通过母联开关与其他段母线相连，通过相连母线段的变压器送出；缺点是二次侧的控制保护将比较复杂。

受40.5kV高压柜额定电流限制（充气式开关柜额定电流2500A，空气绝缘的高压开关柜额定电流3150A），当升压变电站35kV配电装置选用充气式开关柜，且单台主变压器容量大于120MVA时，35kV侧额定电流大于2500A，接线应选择扩大单元接线；当升压变电站35kV配电装置选用空气绝缘的高压开关柜且单台主变压器容量大于180MVA时，35kV侧额定电流大于3150A，接线应选择扩大单元接线；当35kV配电装置能满足

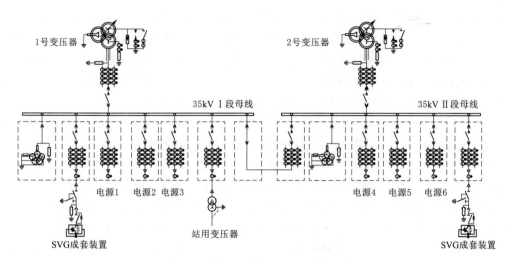

图 6-15　低压侧单母线分段接线示意

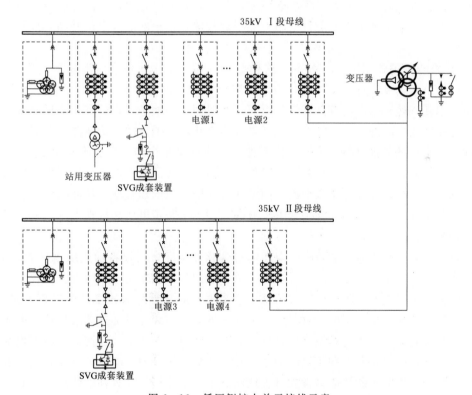

图 6-16　低压侧扩大单元接线示意

额定电流要求时，应尽可能地选择单母线接线或单母线分段接线的简单接线型式。这样可减少主变压器进线柜 PT 柜等的数量，节省投资，同时可避免较为复杂的母线连接。

3. 35kV 汇集线系统中性点接地方式

（1）汇集线系统中性点接地方式的特点。早期风电场汇集线系统中性点接地方式的设计基本都是遵循规范的要求，选择不接地、经电阻或经消弧线圈的接地方式，也曾有选择经消弧柜的接地方式，这几种接地方式各有其运行特点。

1) 中性点不接地方式。这种运行方式的工作原理是：当发生接地故障时，由于不会形成回路，且通过短路点的电流仅为接地电容电流，当故障电流很小时，只要对地电位发生变化，短路点电弧可自熄，绝缘亦可恢复，大大提高了供电可靠性。但如果发生间歇性弧光过电压，可能使得健全相的电位升高，造成击穿设备绝缘的危害。

2) 中性点经电阻接地方式。这种运行方式的工作原理是：给系统故障点注入阻性电流，使接地故障电流呈阻容性质。减小电容电流与电压的相位差角，降低故障点电流过零熄弧后的重燃，当阻性电流足够大时，重燃将不再发生，同时把系统电压控制在2.5倍相电压以内，并提高了继电器保护灵敏度。中性点经电阻接地方式的优缺点主要表现在：

优点：①能快速切除故障，过电压水平低，消除谐振过电压；②有利于降低操作过电压，对全电缆线路而言，大部分接地故障为永久性故障，可不投入线路重合闸，不会引起操作过电压；③在以电缆线路为主的系统中，与线路零序保护配合，可准确判断出故障线路并迅速切除。

缺点：①发生短路故障时，保护设备立即动作切除故障，增加了停电次数，供电可靠性较低；②较大的接地电流（数百安培）会引起故障点接地网的地电位升高，危及设备和人身安全。

3) 中性点经消弧线圈接地方式。这种运行方式的工作原理是：当发生接地故障时，对单相接地电容电流进行有效补偿，而当故障点的残余电流降至10A以下时，利用消弧线圈易于熄弧和防止重燃的特点，使过电压持续时间大为缩短，降低高幅值过电压出现的概率，进而防止事故的发生与扩大。中性点经消弧线圈接地方式的优缺点主要表现在：

优点：①保证了供电的可靠性与连续性，系统在单相接地故障下允许运行2h；②经消弧线圈补偿后，接地点的残流较小，降低了故障相电压的恢复速度，达到熄弧效果，有利于系统稳定运行；③降低了电网绝缘闪络接地故障电流的建弧率，从而降低了线路跳闸率；④降低了接地工频电流并限制地电位升高，减小了跨步电压和接地电压，减少了对低电压设备的反击。

缺点：①发生故障时，健全相的电压超过3倍相电压，对设备的绝缘水平要求较高；②谐振接地系统发生单相接地故障时，由于消弧线圈的补偿作用，故障电流值较小以及电弧不稳定等，造成接地故障选线比较困难；③消弧线圈自动跟踪补偿是在工频下完成的，当选择电感电流来抵消电容电流时，对于弧光接地时的高频分量部分无法抵消，因而不能消除弧光接地过电压；④电缆线路一旦发生故障，多为永久故障，在谐振接地不跳闸情况下，电网带接地故障运行存在引发两相或三相接地短路故障的危险性，故障容易发展成永久型的相间短路故障；⑤只能运行在过补偿状态下，不能运行在欠补偿状态下；⑥在某些特殊情况下，线路不对称度较大，特别是线路发生单相或两相断线时，对于该接地系统有可能引起串联谐振，从而危及设备安全。

4) 中性点经消弧柜接地方式。这种运行方式的工作原理是：当发生接地故障时，通过消弧柜接地装置实现金属性接地，并通过小电流接地选线装置查找故障线路，最终利用消弧装置实现消弧功能，防止过电压的产生。中性点经消弧柜接地方式的优缺点主要表现在：

优点：①实用性高、结构简单、造价低；②不受接地故障点的影响，也不受电网对地电容电流的影响，而且响应速度快，既能快速处理稳定性弧光接地，也能快速处理间歇性弧光接地，抑制弧光接地过电压，同时还能预防故障电压区因单相接地造成的触电事故，防止进一步扩大事故；③不仅可以消除和限制操作过电压，而且可以消除大气过电压，保证了系统的安全运行。

缺点：①消弧柜动作对系统的冲击大，安全可靠性差，在保护动作恢复时，易引发谐振而烧坏电气设备；②若保护动作投错相，或保护动作后系统又发生异相接地，将形成相间短路，对系统造成更大的危害，不符合电力系统对保护装置安全性的要求；③电容电流过大致使消弧装置无法满足功能需要，且装置本身也容易在巨大的接地电流下被击穿。

（2）汇集线系统中性点接地方式推荐。综合分析以上四种接地方式，满足风电场35kV汇集线系统灵活性及可靠性要求的接地方式只有经电阻接地及经消弧线圈接地两种。经电阻接地故障电流较大，接地故障保护可准确动作；经消弧线圈接地故障电流值较小，小电流选线系统准确率较低。经分析，汇集线系统中性点接地方式推荐中性点经电阻接地的接地方式，目前风电场工程基本采用中性点经电阻接地的接地方式。

（3）汇集线系统中性点的设置。汇集线系统中性点本身不带接地点，需要专门设置接地点，目前有两种方式：①通过带平衡绕组变压器设置；②经接地变压器设置。这两种方式均是目前比较常用的方式，主要由当地电网运行习惯决定。

1）通过带平衡绕组变压器设置。由于带平衡绕组变压器平衡绕组侧选择△接线，提供了零序磁通回路，35kV侧选择Y接线，推荐将接地电阻（或消弧线圈）接于主变压器35kV侧中性点上，即构成了35kV汇集线系统中性点接地，带平衡绕组的变压器的35kV侧接地方式示意如图6-17所示。

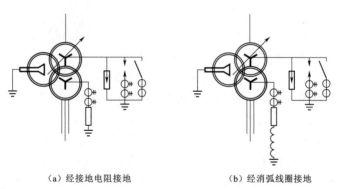

（a）经接地电阻接地　　　　　　　（b）经消弧线圈接地

图6-17　带平衡绕组的变压器的35kV侧接地方式示意

2）经接地变压器设置。双绕组的主变压器，其35kV侧为△接线，中性点无法直接引出，必须选择接地变压器人为地制造一个中性点，中性点接地电阻接入接地变压器的中性点。接地变压器有Z型接地变压器（ZN，ZN，yn）和Y/△接地变压器（YN，d）两种。三相Z型接地变压器接线原理如图6-18所示。

根据图6-18，Z型接地变压器将三相铁芯的每个芯柱上的绕组平均分成两段，两段绕组极性相反，三相绕组按Z型连接法接成Y接线。Z型接地变压器对正序、负序电流呈

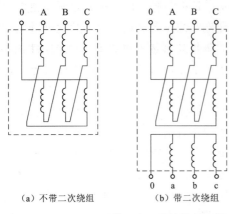

（a）不带二次绕组　　　（b）带二次绕组

图6-18　三相Z型接地变压器接线原理图

现高阻抗（相当于激磁阻抗），绕组中只流过很小的激磁电流；对零序电流呈现低阻抗（相当于漏抗），零序电流在绕组上的压降很小。存在两种方案：方案一，接地变压器只配初级线圈，专做接地变压器使用；方案二，接地变压器还可装低压绕组，接成Y中性点接地（yn）等方式，同时兼作站用变压器使用。

选择方案二，用接地变压器兼做站用变压器，可以减少设备投资，如接地变压器及站用变压器的本体投资、35kV高压柜投资，也可少许减少该系统变压器的损耗。但是，接地变压器与站用变压器一体后，存在接地变压器功能及站用变压器功能相互影响可靠性及灵活性问题。由于风电场接地电阻回路要求较高，若不能有效投入，则该段母线所接电源无法上网。因此，从运行可靠性方面出发推荐方案一，即接地变压器专作接地变压器使用，不推荐接地变压器与站用变压器合用方案。

6.3.1.3　主要结论

1. 风电场集电线路接线

（1）由于风电机组出口电压低，风电机组间距大，因此大型陆上风电机组升压变压器与风电机组连接选择一机一变单元接线。

（2）裸变接线方案与箱式变压器相比，风电机组升压变压器推荐采用箱式变压器接线方案。

（3）箱式变压器外侧目前常用的方式为跌落式熔断器和隔离开关两种方式，经综合比较，箱式变压器外侧设置隔离开关更适宜风电场实际情况。

（4）油浸式变压器＋油浸式负荷开关＋油浸式熔断器（美式箱式变压器）接线方案造价低。但在高压侧单相短路时，需要通过低压侧断路器与熔断器联动才能断开箱式变压器，可靠性较低。考虑到美式箱式变压器在经济上有一定优势，目前在1.5MW机组中广泛采用，因此在1.5MW以上容量的风电机组中不建议采用；油浸式变压器＋负荷开关-熔断器组合电器方案造价相比美式箱式变压器方案略高，运行可靠性高，风电机组升压配电装置推荐采用该接线方案。2.5MW以上风电机组目前无配套的负荷开关-熔断器组合电器产品，这时选择油浸式变压器＋断路器接线方案。

2. 升压变电站接线型式

（1）升压变电站高压侧接线。

1）风电场升压变电站接入系统方式目前主要有两种：①升压变电站一级升压后接入电力系统；②升压变电站二级升压后接入电力系统。

一级升压成立的前提是压降满足系统要求。在压降满足要求的前提下两方案技术上相差不大，选择的重点是经济比选，应比选采用二级升压增加的变配电设施造价及运维费用与一级升压增加的线路投资及线路损耗。

2）送出最高电压等级为 66～330kV 时：一级升压的变电站，当规划终期的主变压器台数为 1 台时，应选择变压器线路组接线；出线线路只有 1 回时，推荐选择单母线接线；有 2 回及以上出线线路，宜选择单母线分段接线；当线路回路数和变压器连接元件总数达到 6 回及以上时，应经济技术比选后再选用双母线接线、3/2 断路器接线等复杂接线型式。

3）高压配电装置选用 GIS 后，当高压侧接线采用单母线时，为避免后期扩建项目耐压试验造成全厂停电，建议在汇流母线上增加 2 组耐压用隔离开关（独立气室）；当高压侧选用双母线时，应在相邻的两母线隔离开关各自独立的气室间增加 1 个气室以避免相互影响。

（2）升压变电站低压侧接线。

1）升压变电站主变压器低压侧接线电压等级采用 35kV。

2）升压变电站主变压器低压侧接线方式有单母线接线、单母线分段接线、扩大单元接线三种。

单母线分段接线相比于单母线接线可实现小风月时，一台变压器停电，由另一台变压器送电，从而减少空载及负载损耗，缺点是二次控制保护比较复杂，综合经济性考虑，推荐采用单母线分段接线，但应闭锁主变压器并联运行工况。

3）由于目前 40.5kV 开关柜额定电流限制，当升压变电站 35kV 配电装置选用充气式开关柜且单台主变压器容量大于 120MVA 时，接线应选择扩大单元接线；当升压变电站 35kV 配电装置选用空气绝缘的高压开关柜且单台主变压器容量大于 180MVA 时，接线应选择扩大单元接线；当 35kV 配电装置能满足额定电流要求时，应尽可能地选择单母线接线或单母线分段接线的简单接线型式。

3.35kV 汇集线系统中性点接地方式

（1）35kV 汇集线系统接地方式有经电阻接地及经消弧线圈接地两种。风电场要求单相故障快速切除，经电阻接地故障电流较大，接地故障保护可准确动作，经消弧线圈接地故障电流值较小，小电流选线系统准确率较低。经分析，汇集线系统中性点接地方式推荐经电阻接地。

（2）主变压器采用带平衡绕组的三绕组变压器时，推荐接地电阻接于主变压器 35kV 中性点侧；采用双绕组变压器时，不推荐采用接地变压器与站用变压器合用方案。

6.3.2 电气设备选型与布置

6.3.2.1 电气计算

1. 短路电流研究

随着电网规模的扩大、联网规划的实施和电网的加强，电力系统中短路电流水平逐年增大。随着大容量风电场的并网，风电场各系统的短路电流计算及其短路电流水平将在一定程度上影响风电场电气接线方式与电气设备的选择。短路电流水平是导体选择、继电保护整定和校验等的前提和保证，关系着风电场乃至整个地区电网的安全与稳定。当短路电流过大时，各种短路电流限制措施的适用范围、限流效果和投资经济性也有不同，对风电场乃至整个电网的影响也不同。因此，应准确分析短路电流，合理优化短路水平，寻找经济有效的短路电流限制措施。

（1）风电场短路电流计算面临问题。随着风电场其接入电网点电压越来越高，特别是不少风电汇集后与光电、水电等打捆送出的多能互补工程，通常采用更高的接入点电压，相应系统的短路容量更大。同时风电场因电源点多，相比于规模较小的风电场，风电场内部提供给短路点的短路电流也更大。

表6-3 某风电基地二期项目部分220kV 汇集站各侧短路水平汇总

220kV 汇集站名称	短路地点	三相短路电流/kA
回庄子	220kV 母线	21.9
	110kV 母线	28.9
	35kV 母线	27.4
红星	220kV 母线	16.8
	110kV 母线	25
	35kV 母线	29.8
望洋台东	220kV 母线	7.53
	110kV 母线	10.86
	35kV 母线	26.84
景峡南	220kV 母线	12.6
	110kV 母线	17.7
	35kV 母线	25.3
雅满苏	220kV 母线	12.82
	110kV 母线	14.48
	35kV 母线	22.08

但风电场升压变电站不是各侧都存在此问题。目前风电场升压变电站的高压侧基本为330kV、220kV或110kV三种，根据国家电网公司《风电场电气系统典型设计》可知：330kV电压等级设备短路水平为50kA；220kV电压等级设备短路水平为50kA；110kV电压等级设备短路水平为40kA。根据目前我国各电压等级电气设备的制造水平，升压变电站高压侧设备额定耐受短路能力较大，高压侧一般不存在所选设备无法满足短路电流水平的现象。

35kV侧曾是农网、配网内使用的电压等级，农网和配网短路电流小，35kV电压等级设备短路水平为31.5kA。目前我国该电压等级电气设备的制造能力基本上能与此相适应。从已建的部分风电场短路计算结果看，在风电场升压变电站中35kV系统短路电流水平较高，在一定程度上影响到接线方案与电气设备的选择，必须在设计中引起重视。

某风电基地二期项目部分220kV汇集站各侧短路水平汇总见表6-3，可以看出35kV母线三相短路电流均较大，考虑满足后期电网扩容要求，相关汇集站主变压器均选择高阻抗变压器。

针对风电场35kV侧最大短路电流已接近设备制造极限水平的情况，通过经济技术比较，确定合适的限流措施。

（2）限制短路电流的意义。从三相系统短路类型、影响短路电流的因素、短路电流的影响及限制短路电流的方法等方面进行说明。

1）三相系统短路类型。在三相系统中，可能发生的短路有三相短路、两相短路、两相接地短路和单相接地短路。

2）影响短路电流的因素主要有以下几点：①电源布局及其在电网中的节点位置；②风电场的规模、接入系统电压等级及主接线方式。

3）短路电流的影响。随着短路类型、发生位置和持续时间的不同，短路的后果可能威胁整个风电场甚至整个地区电网的安全运行。短路电流升高最直接的影响是所选设备短路电流耐受能力需增加，导致投资增大。若设备选型不满足要求，短路故障发生后会存在破坏系统稳定性以致大面积停电、破坏动热稳定和对临近通信线路产生负面影响等威胁。

4）限制短路电流的方法。解决短路电流影响的根本技术措施是提升设备短路电流耐受水平，即提升设备设计制造能力。受各方面因素制约，目前电气制造行业内 35kV 断路器额定短路开断电流基本为 31.5kA，40kA 设备及工程应用极少（经调研，额定短路开断电流为 40kA 进口断路器价格较 31.5kA 的同类产品高出近一倍，比国产断路器价格高出近 30%），难以大面积使用。且风电场 35kV 侧一般为开关柜型式，若选用 40kA 的设备，则需要选择配套额定耐受短路电流为 40kA 的开关柜；经调研，国内目前基本无此类产品，因此只能采用敞开式布置方案，使得设备选型和布置方案受限。目前限制短路电流的方案大多数还是通过工程设计手段，结合目前相关规范、手册以及资料的总结，在风电场及其配套升压变电站中限制短路电流的方法有变压器分列运行、选择分裂绕组变压器、选择高阻抗变压器、选择串联电抗器等。

（3）风电场短路电流计算的应用。在工程中，短路电流只能通过对整个电气系统组成的元件进行合理的等值、简化，在不改变其主要电气特征的前提下将复杂电气系统简化为可计算的电路模型。风电场及配套变电站组成的电气系统主要是由风电机组、箱式变压器、集电线路和主变压器组成。

（4）研究短路电流限制措施。由于风电场及配套变电站短路电流受系统侧影响远大于受电源侧影响，分析限制 35kV 侧短路电流的措施，具体反映在变电站的设备选型设计中。

1）变压器分列运行。变压器的运行方式根据低压侧母线连接方式分为并列运行和分列运行，变压器并列运行时，通常希望连接母线之间没有电流，同时负荷分配与额定容量成正比、与短路电抗成反比、负荷电流的相位相互一致。

2）选择分裂绕组变压器。分裂变压器和普通多绕组变压器的不同之处在于：在低压绕组中，有一个或几个绕组分裂成额定容量相等的几个支路，这几个支路没有电气上的联系，而仅有较弱的磁联系。在电力行业中用得比较多的是双绕组双分裂变压器，它有一个高压绕组和两个分裂的低压绕组，分裂绕组的额定电压和额定容量都相同。分裂绕组变压器的绕组及铁芯布置方式如图 6-19 所示，可知：将一次绕组 H 布置在二次分裂绕组 L1 和 L2 之间，系径向式布置，适当地选择 H-L1 和 H-L2 之间的距离可以调节两者之间的阻抗电压百分数；将一次绕组分成两个并联的绕组 H1 和 H2，分别对应两个二次分裂绕组 L1 和 L2，上下布置，系轴向式布置。无论哪种布置，二次分裂绕组 L1 和 L2 之间的磁耦合均较弱。

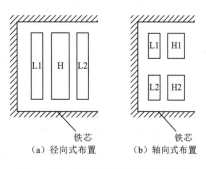

图 6-19　分裂绕组变压器的绕组及铁芯布置方式

3）选择高阻抗变压器。变压器的正常阻抗值应参考《油浸式电力变压器技术参数和要求》（GB/T 6451—2015）。高阻抗设备是指其阻抗电压百分值超过同一电压等级同一容量的国家标准规定的数值，目的是通过增大回路阻抗的方法限制短路电流。至于超出多少为高阻抗，目前尚无统一规定，可根据电网和变电站的实际情况来选择所需的阻抗电压。在电网中高阻抗变压器可选择提高设备的阻抗值来限制短路电流。

提高变压器阻抗的方法一般有两种：第一种是选择普通的变压器常规结构，通过调整铁芯直径和绕组参数，必要时还要采取拆分绕组等措施，达到提高变压器阻抗的目的；第二种是选择在变压器油箱内部设置电抗器（内置电抗器）的结构来达到提高变压器入口电抗的目的。

选择普通的变压器常规结构来提高变压器阻抗的关键是实现对绕组的漏磁控制及其相应的损耗控制和温升控制。众所周知，当变压器接入电网而施加额定电压时，在铁芯中将有主磁通流过。在变压器带负载运行以后，负载电流将在变压器的一次、二次绕组内部及其周围区域产生漏磁通，这些漏磁通与一次、二次绕组交链而形成变压器的短路阻抗。因而若提高变压器阻抗电压的规定值，就必然要求有比较多的漏磁通与一次、二次绕组交链。对于大型变压器而言，漏磁通增加所带来的突出问题是绕组和结构件内的杂散损耗明显增加，相应部位的温升随之提高。这就要求在结构上采取有效措施对变压器的漏磁场进行控制，防止绕组和结构件产生局部过热，保证变压器的安全运行。选择内置电抗器的高阻抗变压器的关键，一方面，是对电抗器所产生的漏磁场进行有效的屏蔽，以减小其在结构件中产生的杂散损耗，防止局部过热；另一方面，要采取可靠的夹紧结构，减小电抗器的机械振动，这些措施相对于变压器而言实施起来要简单得多。由于电抗器的容量较小，电压等级一般也比较低，其漏磁控制技术和结构夹紧技术要简单得多。

升压变电站选择高阻抗变压器能够提高变压器各侧的阻抗值，从而降低升变电压站短路电流水平。选择高阻抗变压器是控制下一级电网短路电流的有效措施，可以减少电抗器设备的使用，减少了检修维护工作量和可能的故障点，而特制的高阻抗变压器通过改变变压器内部结构可以获得更高阻抗。但是高阻抗变压器也存在增加损耗及增加造价的缺点，因此需结合其他短路限流方案做出技术经济比较后选择。

4）选择串联电抗器。串联电抗器通常串接在故障电流限制回路之中，发生短路时能快速限制短路电流。可控串联电抗器的两种连接方式如图6-20所示，按工作原理不同，分为串联谐振型和并联谐振型两类。

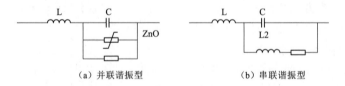

（a）并联谐振型　　　　　　　（b）串联谐振型

图6-20　可控串联电抗器的两种连接方式

正常工作时导通控制器件关断，L/C谐振，阻抗为零；短路故障时导通控制器件快速导通，电路谐振状态改变，呈现出很大的阻抗，从而限制短路电流。导通控制器件可选用电力电子器件或可控放电间隙。各类导通控制器件的特点分析见表6-4。

同高阻抗变压器方案相同，串联电抗器也有损耗增加的缺点，此外其还有投资大、需占用较大场地等缺点，因此在风电工程中一般不建议采用。

表 6 - 4　　　　　　　　　　各类导通控制器件的特点分析

形式	电力电子器件	可控放电间隙
优点	控制灵活，功能多样	间隙的单个容量大，无漏电流损耗，价格低
缺点	单个器件容量有限，需多管串并联，驱动电路的同步控制技术较复杂，价格较高	控制的灵活性较差，功能单一

2. 优化潮流计算方法

在风电场设备、导体选型的过程中，通过潮流计算了解风电场各个电源点、汇集线的电压、功率及功率因数等信息是非常必要的。潮流计算是研究电网稳态运行情况的一种基本电气计算，它的任务是根据给定的运行条件和网络结构计算整个风电场的运行状态，如各母线上的电压（幅值及相角）、网络中的功率分布以及功率损耗等，这些直接决定了风电场运行的稳定性和经济性。对风电场本身而言，潮流计算的作用主要体现在：

（1）指导箱式变压器参数的选择。包括箱式变压器高压侧额定电压的选择、分接抽头的选择。确保箱式变压器电压选择符合该风电场的稳态运行，配合无功补偿装置的投切，使各点电压水平均满足要求、无过载线路，且发电机组无进相运行情况。为继电保护和自动装置整定计算提供原始参数，指导相关设备的选型。

（2）监测异常状况。监测风电场中所有母线的电压是否在允许范围内、各种元件（线路、变压器等）是否出现过负荷，以及是否事先采取预防措施等。

对系统而言，风电场的潮流计算也有合理规划风电场容量及接入点、协调调整有功功率/无功功率方案及负荷方案、预想事故等作用。

6.3.2.2　风电场电气设备选型

1. 环境对设备选型的影响

电气设备的正常使用环境条件规定为：周围空气温度不高于 40℃，海拔不超过 1000.00m。当风电场自然环境超过正常环境条件时，电气设备应满足相关规范要求。除此之外，由于风电场所处的地理位置不同，当遇到特殊自然环境时，应相应考虑适合的选型布置设计方案。

设备需在合理的温度下才能正常使用，过高或过低的温度都会给设备的运行带来隐患。以 GIS 为例，作为高度集成化设备，GIS 因其占地面积小、布置简单等优势在风电升压变电站中广泛使用，作为绝缘介质的 SF_6 气体在断路器操作机构中的压力一般为 0.6MPa，在充气套管中的压力一般为 0.4MPa。根据 SF_6 气体物理特性，当气压为 0.6MPa 时，SF_6 气体液化温度为 -25℃；当气压为 0.4MPa 时，SF_6 气体液化温度为 -40℃，为保证断路器有足够的分断能力及充气套管中有足够强的电气绝缘，GIS 中 SF_6 气体必须不能液化。经调研部分 GIS 厂家，得出如下结论：若最低温度低于 -15℃，GIS 厂家在设计时会考虑 GIS 套管部分加装伴热带等保温措施，因此，-30～-15℃ 时 GIS 推荐采用户外布置；-40℃ 及以下时伴热带几乎无效果且造价昂贵，GIS 推荐采用户内布置；而在 -40～-30℃ 时需根据不同厂家对 GIS 的保温能力来选取户外或户内布置方案。

《关于加强气体绝缘金属封闭开关设备全过程管理重点措施》（国家电网生〔2011〕1223 号）中有明确要求：最低温度为 -30℃ 及以下、重污秽Ⅳ级（沿海Ⅲ级）等地区的

GIS，宜采用户内安装方式。对此该文件的解释为：目前国内大部分制造厂和国外部分制造厂生产的户外GIS产品受到表面处理工艺、涂漆工艺、外壳材质以及SF$_6$气体压力的限制，在相关地区常会出现表面严重锈蚀、气体液化的现象，因此建议这些地区根据工程造价、输送容量、布置方式等实际情况，将GIS安装于户内使用。考虑到近年GIS制造水平的提升，本着经济性和可靠性的原则，参考相关文件并结合调研结论可得出如下结论：①气温高于－30℃的地区，GIS推荐采用户外安装；②－40～－30℃的地区，GIS需根据制造厂家要求选择户外或户内安装，若发包阶段无法确定具体制造厂家，可经过技术经济比较后确定，并将布置方案明确在招标文件中；③气温低于－40℃的地区，GIS推荐采用户内安装。

昼夜温差对设备的影响主要体现在材料频繁的热胀冷缩会导致设备壳体产生金属疲劳，这反映在风电机组配套箱式变压器上尤为重要。当壳体存在金属疲劳现象后，若发生故障，壳体会存在开裂甚至爆炸危险。因此箱式变压器设置油枕是十分必要的。

2. 风电场电气设备选型

根据风电机组升压变压器型式、高/低压侧设备配置等可得出不同风电机组容量范围推荐的箱式变压器选型及设备配置。箱式变压器高压侧开关配置导致其在价格及可靠性方面差异巨大，因此研究重点为箱式变压器高压侧配置。

目前风电机组间距一般设置为400～1300m。由于风电机组出口电压低，风电机组间距大，因此将多台风电机组集中升压需要更长的联络导体，导致经济性更差。风电场目前的做法是在风电机组出口附近设置配套变压器，变压器与风电机组连接宜采用一机一变单元接线。箱式变压器推荐采用华式变压器或欧式变压器。

（1）箱式变压器与非预装变电站方案选型。风电机组配套变压器可采用箱式变压器或非预装变电站型式。非预装变电站取消了箱式变压器的高压配电室和变压器室，将35kV电气设备及变压器采用户外敞开布置，从而降低了设备造价。非预装变电站接线型式如图6-21所示。

考虑风电场通常地处偏远，气象条件恶劣，采用非预装变电站不利于设备运行的安全可靠和检修维护，不推荐采用非预装变电站方案作为风电机组配套变压器方案。国家电网公司《风电场电气系统典型设计》中，风电机组配套变压器的典型设计仅推荐箱式变压器方案，因此国内已建的风电场中绝大多数采用箱式变压器方式。

（2）箱式变压器的分类。传统的箱式变压器分为两类：①组合式变压器（即"美式箱式变压器"），参考标准为《组合式变压器使用技术条件》（DL/T 1267—2013）；②预装式变压器（即"欧式箱式变压器"），参考标准为《高

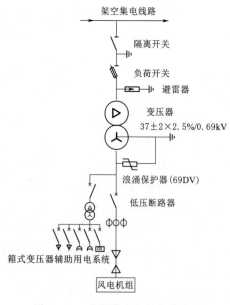

图6-21　非预装变电站接线型式

压/低压预装式变电站》（GB/T 17467—2020）。

限于美式箱式变压器的低可靠性和欧式箱式变压器的高造价，国内项目目前普通使用"华式箱式变压器"，其特点如下：

1）华式箱式变压器各单元相互独立的结构，分别设有变压器室、高压开关室、低压开关室，通过导线连成一个完整的供电系统。

2）华式箱式变压器采用集装箱式一体机，产品体积介于美式箱式变压器和欧式箱式变压器之间。

3）华式箱式变压器每相用一支熔断器代替了美式箱式变压器的两支熔断器做保护，其最大特点是当任一相熔断器熔断之后，都会保证负荷开关跳闸而切断电源，只有更换熔断器后主开关才可合闸，这一点是美式箱式变压器所不具备的。华式箱式变压器同美式箱式变压器相比增加了接地开关、避雷器，接地开关与主开关之间存在机械联锁，可以保证在进行箱式变压器维护时人身的绝对安全。

3. 升压变电站电气设备选型

（1）变压器的选型设计，包含主变压器高压侧励磁分接开关选取、主变压器容量选型、单台主变压器容量及数量分配、主变压器冷却方式选择及变压器绕组型式研究等内容。

1）主变压器高压侧励磁分接开关选取。主变压器高压侧励磁分接开关有无励磁调压及有载调压两种方式，主变压器高压侧分接开关通常配置有载调压开关。有载调压开关在主变压器高压侧设置多挡位的电压分接开关，在变压器带负载运行时，可根据系统要求进行调压，保证变压器高压侧电压在额定范围内运行。有载调压开关用于电压质量要求较严的地方，加装有自动调压检测控制部分，在电压超出规定范围时自动调整电压。其主要优点是：能在额定容量范围内带负荷调整电压，且调整范围大，可以减少或避免电压大幅度波动，母线电压质量高。

但不同于其他场合，目前风电场均要求配置动态响应性好的补偿装置，且风电场无功功率占比较大，可通过调节无功功率来达到调节电压的目的，有载调压开关仅作为备用调压设备，这是风电场不同于其他场合的特点之一。对一些运行多年的风电场进行调研，其结果显示，风电场主变压器有载调压开关均未动作。而《风电场接入电力系统技术规定》（GB/T 19963—2011）要求：风电场变电站的主变压器宜采用有载调压变压器。但同时指出若通过计算，利用其他设备满足调压要求时，也可不设置有载调压开关。

2）主变压器容量选择。作为风电场升压变电站中的关键设备，主变压器的容量选择是否合理对升压变电站的建设成本和后期运行的经济性均有重要影响。现行设计规范要求"风电场主变压器容量应与所接入风电机组的容量相匹配"，因此风电场建设过程中主变压器容量通常与风电场装机容量相同。但实际运行经验和统计数据表明，风电场长期运行中满负荷出力的工况较少，一般不超过年运行时间的 3%，因此导致主变压器也长期处于轻载状态，使得主变压器的安装容量并未得到有效利用。主变压器未在额定容量下长期运行，降低了主变压器采购投资的利用效率。

值得注意的是，由于我国目前输变电设备设计、制造、材料加工及管理等能力的不断提升，主变压器设计寿命一般不少于 40 年，而风电场的建设运行寿命通常为 20 年，风电场退出运行后主变压器基本上也就失去了继续利用的价值，导致主变压器在其设备全生命周期内未得到最大利用。通常变压器的寿命是由绝缘材料的老化程度决定的，而绝缘材料的老化主要取决于温度、氧气和绝缘材料中的水分，其中温度是引起绝缘材料老化的最主要的因素。因此，主变压器容量选择可使主变压器处于一定的过载状况运行，通过允许其绝缘老化速度增加，充分挖掘主变压器的运行潜能，使其在风电场建设运行期内发挥最大价值，最终实现主变压器的运行寿命同风电场的运行寿命相匹配，发挥主变压器设备在其全生命周期内的最大效能。

综上，主变压器容量选择时，应充分考虑其正常过负荷能力和非正常过负荷能力。

3）单台主变压器容量及数量分配。主变压器容量及数量分配应考虑主变压器的运输情况和分期建设情况，并结合经济技术比较情况进行。一般情况下，单台主变压器容量越大，主变压器数量越少，主变压器以及与其连接的35kV设备的一次性投资越少，但其设备运行的灵活性相应降低。另外，在风电场分批开发的情况下，若开发周期较长，可能造成前期一次性投资较大，且前期变压器容量选择较大，可能空载损耗也较大。

4）主变压器冷却方式选择。①从制造能力而言，目前市场上大部分厂家240MVA及以下电力变压器可采用自然油循环自冷方式（ONAN），480MVA及以下电力变压器可采用自然油循环风冷方式（ONAF），且在风电机组停止工作时仍具有70%的冷却容量；②从制造厂家推荐方案而言，100MVA及以下变压器建议采用自然油循环自冷方式，250MVA及以下（部分厂家推荐300MVA及以下）建议采用自然油循环风冷方式；③从规范要求而言，根据《电力变压器选用导则》（GB/T 17468—2019），75MVA及以下产品采用自然油循环自冷方式，180MVA及以下产品采用自然油循环风冷方式。

风电场年利用小时数较低，一般为1600～2400h。为降低负载损耗，100MVA及以下变压器冷却方式宜采用自然油循环自冷方式，250MVA及以下变压器冷却方式宜采用自然油循环风冷方式。由于主变压器冷却方式与变压器所在区域环境条件联系紧密，具体冷却方式的选择需根据当地环境条件与风电机组制造企业协商后确定。

5）变压器绕组型式研究。风电升压变电站主变压器一般采用带平衡绕组的三绕组变压器及双绕组变压器两种（汇集站主变压器除外），带平衡绕组的三绕组变压器接线及双绕组变压器接线示意如图6-22所示。

如图6-22所示，带平衡绕组的三绕组变压器为YNyn0＋d型接线，其中主变压器高压侧、中压侧（35kV侧）为Y接线，平衡绕组侧（10kV侧）为△接线；双绕组变压器为Ynd11型接线，主变压器高压侧为Y接线，主变压器低压侧为△接线。

就原理而言，两者方案基本相同。主变压器35kV侧需要满足如下要求：①抑制高次谐波，改善感应电动势波形，使相电压更接近正弦波；②提高变压器带不平衡负载能力，以稳定电压中性点，并使变压器得到充分利用；③降低变压器的零序电抗。

带平衡绕组的三绕组变压器和双绕组变压器均可满足以上要求，且35kV侧中性点均可以串联接地电阻或消弧线圈以满足该侧经电阻接地和经消弧线圈接地的要求。唯一的不同在于，双绕组变压器35kV侧为△接线，本身无法引出中性点，需借助接地变压器制造人为中性点并接地。

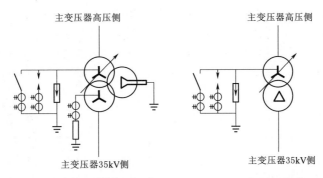

主变压器高压侧　　　　　　　　　　主变压器高压侧

主变压器35kV侧　　　　　　　　　　主变压器35kV侧

（a）带平衡绕组的三绕组变压器接线　　　　　（b）双绕组变压器接线

图 6-22　带平衡绕组的三绕组变压器接线及双绕组变压器接线示意图

此外，若三角形绕组作为平衡绕组时，绕组间的电容耦合作用使低压侧中性点电位发生漂移，从而导致低压侧三相对地电压发生不同程度的不对称。但另外配置接地变压器以稳定其中性点的做法经济性不高，为消除低压绕组中性点漂移现象，在设计中可采用以下两种方案：若低压中性点有引出端，可将 Y 接绕组中性点直接接地；若低压中性点没有引出端时，可采用将平衡绕组接地点解开的方法来消除此现象。

就设备布置而言，双绕组变压器在 35kV 侧制造了人为中性点，相比于带平衡绕组的三绕组变压器需增加一面 35kV 开关柜、接地变压器成套装置，将使得户内、户外占地面积均有所增加；而带平衡绕组的三绕组变压器需增加一台中性点接地装置（电阻器、消弧线圈），整体布置区别不大。

就经济性而言，不同电压等级下相同规格的带平衡绕组的三绕组变压器和双绕组变压器有所差别。根据调研，330kV、250MVA 双绕组变压器目前市场价为 650 万元，而同规格带平衡绕组的三绕组变压器则贵了近 100 万元，同时一面 35kV 开关柜目前市场价为 15 万元（空气柜、充气柜价格相仿），35kV 接地变压器和接地电阻成套装置目前市场价为 20 万元。因此 330kV、250MVA 主变压器若采用带平衡绕组的三绕组变压器，该方案比采用双绕组变压器方案总价格贵 65 万元，而对于 110kV 变压器，两个方案总价格相差不大。

综合而言，风电场升压变电站无论是采用带平衡绕组的三绕组变压器还是双绕组变压器，从技术层面均可，主要区别还是在于经济性：110kV 变压器采用这两个方案的总价格相差不大，随着电压等级的提高，采用双绕组变压器的经济性越来越好。此外，无论是采用带平衡绕组的三绕组变压器还是双绕组变压器，都需严格遵循风电场当地电网的运行习惯和设计习惯（如甘肃风电工程倾向于采用带平衡绕组的三绕组变压器，青海、新疆等地区倾向于采用双绕组变压器），因此在选择方案时应遵循接入系统要求设计。若无相关要求，推荐采用双绕组变压器作为风电升压变电站的主变压器。

（2）高压配电装置的选型设计。由于陆地广阔，我国风电场所处环境多样化明显，如某些风区存在高海拔或昼夜温差明显等特点，同时风电工程所处环境通常风沙较大，给风电工程设备选型带来了麻烦。风电场升压变电站高压配电装置常见 AIS 与 GIS 两种形式，某工程 110kV AIS 站、GIS 站布置图分别如图 6-23、图 6-24 所示。

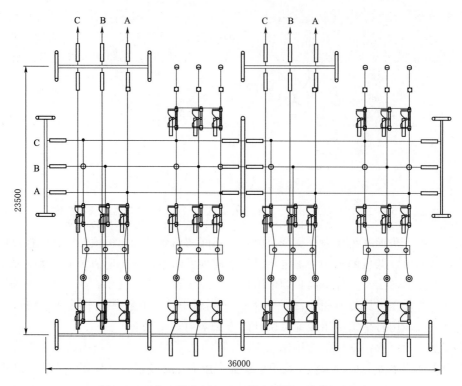

图 6-23　某工程 110kV AIS 站布置图（单位：mm）

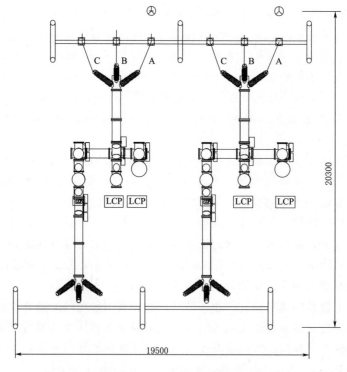

图 6-24　某工程 110kV GIS 站布置图（单位：mm）

对于上述两种形式，可根据技术经济比较，并结合实际使用情况选择：①年利用小时数高、对设备可靠性要求更高的风电工程优先选用 GIS 设备，反之可选择 AIS 设备；②环境恶劣地区风电工程推荐选择 GIS 设备；③其他风电工程可通过技术经济比较后确定。

此外，相比于 AIS 设备，GIS 设备有如下优势：

1）结构紧凑，占地面积小，重量轻，对地基载荷要求小，可以大大节省土建投资。

2）稳定性高。

3）耗能小。

4）可以实现整间隔运输和安装，现场安装的工作量小，安装周期短。

5）可靠性高，可确保安全运行。

6）隔离开关与接地开关全部采用电动操作机构（可手动），操作方便。

7）可根据需求安装局放在线监测系统、SF_6 气体压力在线监测系统、高压三相带电显示装置等，并直接有插口对接到后台软件系统，可实现远程、在线监控 GIS 配电装置运行中的各种数据，根据对数据的分析及时发现故障，使用智能化监控和诊断工具以延长维修周期，并避免不必要的工作。GIS 智能化技术可对 GIS 设备进行在线检测，及早发现故障，防患于未然，又可对 GIS 设备进行状态监视，变"定期维护"为"状态维护"。

8）体积小、重心低，抗震性能好且无火灾及触电的危险。

9）环境适应性强，适用于环境条件恶劣（如严重污秽、高海拔、多水雾、冰雹等）的地区。

（3）中压（35kV）配电装置的选型设计。国内风电汇集母线电压等级以 35kV 居多，国家电网公司《风电场电气系统典型设计》也以 35kV 作为风电机组配套箱式变压器的高压侧电压，因此着重介绍 35kV 配电装置的选型设计，10kV 配电装置可参考执行。

1）35kV 配电装置的选型对比。

由于方便巡视、检修以及可靠性更高等特点，同时考虑到风电场风沙大、昼夜温差大、污秽等级高等现状可能导致的防尘、防污秽、防凝露等问题，风电场工程 35kV 配电装置一般采用开关柜型式，较少采用 35kV 敞开式布置。

目前运行在风电工程的开关柜有空气绝缘的手车柜（以下简称空气柜）和 SF_6 气体绝缘的气体绝缘金属封闭开关柜（以下简称充气柜），其中空气柜分为运行在常规海拔区域的空气柜（本书的空气柜均指此类）和运行在高海拔区域的高原型开关柜（以下简称高原柜）。

开关柜具体选型原则如下：①35kV 配电装置的首选开关柜方案；②海拔 2000.00m 以下地区宜选用空气柜，面积受限时也可选用充气柜；③考虑到运维便捷、占地小的特点，海拔 2000.00～4000.00m 地区推荐选择充气柜，若面积不受限也可选用高原柜；④海拔 4000.00m 以上地区，受设备制造水平和面积限制，优先选择充气柜；⑤当真空断路器不满足该回路容性电流开合能力时，应选用 SF_6 断路器及相应开关柜（若 35kV 断路器下端为 SVG，则开关柜断路器可采用真空断路器，因为 SVG 模块组本身具备切断过高电流的能力，其响应时间为微秒级，而断路器开断时间为毫秒级，若产生过高容性电流，

SVG 自身可在开关柜开关动作前切断回路）；⑥若回路额定电流超过设备制造水平，应结合接线型式进行设备选型（如选择扩大单元接线等）。

2）35kV 站用变压器的选型设计。站用变压器承担着为风电场配套升压变电站与集（监）控中心生产负荷和生活负荷供电的任务，在风电工程中起到至关重要的作用。

风电场配套升压变电站的负荷类别和运行方式与火电站、水电站等有明显区别，站用变压器容量的计算应考虑：①经常连续运行的设备应予计算；②经常短时运行、经常断续运行的设备应乘以 0.5 的系数后计算；③不经常连续运行的设备应予计算，但不计仅在事故情况下运行的负荷；④不经常短时运行及不经常断续运行的设备不予计算；⑤取冬、夏两季各自计算负荷中的最大值作为决定站用变压器容量的依据。

3）35kV 中性点接地成套装置的选型设计。风电工程 35kV 汇集系统一般采用经电阻接地和经消弧线圈接地两种形式。考虑到风电场内的馈线大量使用电缆，而电缆故障绝大多数为永久性故障，电缆单相接地故障可能因过电压发展为相间故障导致风电机组机端电压降低，造成风电场内其他机组因低电压保护动作而脱网，扩大事故范围；同时风电场作为发电系统，年利用小时数较低，不存在对用户连续供电的情形，且切除单条馈线对风电场及电网的运行影响均不大，所以推荐汇集线系统中性点选择经电阻接地的方式，这也与国家电网公司《风电场电气系统典型设计》的设计方案一致。

4. 无功补偿的选型设计

目前风电机组均有无功调节的功能，《风电场工程电气设计规范》（NB/T 31026—2012）也有相关规定：风电机组的功率因数宜在感性 0.95～容性 0.95 之间可调，而是否发送无功功率、发送多少无功功率则由电网调度控制。风电机组一般发出一定量的无功功率，而变压器、输电线路等需要消耗无功功率，若风电机组发出的无功功率不足以补偿风电场消耗的无功功率，需要装设无功补偿设备，否则会导致电网将无功功率倒发至风电场内，从而对电网电压的稳定带来影响。

风电场无功补偿容量原则上应能够补偿风电场满发时汇集线路、主变压器的感性无功功率和风电场送出线路的一半感性无功功率之和，其配置的感性无功容量能够补偿风电场送出线路的一半充电无功功率。工程中一般按风电场容量的 20%～30% 配置集中无功补偿装置。

在实际设计中还需考虑风电机组的无功容量及其调节能力。国家电网公司《风电场电气系统典型设计》提出：风电场要充分利用风电机组的无功容量及其调节能力；当风电机组的无功容量不能满足系统电压调节需要时，应在风电场集中加装适当容量的无功补偿装置，必要时加装动态无功补偿装置。通过控制并优化风电机组的无功出力及分配，可以减少有功损耗并调节风电场的电压分布。因此选择集中无功补偿装置容量时可适当考虑协调配合风电机组无功出力，共同为风电场补偿。

风电场无功功率调节统一控制方案如图 6-25 所示。

一般一个风电场由数十台至上百台风电机组组成，每台风电机组都有独立的控制系统调节其发出的有功功率与无功功率。在风电场内部，这些独立的控制系统都需要通过风电场内部的通信网络与风电场总的监控系统相连，形成综合控制系统。风电场中每台风电机组的控制系统实时计算出本风电机组无功功率极限 $Q_{gi\max}$ 并传给风电场的监控系统。风电

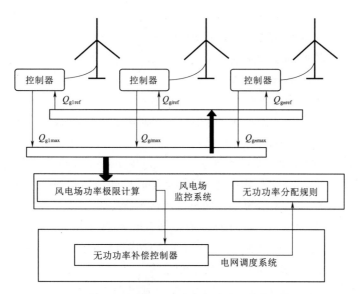

图 6 - 25　风电场无功功率调节统一控制方案

场的监控系统再根据 Q_{gimax} 计算出整个风电场的无功功率极限 $Q_{totalmax}$ 并传达到上一级调度系统。上一级调度系统对调节点处实际的无功功率进行测量计算，得出该风电场无功出力的参考值 Q_{giref}，并将其送到风电场的监控系统。风电场的监控系统再依据一定的准则计算出各个风电机组分配到的无功功率 Q_{giref} 和集中补偿装置的无功功率。各个风电机组的控制系统根据 Q_{giref}，按一定准则在定子和网侧变换器之间进行无功功率分配，控制风电机组发出的无功功率。这样把单台风电机组的控制系统、整个风电场的控制系统以及上一级调度系统紧密联系起来，使每台风电机组能够实时获得其本身所需要发出的无功功率大小。这种方式可大大减少风电场在无功补偿设备上的投资，显著提高风电场的经济效益。

目前最可行有效的手段为在风电场集电母线/汇集站配置动态无功补偿设备，并分配足够的动态无功补偿容量。随着无功补偿设备技术的进步，无功补偿装置由最初的第一代机械式投切装置（MSC）发展为第二代晶闸管投切装置（MCR/TCR 等），实现了无功容量由阶梯式投切到动态连续可调，由慢速（秒级）投切发展为快速（毫秒级）调节，由于IGBT 元器件的成熟及大规模应用，目前以 IGBT 为主要元器件的第三代无功发生装置（SVG）已大规模应用。

SVG 的主要特点有响应时间快、补偿性能强、补偿功能多样化、谐波含量小、占地面积小，以及电网电压偏低时 SVG 运行基本不会受到影响等。具体为：①响应时间小于5ms，更适用于快速冲击负荷补偿；②提供双向无功功率、动态连续调节、输出无功电流与系统电压无关、欠压模式下补偿效果更好；③可实现多种补偿功能，包括无功补偿、电压补偿、负序电流补偿、谐波电流补偿等；④输出电压、电流谐波畸变率均小于 3%，不需要安装谐波滤波器支路，SVG 均具备有源滤波功能，且其可单独消除指定次谐波或同时滤除多种低次谐波，滤波功能较强且比较灵活；⑤SVG 成套装置中只包括启动柜、功率柜、连接电抗器、控制柜，无需滤波器组；⑥SVG 基本原理为通过调节其输出端电压与电网电压之间的幅值差来在两者之间的连接电抗器上产生无功电流，控制策略中 SVG 可以无功电流大小与方向为跟踪目标，根据电网电压幅值动态调节装置输出端电压，以保证输出无功电流恒定或实现无功补偿目标。

5. 主变压器低压侧连接母线选型

（1）大型风电场配套升压站特点。在实际工程中，主变压器低压侧连接母线选型方面需要结合风电场本身的特点，选择与其应用需求相匹配的母线型式。风电场配套升压变电站有以下特点：

1）风电场集电母线系统电压水平单一。目前风电场升压变电站的设计建设已有一套非常成熟的模式和方案，经过大量在建项目的论证和已建项目运行经验累积，将 35kV 电压作为风电场升压变电站汇集电源系统的电压等级是合适的。

2）风电场 35kV 配电装置基本不再选择户外敞开式配电装置，均选择户内交流金属铠装式开关设备（空气柜及充气柜），需充分考虑连接母线与开关柜连接接头的处理方式，通常要求户内从开关柜出线至穿墙孔位置为全绝缘。

3）风电场升压变电站主变压器与 35kV 配电装置的布置相对简单、紧凑，主变压器低压侧母线连接路径短，布置空间较小；风电场升压变电站中主变压器低压侧母线不需要穿越混凝土结构，母线路径及电流方向通常与钢结构（主要指母线支架）垂直，因此感应电势和环流的影响较小。

4）风电场多处于高海拔地区，35kV 配电装置选择 SF$_6$ 气体绝缘开关柜设备，开关柜柜体尺寸小。

5）风电场中主变压器容量选择越来越大，但是受开关柜内断路器制造能力的限制，目前 35kV 空气绝缘开关柜的最大额定电流为 3150A，SF$_6$ 气体绝缘开关柜的最大额定电流为 2500A，不能完全满足风电场 35kV 集电母线汇集电流要求，因此在设计中考虑在 35kV 侧选择扩大单元接线及联合单元接线等复杂接线型式，接线方式调整后主变压器低压侧母线由原来的单回连接变为多回连接，对母线的布置和连接提出了新的要求。

6）风电场大多现场施工，且运行环境条件恶劣，要求主变压器低压侧母线尽量选择标准件制作，从母线本身及中间接头，特别是对于产品投运质量有较大影响的绝缘及连接件等，应尽量在工厂预制完成，最大限度地减少现场安装工作量，降低现场环境的干扰及不利影响。

受项目建设及审批习惯的影响，风电场主变压器 35kV 侧容量相对比较固定，主变压器选型也通常按照《油浸式电力变压器技术参数和要求》（GB/T 6451—2015）规定的产品序列进行选型，目前风电场常见的主变压器 35kV 侧容量有 100MVA、120MVA、180MVA 及 240MVA（250MVA），不同于其他大型发电项目主变压器容量通常按照机组容量进行选型，主变压器低压侧母线选型较易形成比较规范的标准化规定。

（2）各种类型母线的适用性分析。

1）敞开式母线。敞开式母线从产品类型上主要分为软导线和硬导体两类。

软导线在线路工程领域应用广泛，在变电站配电母线、设备间连接线上也被大量选择，但由于其单根单独使用时载流量较小，选择多根、多分裂又会导致支撑及连接金具过于复杂，且选择支撑式布置美观度也较差，仅在较大跨度悬挂型母线及设备间连接母线方面使用较多，在工程中基本不会将软导线作为支撑型母线或主变压器低压侧连接母线。

硬导体作为主变压器低压侧连接母线，在建设较早的发电、变电及配电等项目中广泛存在。但由于其产品本身不具备绝缘特性，相间和相对地均选择空气绝缘，相间距要求大，当布置高度不满足要求时还需设置安全围栏等附属设施，增加了基建投资，在新建项目中已较少选择。同时，为尽量防止和减少主变压器低压侧出口短路事故，根据《国家电网公司十八项电网重大反事故措施（修订版）》（国家电网〔2012〕第 352 号）的要求：220kV 及以下主变压器的 6～35kV 中（低）压侧引线、户外母线（不含架空软导线型式）及接线端子应绝缘化；500(330)kV 变压器 35kV 套管至母线的引线应绝缘化。因此不建议将未进行绝缘处理的硬导体作为主变压器低压侧母线使用。

综上，风电工程中不应选择敞开式母线作为主变压器低压侧母线。

2）电力电缆。电力电缆作为技术成熟的母线型式，在电力行业有广泛的应用，但在风电场升压变电站中较少作为主变压器与开关柜的连接母线。

3）共箱母线。共箱母线代替传统的裸母线走线方式，具有安全可靠、防护等级高等特点，在输送较大电流时，可消除采用多根高压电缆所带来的因电流分配不平衡而引起的故障，确保供电的可靠性。共箱母线以其可靠性高、现场安装工作简单、环境适用性强、维护检修少等优势，目前在风电升压变电站及其他电力相关行业中广泛采用，可作为一般并网风电升压变电站主变压器低压侧母线的理想选择。

主变压器低压侧选择单母线接线方式且 35kV 配电装置选择空气绝缘开关柜设备的风电升压变电站项目，主变压器低压侧母线建议选择共箱母线方式；但对于主变压器低压侧选择复杂的主接线以及 35kV 开关柜选择 SF$_6$ 气体绝缘开关柜的型式，则主变压器低压侧母线不建议选择共箱母线方式。同时，由于设备布置原因导致主变压器低压侧与 35kV 出线柜中心线不能完全对齐，主变压器低压侧母线需要进行小距离横向拐弯布置的场合，主变压器低压侧母线也不建议选择共箱母线。

4）离相封闭母线。离相封闭母线可靠性高，主要用于大型发电机组，其缺点是尺寸大、价格高，用在小电流回路不具备经济可行性，因此不建议选择离相封闭母线作为风电场主变压器低压侧母线。

5）绝缘管型母线。绝缘管型母线同时具备载流量大、功率损失小、占地面积小、基建投资低、抗震性能好、母线走向灵活及布置清晰等优点，具备相对比较完备的理论体系及产品系列，其用途能完全覆盖目前规划的风电场主变压器低压侧母线的应用需求。

（3）主变压器低压侧母线选型。主变压器低压侧母线需根据风电场升压变电站的具体情况进行选择，50MVA 主变压器优先选择电缆连接方式，容量更大的主变压器在选择连接母线产品时应优先选择可靠性高的共箱母线产品，当共箱母线在布置及连接等方面不能满足风电升压变电站实际使用要求时，可选择绝缘管型母线作为推荐方案，其他母线方案可根据实际需要进行选用。

（4）推荐的母线选型方案。通过以上分析，风电场主变压器低压侧母线根据工程具体情况建议选择电缆、共箱母线和绝缘管型母线（含全绝缘管型母线和半绝缘管型母线）方案，其中电缆适用于 50MVA 及以下主变压器低压侧。

根据目前 35kV 开关柜及其断路器的设计制造能力，35kV 空气绝缘开关柜最大额定电流为 3150A（对应标准系列主变压器容量为 180MVA），35kV SF$_6$ 气体绝缘开关柜最大额定电流为 2500A（对应标准系列主变压器容量为 120MVA），当主变压器 35kV 侧额定电流小于或等于上述电流值时，35kV 侧系统选择单母线接线方式，35kV 配电装置母线可选择单回母线直接与主变压器低压侧连接；当主变压器 35kV 侧额定电流大于上述电流值时，通常在 35kV 侧选择扩大单元接线及联合单元接线等复杂接线型式，此时 35kV 配电装置母线需选择多回母线并行敷设后与主变压器低压侧连接或选择多回母线"T"接后与主变压器低压侧单回连接。

6.3.2.3　风电场电气设备布置

电气设备布置是电气设计最为重要的一环，它不仅和设备选型相辅相成，通过布置来指导设备选型，还保障了设备的正常运行。风电场存在风电机组配套升压变压器、集中无功补偿装置、集控中心等设施，有必要结合其特色对布置展开研究，优化电气设计方案。

1. 风电场电气设备布置

风电场电气设备布置主要是风电机组、箱式变压器与杆塔的布置，这与箱式变压器高压侧出线方式有关。箱式变压器高压侧一般有软导线通过空气套管上出线和通过电缆下出线的方式。上出线箱式变压器与直线杆/终端杆连接、与转角杆连接示意分别如图 6-26 和图 6-27 所示。

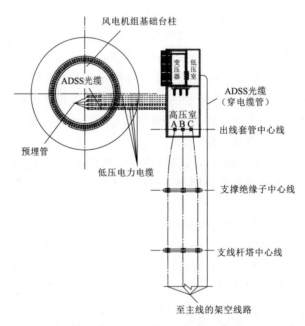

图 6-26　上出线箱式变压器与直线杆/终端杆连接示意图

采用上出线方式时箱式变压器布置受限，软导线和箱体因弧垂而存在隐患，同时由于风电场存在风摆、积雪等对架空软导线不利的自然环境条件，因此不推荐箱式变压器高压侧采用软导线上出线方式。上出线箱式变压器与杆塔连接立面如图 6-28 所示。

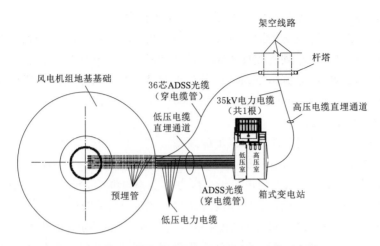

图 6-27 上出线箱式变压器与转角杆连接示意图

高压侧采用电缆下出线方式时，相较软导线上出线的方式，箱式变压器位置要求则较为灵活，但是电缆下出线方案受电缆终端制作工艺影响很大，例如酒泉风电基地大面积脱网的部分原因就是电缆终端制作工艺、安装质量问题导致。下出线箱式变压器与杆塔连接剖面如图 6-29 所示。

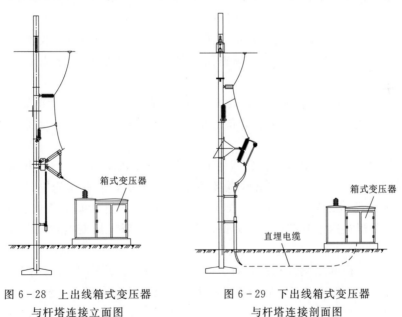

图 6-28 上出线箱式变压器   图 6-29 下出线箱式变压器
与杆塔连接立面图   与杆塔连接剖面图

2. 升压变电站电气设备布置

（1）升压变电站总布置。风电场升压变电站的布置原则除像常规变电站应满足各类规范外，还需结合风电场的特色考虑。与电网枢纽站、城市变电站等不同，风电场因所处地形多样（如戈壁滩、山地等），不同建设单位的管理要求不同（如设置监控中心、集控中心的必要性；有人值守需要在现地设置，无人值守不需要设置或在周边城镇设置等），需要综合考虑。同时，风电场升压变电站都会设置生产楼（包括 35kV 盘室、配电室、继保室、通信室和蓄电池室等，或将其中某几间生产用房按规范合并）；当建设单位需要设置监控中心/集控中心时还应该设计综合楼（包括中控室、计算机室以及宿舍、会议室等生活/办公用房）；根据建设单位要求设置满足其他生产、生活功能的附属用房（如柴油发电机房、备品库、车库、餐厅等）；根据全站规模设置地下水泵房或水箱间等以满足消防功能。

风电工程升压变电站布置需考虑以下问题：

1）集电线路进站方位。风电场 35kV 集电线路一般以多回电缆直埋方式进入升压变电站，因此 35kV 开关柜室需在风电机组进线方位引出电缆沟，电缆沟朝向、规格需根据集电线路设计单位提资进行设计，电缆沟宜延伸至围墙外 1～2m。

2）无功补偿装置宜集中布置。和单纯变电站不同，风电场配套升压变电站一般采用集中补偿形式，因此为优化面积、无功补偿装置相互间减少路径，宜集中布置无功补偿装置。若风电场一次建成，多个无功补偿装置可建一座土建房（户内采用预装式的无功补偿装置则不受此影响）；若风电场分批建设，推荐单套无功补偿装置建设一座土建房，并预留后期新增设备及建筑物面积。

3）升压变电站整体布局应考虑监控中心方位。风电工程升压变电站常地处偏僻，一般会配套建设监控中心，若有扩建可能，升压变电站扩建端应远离监控中心。

4）二次盘室位置随需要确定。风电工程升压变电站二次盘室可设置在生产楼（距离 35kV 开关柜室较近）或综合楼（距离中控室较近），规模较大的升压变电站也可在现地设置，无论在何处设置，应确保电缆敷设距离最短。通信室一般随二次盘室设置。

5）升压变电站的设备布置应结合设备选型给出最优方案。升压变电站的设备选型和布置是密切相关的，充分利用所选设备的优势调整布置，可极大程度优化升压变电站布置。

（2）电缆沟布置。风电场配套升压变电站进线电缆数量与风电场规模成正比，随着风电场规模的增加，升压变电站进线电缆数量随之增多，而升压变电站一般采用电缆沟或电缆廊道进行电缆敷设，因此，如何布置电缆沟也是风电工程值得关注的问题。现以 35kV 开关柜室内主电缆沟布置为例，研究风电工程升压变电站电缆沟布置时需要关注的问题。

根据《电力工程电缆设计标准》（GB 50217—2018）：同一通道内电缆数量较多时，若在同一侧的多层支架上敷设，宜按电压等级由高至低的电力电缆、强电至弱电的控制和信号电缆、通信电缆由上而下的顺序排列。当水平通道中含有 35kV 以上高压电缆，或为满足引入柜盘的电缆符合允许弯曲半径要求时，宜按由下而上的顺序排列。在同一工程中或电缆通道延伸于不同工程的情况，均应按相同的上下排列顺序配置。某风电工程 35kV 柜后主电缆沟布置如图 6-30 所示。

根据规范要求，电缆敷设推荐采用按电压等级由高到低的原则由上而下布置，但考虑到风电工程特色，这种方式实施起来难度较大。这是因为：

1）若 35kV 电缆敷设在电缆沟上层支架，由于此类电缆转弯半径很大（如 YJY-3×

240 电缆外径为 105mm，转弯半径为 1575mm），经常会导致上层电缆因转弯半径而无法满足要求。但 35kV 电缆敷设在支架下端则可避免此类问题。

2）35kV 电缆终端因质量和安装不达标而爆炸的情况曾时有发生，考虑到电缆终端爆炸后此段电缆还能继续使用，有些建设单位要求在电缆敷设时留有足够的裕量。若此类电缆敷设在电缆支架上端，裕量段电缆只能采用大悬垂吊挂，这样不仅会阻碍其余层电缆敷设路径，阻碍人员检修通道，还会造成该层支架受力不均匀。而 35kV 电缆敷设在支架下端、裕量段电缆就地盘置则可解决上述问题。

因此 35kV 开关柜室主电缆沟内电缆推荐电压等级由低到高的原则由上而下布置。同时

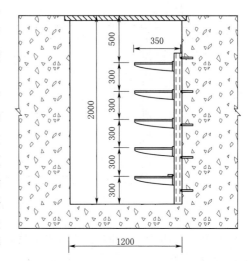

图 6-30 某风电工程 35kV 柜后
主电缆沟布置图（单位：mm）

主电缆沟沟深应满足沟内最大规格电缆转弯半径满足要求。但需要注意的是，因 35kV 电缆数量较多，且为方便该主沟内电缆进出 35kV 开关柜方便，主沟支架经常单侧布置，这就导致电缆沟经常很深，考虑到施工阶段的电缆敷设和运维阶段的检修方便，不推荐电缆支架长度过长，也不推荐底部电缆支架离地过近。具体尺寸可在满足规范的前提下，结合工程实情酌情处理。其他区域电缆沟可参照此原则处理。

需要说明的是，由于风电工程升压变电站内电缆等级较少（仅有 35kV 电力电缆、1kV 电力电缆、控制/通信电缆、光缆等几种），升压变电站电气设备、建筑物按电压等级、用途以区域为单位划分明显，因此风电工程升压变电站内每条电缆沟内电缆种类较少，考虑到电缆敷设的灵活性，在有条件时推荐优先采用电缆支架等间距敷设。

（3）站用变设备布置。风电场优先选用户内干式变压器（带外壳）作为站用变压器，由于站用变压器在风电场配套升压变电站是连接在高、低压开关柜间，考虑到节省电缆，站用变压器一般分为紧贴高压柜、紧贴低压柜、与低压柜面对面布置。站用变压器紧贴低压柜、紧贴高压柜、与低压柜面对面布置分别如图 6-31～图 6-33 所示。

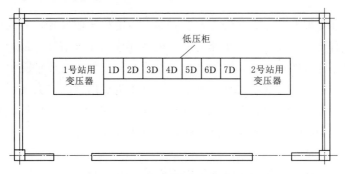

图 6-31 站用变压器紧贴低压柜布置图

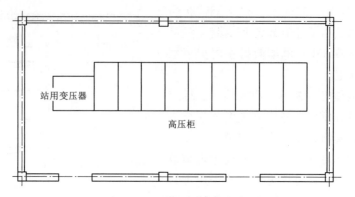

图6-32 站用变压器紧贴高压柜布置图

可知，站用变压器随总图方案布置，较为灵活，仅需考虑以下两点：①相关通道尺寸应满足要求；②站用变压器与高、低压柜的连接方式随布置可选择电缆、铜排、密集型母线等多种。

6.3.3 风电场过电压保护与防雷接地

6.3.3.1 风电场过电压问题分析

1. 风电机组的雷电过电压分析

雷电作为一种自然现象，具有很强的不确定性和随机性，雷电放电是由带电荷的雷云引起的。雷云带电原因的解释有很多，一般认为雷云是在有利的大气和大地条件下，由强大的潮湿的热气流不断上升进入稀薄的大气层冷凝的结果。强烈的上升气流穿过云层，水滴被撞分裂带电，从而形成雷电现象。

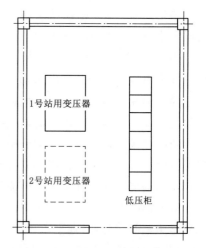

图6-33 站用变压器与低压柜面对面布置图

过电压是电力系统在特定条件下所出现的超过工作电压的异常电压升高，属于电力系统中的一种电磁扰动现象。电工设备的绝缘长期耐受着工作电压，同时还必须能够承受一定幅度的过电压，这样才能保证电力系统安全可靠地运行。

当风电机组遭受雷击时，雷电流首先击中的是风电机组的叶片，叶片的内部装有铜导体，雷电流通过铜导体流过叶片，在经过风电机组部件后流入塔筒顶部，最后以金属塔筒为导体流入大地。这是理想情况下的雷电流的流通路径，但是实际情况中，由于各种信号传输线与塔筒存在着一定的耦合关系，所以当雷电流流过塔筒时，会使信号线上产生一定的过电压，对与信号线相连的底部控制设备产生危害，加上风电场所处环境的接地电阻不一定理想，在遭受雷击时，整体地电位升高，进一步提高了底部控制设备的过电压，威胁到风电机组的安全运行。

当风电机组遭受直击雷时，风电机组中雷电流的流通路径如图6-34所示。风电机组的叶片是最先遭受雷击的部位，雷电流经过叶片后一部分以塔筒作为导体将雷电流导入接地电阻最后流入大地；由于风电机组配套的升压变压器和与控制设备相连的辅助变压器都位于塔筒底部，变压器的中性点和塔筒接在同一接地装置上。因此，一部分雷电流会通过中性点进入系统并对风电机组造成威胁。另外，由于塔筒和塔筒内部的传输线存在一定的耦合关系，从叶片进入的一部分雷电流可能会直接进入传输线中，对风电机组造成危害。

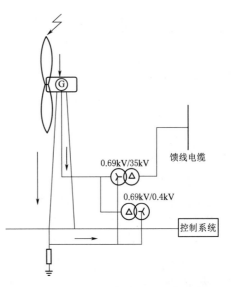

图 6-34　风电机组中雷电流的流通路径

2. 箱式变压器雷电过电压分析

目前我国风电场中，风电机组接线大多采用"一机一变"的配置方式，风电机组通过就近的升压变压器将电压升至 35kV，再输送至风电场集电线路进行并网。当升压变压器在风电机组塔筒外布置时，通常采用箱式变压器，风电机组、低压电缆构成了风电机组-箱式变压器系统。

当风电机组塔顶叶片遭受雷击时，雷电流经过风电机组塔筒及接地网流散到土壤中，引起地电位升高，此时箱式变压器接地母排、外壳及低压侧中性点均处于高电位。若箱式变压器低压侧雷电过电压超过其绝缘耐受强度，绝缘脆弱处被击穿，会使箱式变压器低压侧相线对地形成导电通路。若风电机组处于发电状态，则会在导电通路上产生较长时间的工频续流，工频电弧在密闭箱式变压器内发展，对箱式变压器内设备造成损害。因此箱式变压器低压侧均安装浪涌保护器起到重要保护作用，风电机组-箱式变压器系统防雷配置如图 6-35 所示。

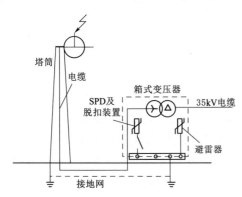

图 6-35　风电机组-箱式变压器系统防雷配置

3. 集电线路雷电过电压分析

根据 35kV 集电线路输送能力、风电场装机容量、风电机组布置、地形特点等因素，对风电机组进行分组，每组对应一回 35kV 集电线路。线路路径选择将同一组风电机组汇集到一条集电线路上，并尽量避开不利的地形地貌及不良地质区域，且使线路路径简洁合理，线路长度最短。随着风电场建设规模不断扩大，场内输电线路也随之增加，遭受雷击的概率大大增加，当场内集电线路受到雷击时，产生的侵入过电压会沿线路及电缆传播至风电机组，造成电气设备的损坏或更大的设备安全事故。

为使风电机组遭受雷击时过电压的影响范围不致扩大到集电线路，在箱式变压器高压侧和箱式变压器附近杆塔处均应安装避雷器。

在风电场集电线路设计时经常会有交叉跨越的情况，集电线路与其他线路交叉跨越时，需要采取防止雷击的技术措施，以免过电压反击到较低电压的线路上造成事故。若交叉的线路为铁塔，无论其有无避雷线，上、下方线路交叉档的铁塔均应接地；交叉档两档为钢筋混凝土杆时，应装设避雷器或保护间隙；与低压线路和通信线路交叉档两端，均应装设避雷器或保护间隙。

6.3.3.2　防雷接地设计

1. 直击雷及感应雷保护

（1）直击雷保护。风电机组多安装在风能资源较好的空旷地带，为雷击多发地区，易受到雷击的损坏。风电机组的雷击路线是：雷击接闪器（叶片上）—导引线（叶片内腔）—叶片根部至机舱主机架—专设引下线（塔架）—接地网引入大地。根据统计，雷击的叶片损坏只占 15%~20%，而 80%以上是与引下线相连的其他设备，受雷电引入大地过程中产生过感应电压而损坏。因此，雷电对风电机组设备的损坏包括直击雷和感应雷，感应雷造成的损失更大。风电机组过电压保护及防雷接地主要应考虑直击雷保护、感应雷保护、基础接地系统设计、机组配套升压设备保护等四个方面。

参考《建筑物防雷设计规范》（GB 50057—2010），按二类防雷建筑物设计，首次雷击雷电流应取 150kA，波形 10μs/350kA。雷电流参量见表 6-5。

表 6-5　　　　　　　　　　　　**雷 电 流 参 量**

雷电流参数		防雷建筑物类别		
		一类	二类	三类
首次	I 幅值/kA	200	150	100
	T_1 波头时间/μs		10	
	T_2 半值时间/μs		350	
后续	I 幅值/kA	50	37.5	25
	T_1 波头时间/μs		0.25	
	T_2 半值时间/μs		100	

当风电机组相关设备的钢厚度达到 4mm，即可认为能够承受上述直击雷电流。大型风电机组为减轻重量通常采用复合材料制造机舱外壳，则应在外面以网格形式装设兼作接闪和屏蔽之用的金属丝网，必要时再加大金属丝截面或缩小网孔，以有效防止直击雷。同时应在适当位置，包括上方和两侧装设几支小避雷针，防止上方和两侧受到雷击，穿透舱壁，损坏内部设备。

研究表明：多数情况下，被雷击的区域在叶尖背面（或称吸力面），因此，在每个叶片顶端安装 2 个雷电接收器，保证雷击时雷电能通过导线传导到叶片轮毂，此时，机舱上的避雷针与叶片顶端的雷电接闪器便形成了联合保护，可有效防止风电机组遭受直击雷。

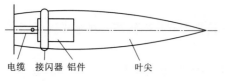

电缆　接闪器　铝件　　　　叶尖

图 6-36　叶片防雷设计示意图

叶片防雷设计示意如图 6-36 所示。

（2）感应雷保护。整个风电机组是一个封闭的金属物体，并做好了相应的接地系统。箱式变压器到风电机组主开关的 690V、900V、950V、1140V 电力电缆作为电源入口处，即在 LPZ0A

区或 LPZ0B 区与 LPZ1 区交界处，从电源处引来的线路上，应装设第一级电涌保护，能在电网侧发生雷击的情况下保护风电机组内部主回路，安装位置应选择在箱式变压器低压侧。

根据《建筑物防雷设计规范》（GB 50057—2010），浪涌保护器必须能承受预期通过它们的雷电流。另外，在 LPZ0A 区或 LPZ0B 区与 LPZ1 区交界处，全部雷电流的 50% 流入建筑物的外部防雷装置，其余 50% 流入引入建筑物的各种外来导电物、电力电缆、通信线缆等服务型管线；当线路有屏蔽时，通过每个浪涌保护器的雷电流可按上述确定的雷电流的 30% 考虑，进入建筑物的雷电流分配示意如图 6-37 所示。

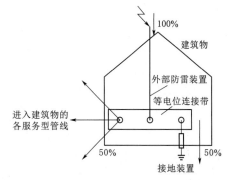

图 6-37　进入建筑物的雷电流分配示意图

根据风电机组保护水平的要求，并网侧设备的雷电流泄放指标需要达到 150kA，即每相 690V、50Hz 的进线雷电流泄放指标为 50kA。

2. 风电机组接地系统

（1）概述。在电力系统中，为了工作和安全的需要，常将电力系统及电气设备的某些部分与大地相连，即接地。按其作用，可以分为工作接地、保护接地、雷电保护接地和防静电接地。接地的主要目的是保证电气安全，在电击防护和为接地故障电流提供返回电源通路方面，接地是很重要的。

工作接地：又称系统接地，在电力系统中，为运行需要设置的接地（如中性点直接接地或经其他装置接地）。

保护接地：又称安全接地，电气装置的金属外壳、配电装置的构架和线路杆塔等由于绝缘损坏有可能带电，为防止其危及人身和设备的安全而设的接地。

雷电保护接地：为雷电保护装置（避雷针、避雷线和避雷器等）向大地泄放雷电流而设的接地，是避雷技术最重要的环节。从避雷的角度讲，把接闪器与大地做良好的电气连接的装置称为接地装置。接地装置的作用是把雷电对接闪器闪击的电荷尽快地泄放到大地，使其与大地的异种电荷中和。直击雷、感应雷或其他形式的雷，都将通过接地装置导入大地。因此，没有合理而良好的接地装置，就不能有效地防雷。

防静电接地：为防止静电对易燃油、天然气贮罐和管道等的危险作用而设的接地。

接地极或自然接地极的对地电阻和接地线电阻的总和，称为接地装置的接地电阻。接地电阻的数值等于接地装置对地电压与通过接地极流入地中的电流的比值。按通过接地极流入地中工频交流电流求得的电阻，称为工频接地电阻；按通过接地极流入地中冲击电流求得的接地电阻，称为冲击接地电阻。

雷电流通过风电机组本身的防雷装置，并最终通过导体将电流引入接地装置，再流向大地。因此，可靠地接地是风电机组防雷接地的关键所在。

目前对于风电机组及其箱式变压器接地系统中接地电阻的控制值要求并不统一，我国运行的风电机组对接地电阻的要求见表 6-6。

表6-6　我国运行的风电机组对接地电阻的要求

风电机组制造企业	要求接地电阻/Ω	参考标准
丹麦 Vestas	10	IEC 1024-1/2
丹麦 Micon	6	IEC 1024-1/2
美国 Zond	6	IEC 61400-1
德国 Nordex	2	IEC 61400-1
东方汽轮机有限公司	4	IEC 61400-1
湘电风能有限公司	4	IEC 61400-1 IEC 61024-1
新疆金风科技股份有限公司	4	IEC 61400-1
北京北重汽轮电机有限责任公司	4	IEC 61400-24 IEC 60363
武汉国测电力投资有限责任公司	4	IEC 61400-1
华锐风电科技（集团）股份有限公司	4	IEC 61400-1

风电机组及箱式变压器接地系统可看作是小电流接地系统，其35kV系统中性点接地采用经电阻接地方式。根据《交流电气装置接地设计规范》（GB 50061—2011）的要求，经电阻接地系统的接地网，其接地电阻不应大于4Ω。结合风电机组制造企业对接地电阻的要求值，在风电机组接地设计时，接地电阻控制值应小于4Ω。

（2）土壤电阻率选择。接地电阻是直接反映接地情况是否符合规范的一个重要指标。对于接地装置而言，接地电阻越小，散流越快，跨步电压、接触电压也越小。而影响接地电阻的主要因素包括：土壤电阻率、接地体的尺寸、形状及埋入深度、接地线与接地体的连接等。其中土壤电阻率对接地电阻的大小起着决定性作用。土壤电阻率是接地工程计算中一个主要参数，直接影响接地电阻的大小、地面电位分布、接触电压和跨步电压。而影响土壤电阻率的主要因素有土壤中导电离子的浓度、土壤中的含水量、土质、季节因素、温度及土壤的致密性等。

由于每个工程接地网在土壤中实际情况是相当复杂的，甚至同一地区的土壤在垂直和水平方向上有很大的差异。在工程上，通常选择一个等值土壤电阻率进行计算，得出不同位置处土壤电阻率数值，根据均值法可得出每个接地网的等值土壤电阻率。需要注意的是，土壤电阻率是与季节相关的，防雷接地计算用的土壤电阻率应取雷季中最大可能的数值，因此应考虑季节系数；另外，在冻土地区敷设接地网时，应考虑到冻土会加大土壤电阻率数值，增加散流难度，因此在冻土地区，应适当加深接地网的敷设深度，将接地网敷设于冻土层以下。

3. **集电线路接地系统**

（1）概述。风电场内集电线路电压等级一般为35kV，集电线路将风电场电能汇集到升压变电站后，由高压输电线路送出。根据风电场布置实际情况，通过技术经济比较，场内集电线路可采用架空线路或电缆方案。

场内集电线路的过电压保护及防雷接地主要应考虑直击雷保护、过电压、接地等几个方面。

（2）采用架空线路方案。35kV及以下集电线路，在雷电活动强烈的地方和经常发生雷击故障的杆塔及线段，应改善接地装置、架设避雷线、适当加强绝缘。未沿全线架设避雷线的35kV及以上新建集电线路中的大跨越段，宜架设避雷线。地线对导线的保护角一般不超过30°，双地线杆塔的地线之间距离不超过地线与导线垂直距离的5倍。气温15℃、无风无冰条件下，档距中央导线与地线的间距 S 满足 $S \geq 0.012L+1$（S 为导线与地线在档距中央的距离，m；L 为档距，m）的要求。除少雷区外，3～10kV钢筋混凝土杆输电线路，宜采用瓷或其他绝缘材料的横担，如果用铁横担，对供电可靠性要求高的线路宜采用高一电压等级的绝缘子，并应尽量以较短的时间切除故障，以减少雷击跳闸和断线事故。

在电缆段与架空线路的连接处应装设金属氧化物避雷器，其接地端应与电缆的金属外皮连接。在海拔超过 1000.00m 的地区，由于空气稀薄、气压低，电气设备外绝缘和空气间隙的放电电压降低。因此，在进行高海拔地区配电装置设计时，应加强电气设备外绝缘。

有避雷线的集电线路杆塔的工频接地电阻见表 6-7。对于有避雷线的集电线路，每基杆塔不连避雷线的工频接地电阻，在雷季干燥时，不宜超过表 6-7 中所列数值。

表 6-7 有避雷线的集电线路杆塔的工频接地电阻

土壤电阻率/(Ω·m)	≤100	>100~500	>500~1000	>1000~2000	>2000
工频接地电阻/Ω	10	15	20	25	30

在高土壤电阻率地区，杆塔接地方式可以参考风电机组基础降阻方式，但是由于输电线路杆塔多，降阻代价高，通常采用的方法有换土、土壤化学处理、采用伸长接地带等几种措施。根据经验，对送电线路来说，有效的方法是采用伸长接地带或连续伸长接地体的方法。

（3）采用电缆方案。采用电缆输电方案时，电缆一般采用直埋敷设方式。因此，不会有直击雷过电压情况，但是需考虑感应雷过电压的可能性。因此在电缆进入箱式变压器及升压变电站中压母线处需安装避雷器，以降低感应雷影响。另外，电缆铠装金属屏蔽应确保可靠接地。

4. 监控中心及升压变电站区域防雷及接地系统

（1）防雷及接地现状与问题。升压站是风电场建设的重要组成部分，是实现电能有效送出的最重要环节之一，一旦发生雷击或接地不良等事故，导致重要设备损坏或人员伤亡，除升压变电站本身的重大经济损失外，还有可能导致升压变电站停运，造成整个风电工程无法送出，从而产生巨大的发电效益损失，这就要求升压变电站必须采取十分可靠完善的防雷及接地措施，以保证升压变电站的安全可靠运行。

升压变电站作为电网结构中重要的基础设施，随着我国国民经济和电力行业的高速发展，在设计、建设、施工等领域已经形成了非常完善的技术方案体系，防雷装置设计、过电压保护措施设计、接地网设计计算等方面均有非常成熟的经验可供借鉴，在风电场升压变电站项目的实施过程中，除了对电网建设已有成熟经验的引用和参照外，还需结合风电工程本身的特点，对防雷及接地设计中的特性问题进行有针对性的研究和分析，需要重点关注的问题有：

1）应充分考虑风电场升压变电站的施工条件和施工能力，合理进行避雷针设计，谨慎设计独立避雷针的独立接地网，避免由于现场施工不当等原因造成的对 35kV 及以下电气设备及主变压器的反击影响。

2）风电工程为电源点建设项目，其重要程度不及电网建设项目高，加之冗余出线会增加项目的投资费用且增加电网接入点，所以风电场升压变电站一般情况下都是单回送出，不考虑出线的"N-1"冗余，一旦出线设备损坏，会导致发电量的重大损失，因此出线间隔设备的防雷保护也应区别于常规电网变电站重点考虑。

3）为了确保升压变电站的高效运行和维护，通常将风电场监控中心与升压变电站相邻建设，建设过程中为了充分扩大接地网面积以达到降低升压变电站接地电阻的目的，往往将监控中心接地网扩充为升压变电站整体接地网的一部分，在接触电压和跨步电压分析复核过程中进行统一考虑。但实际建设中却往往忽略了监控中心和升压变电站的不同特点和要求，忽略了地表土壤电阻率选取和跨步电压核算过程中应有的区分，导致监控中心跨步电压不满足安全运行要求。

4）风电场多处于高电阻率地区，设计中为满足接地电阻要求，大量采用等离子接地体及接地模块等新产品作为辅助降阻措施，其建成初期的实测效果基本都能满足设计要求，但长期效果能否保持还有待验证，应重视其长效复测工作，预防产品性能降低或失效使接地参数不满足设计要求。

（2）主要工作方法。从升压变电站防雷及接地设计的基本要求入手，通过对防雷与接地设计的目标进行逐层分析，提出风电场升压变电站防雷及接地设计方面与常规变电站的异同点，提出在常规变电站防雷与接地设计的基础上，针对风电场升压变电站需要特别引起重视的问题和应对措施。

（3）防雷及接地设计。

1）防雷。升压变电站遭受的雷害事故主要来自：①雷直击于升压变电站的电气设备上；②输电线路在雷电时产生感应雷过电压或遭雷击时产生直击雷过电压形成的雷电波沿着线路侵入变电站。对直击雷的防护一般采用避雷针或避雷线，对雷电侵入波的主要防护措施是采用避雷器限制过电压幅值，同时辅之以相应措施，以限制流过避雷器的雷电流和降低侵入波的陡度。

对于直击雷防护，由于避雷线保护需要结合设备构架挂设避雷线，其应用范围受设备构架布置的影响，在国内升压变电站防雷领域一般作为辅助防雷措施。升压变电站的防直击雷保护以避雷针保护为主，避雷针保护范围外的建（构）筑物屋顶通常设置避雷带进行防直击雷保护。在避雷针设置时，独立避雷针与配电装置带电部分、变电站电气设备接地部分、构架接地部分之间的空中距离不宜小于 5m；独立避雷针的独立接地装置与主接地网的地中距离不宜小于 3m；当独立避雷针采用非独立接地网时，其接地引下线与主接地网的连接点至变压器接地导体与接地网的连接点，以及 35kV 及以下设备接地导体与接地网的连接点之间沿接地极的长度，不应小于 15m。

风电场升压变电站的避雷针防直击雷措施与电网变电站的防直击雷措施基本相同，均采用独立避雷针与构架避雷针相结合的布置方式。避雷针接地网设计一般采用如下方式：①将独立避雷针的接地网设计为非独立接地网，使避雷针接地网与升压变电站主接地网连接，此时为满足"避雷针接地引下线与主接地网的连接点至变压器接地导体与接地网的连接点，以及 35kV 及以下设备接地导体与接地网的连接点之间沿接地极的长度，不应小于 15m"的距离要求，需要避雷针布置尽量远离变压器和 35kV 及以下设备；②将独立避雷针的接地网设计为独立接地网，要求其接地装置与主接地网的地中距离不小于 3m。

当独立避雷针距变压器和 35kV 及以下设备距离较近时，一般采用为避雷针设计独立接地网的方式，但是在实际风电场升压变电站施工过程中，独立"避雷针的独立接地装置与主接地网地中距离小于 3m"的要求几乎无法实现。主要原因为大型风电基地主要位于西北地区，冻土深度通常大于 1.2m，即主接地网埋设深度一般不小于 1.4m，此时为满足避雷针接地装置与主接地网地中距离要求，需要避雷针接地装置埋深超过 4.4m，这将增加施工工程量并带来极大的施工难度。

多个项目的实践证明，采用独立避雷针的独立接地网的施工效果都不好，最后实测结果均是独立避雷针的接地电阻与主接地网的接地电阻值接近，说明避雷针的独立接地装置与主接地网在某些位置存在连接，由于接地网埋设为隐蔽工程，后期发现问题检查和处理均非常困难，只有在设计源头上予以考虑才可能最经济、最合理、最可靠地解决问题。因此，对于冻土深度较大的风电场升压变电站，当采用避雷针作为防直击雷措施时，应特别注意避雷针的布置位置与变压器、35kV 及以下设备的距离，避免由于现场施工不当或施工管理不善等原因造成的对变压器、35kV 及以下电气设备的雷电反击影响。

对于雷电侵入波防护，主要采取的防护措施有两种：第一种是在被保护设备的附近装设氧化锌避雷器，当电压超过一定值时，避雷器动作先导通放电，限制被保护设备的雷电过电压值，达到保护高压电气设备的目的；第二种是与避雷器相配合的架空进线保护段，即除装设氧化锌避雷器外，还在高压架空进线上架设避雷线进行保护，目前 110kV 及以上架空线基本为全线架设避雷线，35kV 架空线路一般在升压变电站 1~2km 的进线段架设避雷线。风电场升压变电站由于送出容量大，架空进线电压等级通常为 110kV 及以上，因此其雷电侵入波防护均采用第二种保护措施，即在被保护设备附近装设氧化锌避雷器的基础上，同时采取在高压架空进线上架设避雷线的方式进行防护。

对于站内设备的雷电侵入波防护，风电场升压变电站与电网变电站要求基本相同。值得注意的是，针对出线间隔设备的雷电侵入波防护，对于电网变电站而言，其线路出口是否安装氧化锌避雷器通常按以下设计标准进行考虑："对符合以下条件之一的敞开式变电站，应在 110~220kV 进出线间隔入口处加装金属氧化物避雷器：①变电站所在地区年平均雷暴日大于等于 50 或者近 3 年雷电监测系统记录的平均落雷密度大于等于 3.5 次/(km²·年)；②变电站 110~220kV 进出线路走廊在距变电站 15km 范围内穿越雷电活动频繁，平均雷暴日数大于等于 40 日或近 3 年雷电监测系统记录的平均落雷密度大于等于 2.8 次/(km²·年)的丘陵或山区；③变电站已发生过雷电波侵入造成断路器等设备损坏；④经常处于热备用运行的线路。"也就是说，对于电网变电站，只有满足上述要求，才需要在 110~220kV 进出线间隔入口处加装金属氧化物避雷器，否则可以不予装设。

但对于风电场升压变电站来说，在考虑上述要求的基础上，还应充分认识到送出线路间隔对于风电场送出的重要性。目前我国风电工程送出不考虑"N-1"的送出方式，都是按照实际容量进行送出线路设计，送出间隔设备一旦损坏，将造成整个项目无法送出，带来重大的发电量损失，因此保持送出间隔设备的长期高可靠性就尤为重要，可以通过在送出线路出口设置氧化锌避雷器，以确保出线设备（主要指线路 TV、出线 DS）在线路停运期间不会由于受到线路侧的雷电侵入波影响而损坏，从而满足风电场升压变电站可靠送出要求。

在进行风电场升压变电站雷电侵入波防护设计时，除满足常规变电站设计要求外，还应结合风电场升压变电站的特点和需求，充分分析出线间隔设备对于风电场送出的重要性，在出线间隔出线 DS 外侧设置氧化锌避雷器对出线设备进行保护，从而提高出线设备的可用性，为风电场的顺利送出提供保障。

2）接地。风电场升压变电站与电网变电站除在建设规模、系统定位及标准化程度等方面有其自身特点外，整体设计思路和技术要求基本相同。在升压变电站内，不同用途和不同额定电压的电气装置或设备，均使用一个总的接地网，升压变电站的接地网普遍采用水平接地网与垂直接地体相结合的复合接地网。

电网变电站大部分在城市周边进行建设，加上目前电力设备可靠性均很高，运维人员一般不需大量、长期在站内驻守，因此在变电站内对人员生活相关的设施建设要求不高。但风电场升压变电站则不然，特别是大型风电基地的风电场升压变电站，一方面，很多升压变电站均建设在远离城镇的地方，在城市与升压变电站间往返需要很长时间，这就对运维人员的现地驻守提出了一定要求；另一方面，在目前我国风电场的建设水平下，风电场内风电机组、箱式变压器和集电线路均需要较频繁地巡视和维护，再加上通常风电场面积很大，单次巡视需要较长时间（根据风电场规模，从几天到几周不等），因此需要在升压变电站近前建设供运维人员居住的生活设施，也就是通常所说的监控中心。为便于运维人员工作和生活，风电场监控中心与升压变电站基本都是相邻建设，在接地网设计过程中为了充分扩大接地网面积以达到降低升压变电站接地电阻的目的，往往将监控中心接地网扩充为升压变电站整体接地网的一部分，在接触电压和跨步电压分析复核过程中进行统一考虑。升压变电站接地网的接触电压和跨步电压按不超过下列数值考核，即

$$U_{\mathrm{t}} = \frac{174 + 0.17\rho_{\mathrm{s}}C_{\mathrm{s}}}{\sqrt{t_{\mathrm{s}}}} \tag{6-1}$$

$$U_{\mathrm{s}} = \frac{174 + 0.7\rho_{\mathrm{s}}C_{\mathrm{s}}}{\sqrt{t_{\mathrm{s}}}} \tag{6-2}$$

式中　U_{t}——接触电压允许值，V；

U_{s}——跨步电压允许值，V；

ρ_{s}——地表层的电阻率，Ω；

C_{s}——地表层衰减系数；

t_{s}——接地故障电流持续时间。

从式（6-1）和式（6-2）中可以看出，地表层的电阻率 ρ_{s} 的取值对 U_{t} 及 U_{s} 的计算结果有较大影响，当 C_{s} 及 t_{s} 取值固定，ρ_{s} 取值较大时，U_{t} 及 U_{s} 的计算值也相应较大，即接触电压和跨步电压的允许值也较高。ρ_{s} 取值通常根据升压变电站内地面所铺设材料的最小电阻率进行取值，目前风电场升压变电站进行设计时，升压变电站除道路外的地面均要求敷设碎石，ρ_{s} 一般取道路混凝土电阻率和碎石电阻率的较小值。

6.3.4　集电线路研究

6.3.4.1　集电线路电压等级选择

1. 风电场概述

目前我国大型风电场规模基本为 50~200MW，例如：酒泉千万千瓦级风电首批项目

装机容量为 3800MW 的风电场，按装机容量 100～200MW 总计分为 19 个风电场，3 个风电场（600MW）或 2 个风电场（400MW）共建 1 个 330kV 升压变电站，共建 7 个 330kV 升压变电站，风电机组单机容量为 1500～3000kW；哈密二期 6000MW 风电场由 3 个区域共计 25 个风电工程组成，其中单个风电场最大规模为 600MW，最小规模为 100MW，有 8 个项目为风光互补项目，其余为单独的风电工程，风电机组单机容量为 1500～3000kW；其他大型风电场如托克逊、酒泉二期、新疆准东及十三间房风电规划等均基本类似，各风电场装机容量基本上为 50～200MW 或 200～600MW，成片开发，相邻一定装机容量的风电场经集电线路汇集电能后接入汇集站，然后升压接入当地电网或跨省送至用电区。

对于一个 200MW 风电场，一般布置面积为 $4 \times 9 \sim 5 \times 8 km^2$，接入汇集站的每回集电线路长度在 10km 以上，集电线路采用不同的电压等级，所导致的集电线路长度、总费用及电能损耗等均不同，因此要实现风电机组电能合理、经济地汇集并送往汇集站，需确定一个合适的电压等级才能实现。

2. 电压等级选择

（1）各电压等级输送容量与输送距离。根据电力系统的有关资料，可满足大规模风电场电能汇集并送往汇集站的网络电压等级的基本特性见表 6-8。

表 6-8 不同电压等级的基本特性

额定电压/kV	输送容量/MVA	输送距离/km	额定电压/kV	输送容量/MVA	输送距离/km
3	0.1～1	1～3	66	3.5～30	30～100
6	0.1～1.2	4～15	110	10～50	50～150
10	0.2～2	6～20	220	100～500	100～300
20	0.8～5	15～35	330	200～800	200～600
35	2～10	20～50	500	1000～1500	150～850

10kV 电压等级钢芯铝绞线（LGJ）、铝绞线（LJ）经济输送容量见表 6-9。35～220kV 电压等级钢芯铝绞线经济输送容量见表 6-10。

（2）变压器主要参数。根据《20kV 油浸式配电变压器技术参数和要求》（GB/T 25289—2010）及《油浸式电力变压器技术参数和要求》（GB/T 6451—2015），6～110kV 电力变压器基本参数见表 6-11。

表 6-11 中的数据表明，对于 6～10kV、20kV 及 35kV 等级，1600kVA 及 2000kVA 容量的变压器其各自的空载损耗、负载损耗水平是基本相当的；6～20kV 变压器容量最大为 2500kVA，鉴于目前风电机组容量已大于 2.5MW 及以上，6～20kV 等级变压器不适用于风电场工程；66kV 等级变压器容量与目前风电机组升压变压器容量相当，空载损耗水平明显高于 6～35kV 水平，但负载损耗水平则略低。对于 110kV 等级，其变压器容量等级已远超出目前风电场主流风电机组升压变压器容量。根据目前我国对于变压器参数标准而言，110kV 等级显然不宜用于风电机组升压变压器。

（3）集电线路电压等级初选。为选择适用于风电场集电线路的电压等级，将各电压等级的相关特点做进一步分析比较。

表 6-9　10kV 电压等级钢芯铝绞线 (LGJ)、铝绞线 (LJ) 经济输送容量表

最大负荷利用小时数/h

导线截面/mm²	2000 LGJ 电流/A	2000 LGJ 容量/MVA	2000 LJ 电流/A	2000 LJ 容量/MVA	3000 LGJ 电流/A	3000 LGJ 容量/MVA	3000 LJ 电流/A	3000 LJ 容量/MVA	4000 LGJ 电流/A	4000 LGJ 容量/MVA	4000 LJ 电流/A	4000 LJ 容量/MVA	5000 LGJ 电流/A	5000 LGJ 容量/MVA	5000 LJ 电流/A	5000 LJ 容量/MVA
70	119	2.16	101.5	1.85	98	1.78	83.3	1.51	81.9	1.49	70	1.27	95	1.27	60.9	1.1
95	161.5	2.94	137.75	2.5	133	2.42	113.05	2.06	111.15	2.02	95	1.73	95	1.73	82.65	1.5
120	204	3.71	174	3.16	168	3.06	142.8	2.6	140.4	2.55	120	2.18	120	2.18	104.4	1.9
150	255	4.64	217.5	3.96	210	3.82	178.5	3.25	175.5	3.19	150	2.73	150	2.73	130.5	2.37
185	314.5	5.72	268.3	4.88	259	4.71	220.15	4.0	216.45	3.94	185	3.36	185	3.36	160.95	2.93
240	408	7.42	348	6.33	336	6.11	285.6	5.19	280.8	5.1	240	4.36	240	4.36	208.8	3.8
300	510	9.28	435	7.91	420	7.64	357	6.49	351	6.4	300	5.46	300	5.46	261	4.75
400	680	12.37	580	10.5	560	10.18	476	8.66	468	8.51	400	7.27	400	7.27	348	6.33

表 6-10　35~220kV 电压等级钢芯铝绞线经济输送容量表

最大负荷利用小时数/h

导线截面/mm²	2000 电流/A	2000 容量/MVA 35kV	2000 容量/MVA 110kV	2000 容量/MVA 220kV	3000 电流/A	3000 容量/MVA 35kV	3000 容量/MVA 110kV	3000 容量/MVA 220kV	4000 电流/A	4000 容量/MVA 35kV	4000 容量/MVA 110kV	4000 容量/MVA 220kV	5000 电流/A	5000 容量/MVA 35kV	5000 容量/MVA 110kV	5000 容量/MVA 220kV
70	129.5	7.9	24.7		106.4	6.4	20.3		89.6	5.4	17		77	4.7	14.7	
95	175.75	10.7	34.5		144.4	8.7	27.5		121.6	7.4	23.2		14.5	6.3	19.9	
120	222	13.46	42.3		182.4	11	34.7		153.6	9.31	29.3		132	8.0	25.1	50.3
150	277.5	16.8	52.9		228	13.8	43.4		192	11.6	36.6		165	10	31.4	62.9
185	342.25	20.7	65.2		281.2	17	53.6	107.1	236.8	14.4	45.1	90.2	203.5	12.3	38.8	77.5
240	444	26.9	84.6		364.8	22.1	69.5	139	307.2	18.6	58.5	117	264	16	50.3	91.5
300	555		105.6		456		86.9	173.8	384		73.2	146.3	330	20	62.8	114.3

表 6-11　　　　　　　　　　　6～110kV 电力变压器基本参数

电压等级/kV		6～10	20	35	66	110	
1600kVA 三相 变压器参数	空载损耗/kW	1.64	1.66	1.69	2.4	6300kVA 三相 变压器参数	7.4
	负载损耗/kW	14.5	15.95	16.6	14		35
	空载电流/%	0.5	0.6	0.6	1		0.62
	短路阻抗/%	4.5	6	6.5	8		10.5
2000kVA 三相变压器参数	空载损耗/kW	1.94	1.95	1.99	2.8		
	负载损耗/kW	18.3	19.14	19.7	16.6		
	空载电流/%	0.4	0.6	0.55	0.96		
	短路阻抗/%	4.5	6	6.5	8		

1）66kV 电压等级。66kV 电压等级主要应用于东北地区，如应用于风电场集电线路，将会存在以下问题：

a. 从目前该电压等级的标准与配套设备生产能力看，难以满足风电发展的需要。如风电机组升压配电装置，由于风电场常布置在环境条件较差的地区，为尽可能减少运行维护工作量，确保风电场的安全运行水平，风电机组升压配电装置常采用箱式变压器，在改善设备运行环境的同时，也可以进一步提高设备安装速度。从目前我国箱式变压器标准与制造能力看，66kV 箱式变压器在我国应用极少，也无定型产品。

b. 风电机组单机容量相对较小，大批量风电机组采用 66kV 电压来实现电能收集，设备系统容量得不到充分利用，同时集电线路单回所接风电机组台数越多，一旦出现回路事故，受影响的风电机组台数将会越多。

c. 由于电压等级较高，相应地，其风电机组升压配电装置的成本将会大幅增加。

d. 由于集电线路必须连接所有风电机组，风电场内集电线路长度并不会因此而减少，即不会因为电压等级的抬高而降低风电场内集电线路的建设费用，相反由于电压等级的抬高，建设成本会适当增加。

根据以上分析，认为 66kV 及以上电压等级不宜用于风电场集电线路。

2）6～20kV 电压等级。10kV 电压等级在我国应用很广；6kV 电压等级主要应用于青海、甘肃等地区，应用范围不广；而 20kV 电压等级则只是近年来逐步应用于沿海部分省份，并未在全国范围内推广使用。初步分析认为 6～20kV 电压等级存在以下问题：

a. 由于 6～20kV 单回输送容量有限，与 35kV 电压等级相比，由于集电线路回路数的增加导致集电线路长度增加，输送同等容量的前提下，其总长度约为 35kV 的 3 倍。由于 6～20kV 输送容量有限，送电距离较短，可以应用于分布式风电或微电网，直接与当地配网实现连接。

b. 根据计算，集电线路电压等级越低，所产生的损耗、电压降越高。因此对于风电场而言，如采用 10kV 及以下电压等级，将使集电线路回路数、集电线路长度、电能损耗大幅增加。

c. 20kV 电压等级应用不广，目前 20kV 箱式变压器及其配套设备制造尚远不如 35kV 电压等级产品，且运行维护经验不足，由于我国风电场发展迅速，设备需求量极大，20kV 设备供货将难以满足市场需要。

3）35kV 电压等级。35kV 电压等级在我国已得到广泛应用。比如 200MW 风电场，当电压采用 35kV 时，集电线路为 8 回路，平均每个回路容量约 25MW，一回集电线路故障影响面占整个风电场的 1/8，影响面较小，在此单回容量下，单回集电线路长度可以达到 20km，满足压降要求。同时存在以下优点：①其输送容量与输送距离与风电场的布置尺寸相配合，输送距离、连接风电机组台数与该电压等级的输送能力相适应；②集电线路回路数，相对合理，对于一座连接 3～4 个 200MW 风电场的汇集站，集电线路可以得到合理布置；③由于 35kV 电压等级在我国已得到普遍应用，配套设备的生产制造能力能够满足风电大规模发展的需要；④35kV 电压等级应用时间长，运行与维护经验极为丰富，可以适应风电场大规模开发与运行维护的需要。

综合以上各方面因素，由于 6～20kV 电压等级单回输送能力有限，对于风电场将导致集电线路回路数过多；对于 66～110kV 电压等级，由于其单回输送能力得不到充分利用导致集电线路建设成本大幅增加；而 35kV 电压等级在输送能力、设备制造等方面均有较大优势，经济性可以得到较好体现，电能损耗相对较低，因此大规模风电场集电线路电压等级推荐选用 35kV 等级。

3. 电压等级选择实例

根据国内风电规划建设情况，大部分风电场均是以 50MW 的整数倍进行建设的；从目前风电场发展情况看，正在规划中的风电场基本也是以 50MW 的整数倍进行规划的。下面拟按代表性风电场来验证风电场集电线路电压等级的选择。

（1）风电场概况。风电场设计安装 33 台单机容量 1500kW 的风电机组，总装机容量 49.5MW，工程单独新建一座 110kV 升压变电站，升压变电站位于风电场正南侧。

工程年利用小时数按 2000h 计算，年发电量按 1 亿 kW·h 计算。

风电场地貌属平原，地势平缓、开阔。场址区地面海拔在 1120.00～1180.00m。

风电场场址范围 3500m×5000m，风电机组布置如图 6-38 所示。

（2）集电线路方案初拟。工程地形平缓，35kV 杆塔选用门型混凝土杆，门型混凝土杆最大导线可选用 240mm^2 钢芯铝绞线；10kV 杆塔选用混凝土单杆，混凝土单杆最大导线可选用 185mm^2 钢芯铝绞线。根据经济电流密度反算，35kV 线路每串最多可带 17 台 1500kW 风电机组，10kV 线路每串最多可带 4 台 1500kW 风电机组。

风电场范围长约 5km，宽约 1.1km。风电机组单机容量 1500kW，风电机组数量为 33 台，每台风电机组配置一台箱式变压器，风电场输变电系统采取二级升压方式。箱式变压器高压侧可供选择的电压等级有两个方案。

方案一：箱式变压器高压侧采用 10kV 电压等级，共需架设 6 回 10kV 集电线路。

方案二：箱式变压器高压侧采用 35kV 电压等级，共需架设 2 回 35kV 集电线路。

风电场集电线路布置方案如图 6-39 所示。

以上集电线路布置方案主要数据见表 6-12。

（3）主要费用计算与比较。

1）一次投资计算。一次投资主要包括设备造价、安装费用、土建费用，由于当地征地费用较低，因此不考虑征地费用。两方案一次投资比较见表 6-13。

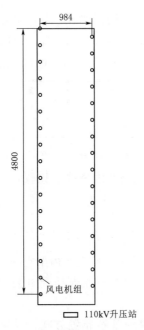

图 6-38 某风电场风电机组
布置图（单位：m）

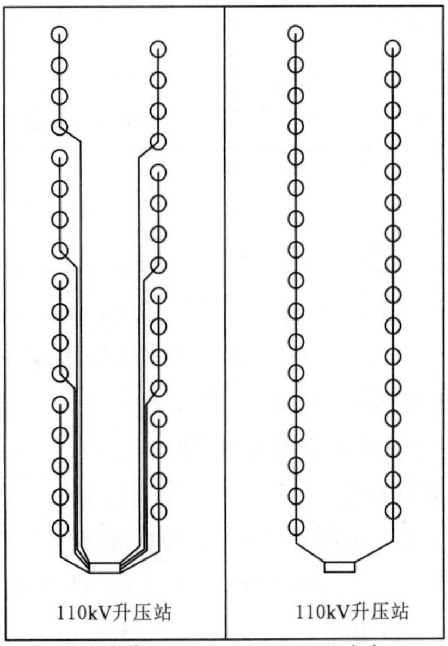

图 6-39 风电场集电线路布置方案图

（a）方案一　　　（b）方案二

表 6-12 集电线路布置方案主要数据

项　目		方　案　一	方　案　二
线路回路数/回		6	2
架空线路长度/km		28	11
电缆长度/km	10kV，3×95mm²	2.01	
	10kV，3×185mm²	2.4	
	35kV，3×70mm²	—	2.01
	35kV，3×240mm²	—	0.8

表 6-13 两方案一次投资比较表

序号	参　数		单价	方案一（10kV）		方案二（35kV）	
				数量	价格/（万元）	数量	价格/（万元）
一、主要设备投资							
1	箱式变压器	10kV，1600kVA	15 万元/台	33 台	495		
		35kV，1600kVA	18 万元/台			33	594
2	电缆	10kV，3×95mm²	17 万元/km	2.01km	34.2		
		10kV，3×185mm²	30 万元/km	2.4km	72		
		35kV，3×70mm²	22 万元/km			2.01km	44.3
		35kV，3×240mm²	46 万元/km			0.8km	36.8
3	架空线路	10kV，混凝土单杆	12 万元/km	28km	336		
		35kV，混凝土单杆	28 万元/km			11km	308
二、安装费				90 万元		101 万元	
三、土建投资							
1	箱式变压器基础工程		1 万元/台	67 台	67	67 台	67
投资合计/万元				1094.2		1151.1	
投资差额/万元				56.9			

注：1. 架空线路造价已包含材料安装等费用。

　　2. 安装费按设备（箱式变压器、电缆）造价的 15% 计列。

2）经济指标综合比较。对类似布置的100MW风电场进行比较，其经济指标综合比较见表6-14。

表6-14 　　　　　　　　　　　　经济指标综合比较表　　　　　　　　　　　单位：万元

项　目	方案一	方案二	项　目	方案一	方案二
一次投资	2101	2180	合计	14161	4568
运行期损耗损失费	12060	2388	差额	9539	

根据对比可得，虽然10kV及35kV在一次性投资方面水平相当，但10kV基地线路在运行期损耗产生的损失费远大于35kV电压等级，因此通过经济技术比较，风电场集电线路电压等级推荐选用35kV等级。

6.3.4.2　集电线路布置基本方案

1. 集电线路概述

（1）风电场一般接线方式。风电机组经升压变压器升压后接至场内架空线路，与变压器采用"一机一变"单元接线方式，用1kV电缆连接。风电机组升压配电装置与集电线路连接如图6-40所示。

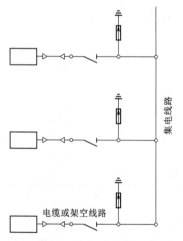

图6-40　风电机组升压配电装置
与集电线路连接

（2）集电线路构成的基本布置方式。风电场集电线路一般包括风电机组升压变压器引出至集电线路杆塔段、集电线路段、集电线路升压站侧终端杆至升压站内35kV配电装置段几部分。

1）风电机组升压变压器引出至集电线路杆塔段。从风电机组升压变压器引出的方式有以下两种：

a. 35kV电力电缆上引方式，即35kV电力电缆引出后直埋至隔离开关或跌落式熔断器。这种方式布置灵活，可以适应不同风电机组升压配电装置布置位置方式、集电线路杆塔布置位置的相互配合，尤其在地形条件不好的风电场，可以结合地形条件合理布置升压配电装置与线路杆塔，以减少土石方开挖与回填。35kV电力电缆上引方式如图6-41所示。

b. 箱式变压器架空接入集电线路方式，即35kV架空线路引出后架空连接至隔离开关或跌落式熔断器。这种方式可以适应于敞开式升压配电装置布置，或箱式变压器采用套管出线方式。采用这种方式一般要求地形条件比较好，风电机组布置比较规矩，以适应风电机组升压配电装置、集电线路、风电场道路与风电机组之间的协调布置，否则升压配电装置布置相对比较困难。此方式目前应用相对较少，尤其在山区不宜采用。箱式变压器架空接入集电线路方式如图6-42所示。

2）集电线路段。集电线路段主要包括电力电缆方式和架空线路方式。

3）集电线路升压变电站侧终端杆至升压变电站内35kV配电装置段。本段一般包括以下两种方式：

a. 采用电力电缆自架空线路引下经直埋或电缆沟进入35kV配电装置，绝大部分风电场采用本方式。本方式对集电线路布置、升压变电站各电压等级配电装置布置无严格要求，布置灵活。

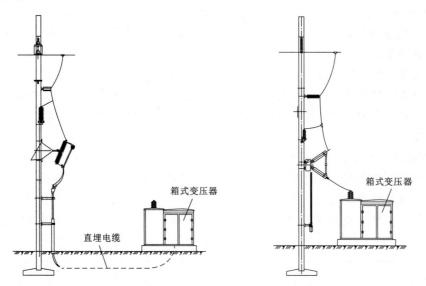

图6-41 35kV电力电缆上引方式　图6-42 箱式变压器架空接入集电线路方式

b. 采用架空线方式接入升压变电站内35kV配电装置。本方式费用较低，但是集电线路终端塔必须与35kV配电装置间隔布置相对应。由于大型风电场集电线路回路数一般较多，集电线路终端杆布置相对困难，本方式只是少量用于小型风电场，大型风电场难以应用。

2. 集电线路方案比选

由于各风电场所处的地理位置、地形地质条件以及气象环境条件等均不太相同，而不同的地形地质条件以及气象环境条件均会导致集电线路的建设费用差异很大，如对于一般风速与气象地区，选用一般杆塔均能满足使用要求，造价均可以在合理范围内；但是对于高风速区或中冰区、重冰区等条件比较恶劣的情况，为合理降低造价，同时满足风电场与集电线路安全运行要求，有必要根据其气象环境、地形地质条件等对风电场集电线路基本方案进行比选，以确保集电线路的经济性与安全性。

（1）集电线路布置方案概述。集电线路布置一般包括电缆布置方案、架空线路布置方案以及包含前述两种布置方案的混合布置方案。

对于电缆布置方案，电缆型式包括铜芯电缆、铝合金电缆等，主要应用于不宜采用架空线路的区域，如基本设计风速超过35~40m/s、重冰区等；对于架空线路布置方案，包含水泥杆塔型、铁塔塔型及包含前两种塔型的混合塔型方案，如无特殊要求与地域环境，一般均可采用架空线路方案；混合布置方式主要由于地形条件、海拔因素、造价以及风电场不同区域属性不同，要求部分地段采用架空线，有些地段因属于中冰区、重冰区、风景区、线路走廊受限等而采用电缆方案。

（2）集电线路布置方案比选。对于不同的地形地质与环境气象条件，电缆布置方案或架空线路布置方案具有明显的差异。

1）一般地形地质与环境气象条件。对于一般地形地质与环境气象条件，电缆方案、架空线路方案从技术角度都可以满足项目要求。经统计，架空线路方案造价约为 28 万元/km；对于电缆方案（按 50MW 风电场 2 回线路，电缆选用 YJY22 - 26/35kV - 3×240mm²），则造价约为 55 万元/km。显然对于一般地形地质条件与环境气象条件，宜选用架空线路方案。

对于电缆方案，如果选用铝合金电缆，造价约为 38 万元，单价依然高于架空线路方案，考虑电缆方案需大量开挖电缆沟道，环境破坏重于架空线路方案，因此对于一般地形地质条件与环境气象条件，若无环境特殊要求时，从经济与环保各方面考虑，推荐选用架空线路方案。

2）中冰区、重冰区。在设计风速超过 35～40m/s 与中冰区、重冰区，为了适应环境条件对杆塔强度的要求，对杆塔需进行加强。杆塔在不同覆冰厚度下的荷载见表 6 - 15，可以看出杆塔荷载随导线和杆塔覆冰厚度的增加而大幅度增大。覆冰厚度由 10mm 增加至 50mm 时，杆塔垂直荷载增加为 10mm 覆冰厚度时的 5.4 倍，纵向荷载增加为 13 倍。

表 6 - 15　　　　　　　　　杆塔在不同覆冰厚度下的荷载

荷载类别	覆　冰　厚　度/mm					
	10	15	20	30	40	50
垂直荷载/%	1.00	1.30	1.75	2.70	4.00	5.40
水平荷载/%	1.00	1.20	4.80	6.40	7.90	9.30
纵向荷载/%	1.00	2.00	3.40	6.00	10.20	13.00

据有关资料，西南地区部分重覆冰区线路设计耗钢指标对比见表 6 - 16。

表 6 - 16　　　　　西南地区部分重覆冰区线路设计耗钢指标对比　　　　　单位：t/km

工程名称	电压	设计冰厚			备　注
		10mm	20mm	30mm	
南桠河-九里线	220kV	13.96	27.10	37.20	导线 1×400mm²
天贵线	500kV	27.40	50.90	71.70a	导线 1×400mm²
二自Ⅰ回	500kV	44.00	77.30	160.90	导线 1×400mm²

注：实际设计条件为 20mm 设计，40mm 验算。

不同覆冰厚度在相同电压等级下输电线路造价水平见表 6 - 17，可以看出，当覆冰厚度增加时，铁塔的造价将大幅增加，如覆冰厚度增加到 30mm 时，线路的造价水平将达到 10mm 时的 2.39 倍。

表 6 - 17　　　　　不同覆冰厚度在相同电压等级下输电线路造价水平

覆冰厚度/mm	10	15	20	30	40	50
塔材耗量比	1.00	1.26	1.80	3.10	4.48	5.86
造价比	1.00	1.12	1.57	2.39	3.30	4.40

3）高风速地区。从杆塔风荷载的计算可知，基准风压标准值为

$$W_0 = V_0^2/1600 \tag{6-3}$$

式中　W_0——基准风压，kN/m^2；

　　　V_0——基本风速，m/s。

因此当风速从 $25m/s$ 增加到 $30m/s$ 时，风压将增加到原来的 144%；而风速从 $30m/s$ 增加到 $35m/s$ 时，风压将增加到原来的 136%，显然风压增加明显。风压随风速增加倍数见表 6-18。根据国家电网公司《风电场电气系统典型设计》，风速从 $25m/s$ 增加到 $30m/s$ 时，直线塔重量相应增加 $30\%\sim40\%$，转角 J1 型塔则由于角度力的占比较大，杆塔重量增加 $4\%\sim8\%$；当风速从 $30m/s$ 增加到 $35m/s$ 时，直线塔重量相应增加 $10\%\sim25\%$，转角 J1 型塔杆塔重量增加 $4\%\sim8\%$。因此随着风速的增加，铁塔的重量将会大幅增加，铁塔结构也相应更加复杂。

表 6-18　　　　　　　　　　风压随风速增加倍数

风　　速/(m/s)	25→30	25→35	25→40
风荷载增加倍数	1.44	1.96	2.56

集电线路基本布置方案有电缆布置、架空线路布置两种方式，应当结合地形地质条件、环境气象条件进行选择。对于重冰区或风速大于 $35m/s$ 等极端环境条件，由于此时冰荷载、风荷载偏大，适应的典型设计塔型偏少，同时为了降低造价，确保风电场与集电线路的安全运行，建议选用电缆方案。

电缆型式一般可以考虑铜电缆或铝合金电缆。其中，随着铝合金电缆及其专用连接金具在我国的普及，铝合金电缆已大范围使用。

3. 集电线路回路数比选

大型风电场风电机组台数较多，分布面积较大，风电机组的不同串接方式、每条线路串接的容量大小不同，均会导致集电线路长度及其费用存在较大差异，因此有必要进行集电线路回路数及其布置比选，以合理控制造价。

集电线路回路数的选择与很多方面的因素相关，如电压等级、风电机组布置、汇集站/升压变电站的布置位置、回路输送容量、地形地质条件以及升压站布置位置等，因此对风电场进行集电线路选择时应进行全面比选，以确定合理的集电线路回路数。

（1）电压等级对集电线路回路数的影响。如前所述，经技术经济等各方面比选认为，对于大型风电场而言，相比 20kV 及以下、66kV 及 110kV 电压等级，35kV 电压等级更为合适；10kV、20kV 电压等级将导致集电线路回路数大幅增加，其长度也会大幅增加，集电线路的建设费用要高于 35kV 电压等级；而 66kV 与 110kV 电压等级，由于其输送容量较大，集电线路回路数可以减少，但是由于必须收集所有风电机组电能，即其集电线路长度和 35kV 电压等级相比，所减少的集电线路长度极为有限，相反由于电压等级偏高，将带来辅助设备系统费用大幅增加，因此其经济性远不如 35kV 电压等级。

（2）风电机组布置对集电线路回路数的影响。合理而经济的集电线路布置应考虑风电机组布置，数据表明，当风电机组布置方式与集电线路规划布置相一致时，非风电机组之间的连接线应尽可能短或没有，集电线路的长度最短；而当风电机组布置方式与集电线路规划布置不一致时，则应对比不同回路数布置方案，合理选择集电线路布置路径与回

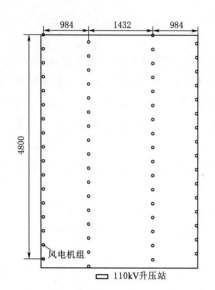

图6-43　风电场风电机组布置图（单位：m）

路数。

（3）汇集站布置位置对集电线路回路数的影响。对于图6-43所示风电场，汇集站位置离风电场较远，集电线路回路数越少，集电线路长度越短，集电线路的输送能力越高，效益更好。风电场风电机组布置如图6-43所示。

（4）回路输送容量对集电线路回路数的影响。集电线路回路数越少，对于一定装机容量的风电场，其单回输送容量越大，一旦该回路出现故障跳闸，停运的风电机组容量就越大，因此集电线路的可靠性会有所降低。如100MW的风电场，按6回集电线路布置时，若单回线路故障，最大停运容量为18MW；而当按4回线路布置时，若单回线路故障，最大停运容量为25MW。但是随着风电场设备水平、装置质量与运营水平的提高，线路故障概率将会越来越低。鉴于风电场工程年利用小时数不高，因此在进行集电线路回路数选择时不作为主要因素考虑。

（5）地形地质条件对集电线路回路数的影响。由于地形地质条件的限制，有的风电场风电机组布置无规律，集电线路根据风电机组分区进行布置，有可能出现回路容量不平衡的情况，这时需考虑以下两方面的问题：

第一，回路容量增大后，需在考虑风能资源的季节性、土壤温度及空气最高气温等前提下，复核导线、电缆截面容量是否能够满足电能输送要求。

第二，对于50MW风电场，升压变电站一般设置一台主变压器，回路容量不同不影响升压变电站主变压器配置，只对35kV配电装置参数选择产生影响；对于100MW及以上风电场，或者主变压器按多台配置时，集电线路回路数与容量配置则必须与升压变电站电气主接线相对应，否则就会出现容量不平衡问题。

（6）升压变电站布置位置对集电线路回路数的影响。按升压变电站就近布置在风电场附近与远离风电场布置两种情况考虑。

1）升压变电站就近布置在风电场附近。如图6-44所示，若风电机组布置为4列，集电线路按4回布置时长度为25km，按6回布置时长度为32.4km，6回集电线路布置比4回时长了7.4km，集电线路长度增加了29.6%，按单价28万元/km计算，相当于增加费用207.2万元。但是当调整风电机组布置方式，风电机组布置由原来的4列调整为6列（图6-45），集电线路还是6回，此时集电线路长度约28.3km，相比图6-44

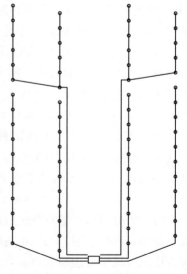

图6-44　风电场布置方式一

的布置方式，集电线路长度还是增加了 3.3km，增加了约 13.2%。而按 4 回布置时，集电线路长度为 26.8km（图 6-46）。

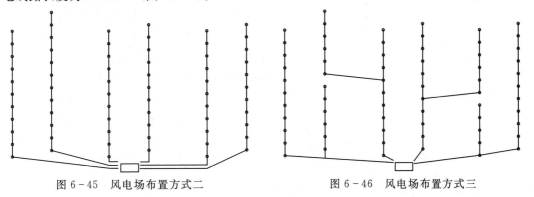

图 6-45 风电场布置方式二   图 6-46 风电场布置方式三

针对前述不同风电机组布置列数、不同回路数布置，集电线路长度变化情况见表 6-19。

表 6-19 集电线路长度变化情况

风电机组布置列数/列	4	6	风电机组布置列数/列	4	6
集电线路 4 回/km	25	26.8	差值/km	7.4	1.5
集电线路 6 回/km	32.4	28.3			

表 6-19 数据表明，即便升压变电站布置在风电场附近，在风电机组按 4 列或 6 列布置时，集电线路回路数越少，集电线路长度就越短，但是少到一定程度，对集电线路长度的影响就会降低，如对于 4 列风电机组布置，集电线路减到 2 回布置，集电线路长度只相差约 1km。

2) 升压变电站远离风电场布置。对于大型风电基地，每个风电场的装机容量一般为 100~200MW，因此可能有多个风电场接入汇集站，这样汇集站很可能距离风电场边线有 3~10km 的距离；对于山区风电场，有时为了运行方便，或由于地形条件限制，升压变电站离风电场集电线路最末一台风电机组将很远（图 6-47）。

对于一个 50MW 的风电场，如果原计划布置 3 回集电线路，但对于山区，由于地形条件不好，则通常采用铁塔，集电线路按 1 条双回路与 1 条单回路布置；如果这时集电线路结合风电机组布置按 2 回布置，则线路长度可以节省 1 条单回路线路，将大大降低造价，效益明显。多个风电场接入同一汇集站布置如图 6-48 所示。

4. 架空集电线路导线选择

（1）概述。风电场采用集电线路的目的就是收集风电场内所有风电机组所发电能，然后送往升压变电站，经升压后送往电力系统。因此集电线路应当依据风电场风电机组的布置，经合理分组及综合考虑地形地貌等条件后按线路设计要求进行布置，随着集电线路汇集的风电机组数量不同，各段集电线路所流过电流也是不同的，因此各段集电线路导线的截面也是不同的。

根据《66kV 及以下架空电力线路设计规范》（GB 50061—2010）要求，架空线路的导线可采用钢芯铝绞线或铝绞线，地线可采用镀锌钢绞线。在沿海和其他对导线腐蚀比较严重的地区，可使用耐腐蚀导线。风电场架空集电线路属于一般新建工程，一般选用常规的钢芯铝绞线，其他如耐热合金导线、碳纤维导线等可根据工程实际情况选用。

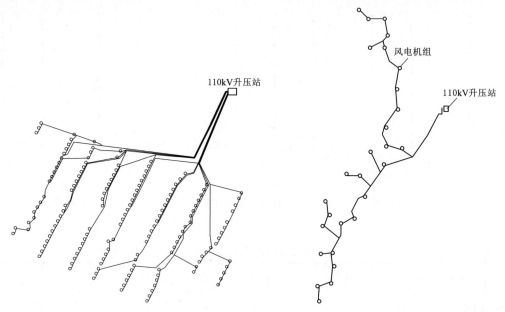

图6-47   风电场布置方式四　　　　图6-48   多个风电场接入同一汇集站布置

（2）集电线路计算电流与连接风电机组台数。采用架空线路时，在正常环境温度条件下，不同规格的钢芯铝绞线所能连接的风电机组台数见表6-20。

表6-20 不同规格的钢芯铝绞线所能连接的风电机组台数

导线型号	导线温度 /℃	导线载流量 /A	风电机组单机容量/kW	1500	2000	2500	3000
			风电机组计算电流/A	26.05	34.73	43.41	52.09
LGJ-70	70	194	可连接风电机组台数/台	7	5	4	3
LGJ-95/20		253	可连接风电机组台数/台	9	7	5	4
LGJ-120/25		265	可连接风电机组台数/台	10	7	6	5
LGJ-150/25		331	可连接风电机组台数/台	12	9	7	6
LGJ-185/30		373	可连接风电机组台数/台	14	10	8	7
LGJ-210/25		405	可连接风电机组台数/台	15	11	9	7
LGJ-240/30		445	可连接风电机组台数/台	17	12	10	8
LGJ-70	80	232	可连接风电机组台数/台	8	6	5	4
LGJ-95/20		277	可连接风电机组台数/台	10	7	6	5
LGJ-120/25		315	可连接风电机组台数/台	12	9	7	6
LGJ-150/25		407	可连接风电机组台数/台	15	11	9	7
LGJ-185/30		460	可连接风电机组台数/台	17	13	10	8
LGJ-210/25		501	可连接风电机组台数/台	19	14	11	9
LGJ-240/30		552	可连接风电机组台数/台	21	15	12	10

续表

导线型号	导线温度/℃	导线载流量/A	风电机组单机容量/kW	1500	2000	2500	3000
			风电机组计算电流/A	26.05	34.73	43.41	52.09
LGJ-70	90	266	可连接风电机组数/台	10	7	6	5
LGJ-95/20		319	可连接风电机组台数/台	12	9	7	6
LGJ-120/25		365	可连接风电机组台数/台	14	10	8	7
LGJ-150/25		469	可连接风电机组台数/台	18	13	10	9
LGJ-185/30		531	可连接风电机组台数/台	20	15	12	10
LGJ-210/25		579	可连接风电机组台数/台	22	16	13	11
LGJ-240/30		639	可连接风电机组台数/台	24	18	14	12

从表 6-20 可以看出：

1）对于钢芯铝绞线，一般导线有 3 个温度限值，不同导线温度，其载流量差异较大。

2）我国的风能资源分布在不同区域差别较大，集电线路导线应当根据其风能特性来选取。

若风能特性好，年利用小时数较多，如超过 3000h 时，则风电场出现满功率运行的时间较长，根据实际项目调研情况，在某些季节甚至全天都可能出现满功率运行状态，因此导线截面应考虑按导线温度 70℃ 选取。而年利用小时数较少时，可以参照当地已运行风电项目的运行数据确定导体截面选型。

（3）架空集电线路导线连接风电机组容量计算。对于风电场而言，考虑到尽量减少导线规格以便于导线采购及安装。表 6-21 列出了三种导线在不同导线温度时，导线最大的接入风电机组容量。

表 6-21　　　　　　　　　　导线最大的接入风电机组容量　　　　　　　　单位：kW

导线规格	导线温度		
	70℃	80℃	90℃
LGJ-95/20	14000	15000	18000
LGJ-150/25	18000	22500	27000
LGJ-240/30	25500	31500	36000

6.3.4.3　电缆选择

风电场集电线路在以下几种情况下将用到高压电力电缆：①地形复杂，风电机组升压变压器不利于采用套管出线时，为方便升压配电装置及集电线路的布置，风电机组升压变压器常采用电缆引出经隔离开关或跌落式熔断器接入集电线路；②主变压器 35kV 配电装置采用开关柜布置时，集电线路在升压变电站侧终端杆常采用电缆引下经直埋或电缆沟接入 35kV 开关柜；③由于风电场设计风速较高或中冰区、重冰区，为确保风电场的安全运行，集电线路选用电力电缆。

1. 风电场风能资源特性与环境温度

风电场风能资源特性与环境温度是电缆截面选型的主要依据，为了便于合理选择电缆相关导体截面，下面列出几个典型区域风电场的年出力特性与日出力特性，据此分析最大出力的时间分布特点，以便于合理选择导体载流量、计算温度校正系数。

(1) 酒泉风电基地日特性。根据有关资料对酒泉风电基地各季节的出力特性进行分析，酒泉风电一年四季都呈现夜间风大、白天风小的特点，其中 8：00—18：00 风电出力小，18：00 到次日 8：00 风电出力较大。此外，从最大值出现的时段来看，除秋季的最大值出现在 6：00—8：00 外，其他三个季节的最大值均出现在 0：00—3：00，此时正是负荷较低的时段。

(2) 青海电网风电场出力特性。根据有关资料对大柴旦风电场风能资源特性进行分析，其大风月在 3—5 月，其中 3 月中旬到 4 月中旬期间风速和风功率密度达到最大，小风月为 8 月至次年 2 月，其中 1 月最小；大柴旦风电场日风速、风功率密度最大时刻为 17：00—22：00，白天相对傍晚风速和风功率密度均较小。

都兰县诺木洪风电场的大风月为 3—5 月，其中 3 月中旬到 4 月中旬期间风速和风功率密度达到最大，小风月为 10 月至次年 1 月，其中 9 月末至 10 月最小；诺木洪风电场风速日内变化不是很明显，在零时刻逐步降低，至 10：00 又开始逐渐回升。

通过对相关风电场年小时数出力数据统计，其年满出力和零出力分别仅占全年小时数的 1.1% 和 13.7%。

(3) 东北电网风电场出力特性。根据有关资料对东北某省风电场出力特性进行分析，各季度各时段发电量曲线走势大体相同，但峰谷时段会有一定偏移，尤其是第三季度较为明显。

从各季度平均值的变化可以看出，第二季度最大，即出力水平最高，而第三季度最小，即出力水平最低。从日出力水平看，最大值出现的时段均在 12：00 以后，且第三季度与第四季度均出现在 22：00—23：00 这个时间段内。最小值出现时间始终是在 12：00 以前。

(4) 江苏风电场出力特性。江苏沿海风电场风能资源分布有明显的季节性差异，风速的季节变化直接造成了风电场出力的季节性差异。冬季（12 月至次年 2 月），受频繁的冷空气或寒潮影响，常常造成大风、降温天气，风速较大，风能较为丰富，为年内最大；春季（3—5 月），大气环流向夏季过渡，江淮气旋增多，大风日数较多，风能资源最为丰富；夏季（6—8 月），受稳定少变的西太平洋副热带高压控制，天气炎热，虽偶有热带气旋、强对流天气影响，但总体平均出力相对较小；秋季（9—11 月）天气稳定，秋高气爽，风速较小，风电场出力较少，为年内最小。

(5) 陕西某风电场出力特性。陕西某风电场，根据 2014 年 1—7 月满出力运行情况，其满出力运行的时间全部出现在 20：15 至次日 10：00。

从以上不同区域风电场出力情况看，酒泉风电基地全年白天的出力一般小，而晚上的出力较大；青海电网风电场与酒泉风电基地相似，白天相对傍晚风速、风功率密度均较小；东北电网风电场高出力普遍出现在 12：00 以后，但是年最大出力出现在气温不算高的第二季度；而江苏风电场在冬季出力较大，夏、秋季节风电出力较少。陕西某风电场最高出力出现在晚上到第二天早上。

根据以上初步分析，风电场高出力一般出现在气温相对偏低的时段，而气温相对高时，风电场的出力较低。因此电缆选择计算时充分考虑该因素，以合理选择截面。

2. 电缆导体选择

（1）概述。电缆导体一般包括铜导体、铝导体及铝合金导体。我国自 1957 年开始提出了"以铝代铜"的方针，开始逐步对电线电缆行业的产品结构进行调整和改革，至 1973 年，我国电工行业开发了铝绞线和铝芯绝缘电线电缆等铝导体产品，铝质导体的用量占金属导体总用量的比例超过 60%。

受制于材料特性和相对落后的整体装备和生产工艺，纯铝作为电线电缆导体材料在电力系统应用过程中暴露出许多不足，如机械强度低、易折断损伤、铜和铝的连接处易发生电化学腐蚀，使得连接处接触电阻增大，由于铜铝过渡接线端子接续不够可靠，易发生过热现象引发火灾，难以保证电力系统的安全性。

浙江电网所辖 10～35kV 配电网中铝芯电缆只占该电压等级电缆的 7.99%，但在 3 年左右的运行记录中共发生铝芯电缆故障停运 29 次。故障中间接头故障占故障的 65.52%，除 1 次外力破坏外，其余 18 次均为接头击穿；其他故障包括电缆终端故障、外力破坏、施工等原因。初步分析认为，其主要原因是铝导体本身的机电特性导致大截面铝芯电缆的中间接头施工工艺还不能满足实际需求。因此配电电缆首先必须选择合适的导体以满足实际工程的需要。

随着我国经济的快速发展与国人对安全问题的日趋重视，相关国家规范在此背景下，把工业与民用配电电缆调整为铜芯线缆。近年来，受制于铜资源的储量和价格，铜芯电缆的制造成本始终高居不下，原材料成本对电线电缆制造商和整个电线电缆行业形成了很大的压力。随之而来的是，粗制滥造、以次充好、偷工减料的现象频有发生，不合格和劣质的铜质导体电缆给人民生活、生产埋下了安全隐患。

随着铝质导体制造工艺的不断完善、生产装备的不断改良、铜铝过渡端子质量大幅提高，铝导体得到了越来越广泛的应用，铝合金导体电缆在风电工程也得到了大量应用。

（2）铜电缆与铝合金电缆的基本特性。铜导体具有良好的导电性能和机械性能，优于铝导体，且铜的直流电阻率大约是铝的 1.64 倍（20℃）。

铜、铝、铝合金的金属物理、力学特性对比见表 6-22 和表 6-23。

表 6-22 铜、铝、铝合金的金属物理特性对比

导 体 特 性		铜	铝		铝合金
		软态	硬态	软态	
物理性能	密度/(g/mm³)	8.89	2.03	2.703	2.710
	熔点/℃	1083	660	660	660
	溶解热/J	51	95	95	95
	线膨胀系数	$17×10^{-6}$	$23×10^{-6}$	$23×10^{-6}$	$23×10^{-6}$
	电阻率/(Ω·mm²/m)	0.0172	0.0283	0.0274	0.0279
	电阻温度系数（0～100℃）	0.00393	0.00403	0.00403	0.00403
	电导率/%	100	61	63	61～63
	地壳中的储量	<0.01%	8%	8%	8%

表 6 - 23 铜、铝、铝合金的金属力学特性对比

导体特性	铜	铝		铝合金
	软态	硬态	软态	
抗拉强度/MPa	220～270	160～200	60～90	100～160
屈服强度/MPa	60～80	70～90	20～30	50～80
伸长率/%	30～45	0.5～2.0	20～30	10～30

从表 6 - 22、表 6 - 23 可知，硬态铝的伸长率很低，表现在电缆应用上就是其柔韧性很差，在反复弯折时容易损伤或折断，因此很多重要的易燃易爆场所限制硬态铝线的应用。软态铝线的伸长率比硬态铝大幅提高，但是其屈服强度只有铜的一半，抗蠕变性较差，安装一段时间后，连接处容易松弛，造成接触电阻增大，造成线路安全运行的隐患。

对铜、铝及铝合金导体的主要技术指标比较如下：

1）电导率。用相同规格的电缆作比较，铝合金导体的电导率为铜材的 61%。但在同样体积下，铝的实际重量大约是铜的 1/3，在满足相同导电性能的前提下，相同重量的铝合金电缆的长度是铜电缆的两倍。因此，铝合金电缆的重量是同样载流量的铜电缆的一半。使用铝合金电缆替代铜电缆，可以减少电缆重量，降低安装成本，减少设备和电缆的磨损，降低安装工作量。

2）抗蠕变性能。相比铝导体，铝合金减少了金属在受热和压力作用下的"蠕变"倾向。铝合金电缆的电气连接的稳定性与铜电缆相当。

3）热膨胀系数。使用铜铝过渡端子作为铝合金电缆与接线铜排的连接方式，易用性和稳定性很好，能够通过 1000 次热循环试验。

4）连接性能。铝合金电缆的连接性能良好，不必也不应经常紧固。

5）柔韧性能。铝合金导体比铜柔韧，有很好的弯曲性能，更容易进行端子连接。

综合以上情况，铜电缆与铝合金电缆性能比较见表 6 - 24。

表 6 - 24 铜电缆与铝合金电缆性能比较

型号	铜电缆	铝合金电缆	铝合金电缆的优越性
材质	Cu	Cu、Al、Mn、Mg、Ti、Cr、Zn、Fe、Si	工艺复杂
电导率	103.1%	82%	相同截面比铜电缆低，放大一个截面和铜电缆相同
设计使用年限	30 年，交联聚乙烯	40 年，陶氏化学交联聚乙烯	寿命更长
温度范围	-15～90℃	-40～90℃	适用环境宽
安全性能	无卤，低烟，阻燃	低烟，无卤，阻燃	安全要求高
低烟性	透光大于 60%	透光率大于 99%	接近无烟，大大优于国产铜电缆
环保要求	含铅、镉等重金属	不含任何重金属	环境友好性，环保性能好
适用标准	GB，IEC	GB，IEC，ANSI，NEC	

续表

型 号	铜 电 缆	铝合金电缆	铝合金电缆的优越性
铠装形式	非自锁型铠装	高柔性自锁型铠装	减少施工难度，降低人工成本
弯曲半径	15D	7D	增加施工灵活性
抗疲劳强度	优	比铜电缆高25%	优于铜电缆
柔韧性能	优	比铜电缆高25%	优于铜电缆
电缆总重量	重	比铜电缆轻50%	降低施工强度，减少施工时间
抗水侵蚀能力	一般	强	防水，增强产品的寿命和可靠性
抗紫外线能力	可选	强	更强的抗老化性能，增强产品的寿命和可靠性
电压降	低	较高	同截面电压降高，通过增大截面电压降可达到相同
抗拉强度	优	优	相对强度优于铜电缆
防腐性能	优	优	更强的防腐蚀性能
反弹性能	高	比铜电缆低40%	优于铜电缆
生产企业	多，杂，质量不一	生产企业较少	
节能减排要求	消耗能量大，产生的碳排放大	消耗的能量小于铜，产生的碳排放小	节能，低碳，符合国家政策（降低碳排放80%）
防盗	铜材易被盗	铝合金的回收价值远低于铜	铝合金电缆被盗风险低

基于实际运行状况，影响铝电缆应用的主要问题在于其接头处在长期工作或频繁通断电状态下，无法保持良好的连接状态。通过压蠕变试验研究，认为铝合金导体的抗压蠕变性能明显优于纯铝导体；与铜相比，铝合金电缆的物理、力学性能可以满足安全可靠的要求，且铝合金导体柔韧性优于铜，有良好的弯曲性能，安装时有更小的弯曲半径，更容易进行端子连接。

目前配电网应用的中压电缆大多都是铜电缆。据行业统计，2014年我国电线电缆每年总产值已达到一万亿元，其中约90%的电力电缆均为铜电缆，铝及铝合金电缆只占市场的10%左右。由于我国铜资源短缺，每年有超过60%的铜资源依靠进口，而电缆行业就消耗了50%以上的铜资源；而我国的铝资源探明储量约有30亿t，远多于铜。2021年我国电解铝年产能已超过3850万t，已远高于市场需求。近几年来，铜的价格始终都是铝价的3～4倍，所以铜电缆的大量使用，造成配电网建设投资成本巨大，也不利于我国铝资源的充分利用。若在解决纯铝导体电缆的缺陷的基础上，能合理利用铝资源，科学选用铝电缆或铝合金电缆，则可在满足电气性能要求的同时降低电网的建设成本，充分科学利用国内铝资源。

3. 35kV电缆额定电压选择

《电力工程电缆设计标准》（GB 50217—2018）对电缆绝缘水平的要求如下：

（1）交流系统中电力电缆导体的相间额定电压，不得低于使用回路的工作线电压。

（2）交流系统中电力电缆导体与绝缘屏蔽或金属层之间额定电压的选择，应符合下列规定：①中性点直接接地或经低电阻接地的系统，接地保护动作不超过1min切除故障时，不应低于100%的使用回路工作相电压；②除上述供电系统外，其他系统不宜低于133%的使用回路工作相电压，在单相接地故障可能持续8h以上，或发电机回路等安全性要求较高的情况下，宜采用173%的使用回路工作相电压。

对于风电场35kV系统，其中性点可采用经电阻接地或经消弧线圈接地，并且要求单相故障快速切除，接地保护动作不超过1min切除故障，当35kV系统工作电压为37kV时，集电线路35kV电力电缆相对地电压U_0不应小于$37\sqrt{3}=21.6$kV，故35kV集电线路选用电缆额定电压U_0/U为26kV/37kV，此时电缆U_0值为计算工作相电压的1.204倍。

4. 集电线路计算电流

集电线路计算电流计算涉及集电线路计算容量、电压水平及功率因数参数的选取问题。

(1) 集电线路计算容量。根据《风力发电机组 第1部分：通用技术条件》(GB/T 19960.1—2005)，在正常工作状态下，风电机组功率输出与理论值的偏差应不超过10%；当风速大于额定风速时，持续10min功率输出应不超过额定值的115%，瞬间功率输出应不超过额定值的135%，即风电机组存在3个超发容量。对于风电场实际运行情况而言，由于风电机组出现满发的概率较低，出现10min功率输出超发、瞬间功率输出超发概率更低，出现的时间也短，因此集电线路计算电流计算暂不予考虑风电机组的超发。

(2) 集电线路电压水平。集电线路电压水平取37kV有利于降低风电场的损耗。

根据《风力发电机组 第1部分：通用技术条件》(GB/T 19960.1—2005)，风电机组电压范围为额定电压的(1±10%)，在某些条件下，风电场接入电网电压有可能出现长时间的$0.9U_n$水平。而《大型风电场并网设计技术规范》(NB/T 31003—2011)及《风电场接入电力系统技术规定 第1部分：陆上风电》(GB/T 19963.1—2021)均要求风电场接入电力系统后，并网点的电压正负偏差的绝对值之和不超过额定电压的10%，默认的电压偏差为额定电压的$-3\%\sim+7\%$。因此集电线路计算电流计算可以取$0.97U_n$，即0.97×37kV。

(3) 风电机组功率因数。根据《大型风电场并网设计技术规范》(NB/T 31003—2011)要求，风电机组应满足功率因数在超前0.95至滞后0.95的范围内动态可调。因此计算中功率因数按$\cos\varphi=0.95$取值。

目前风电场采用的风电机组单机容量主要有1500kW、2000kW、2500kW、3000kW、3500kW、4000kW、4500kW、5000kW等。根据上述数据取值，不同容量风电机组计算电流值见表6-25。

表6-25　　　　　　　　　　　　不同容量风电机组计算电流值

单机容量/kW	1500	2000	2500	3000	3500	4000	4500	5000
风电机组计算电流/A	26.05	34.73	43.41	52.09	60.77	69.46	78.14	86.82

5. 电缆截面选择

一般电力电缆导体截面的选择，应满足以下要求：

(1) 最大工作电流作用下的电缆导体温度不得超过电缆使用寿命的允许值，持续工作回路的交联聚乙烯绝缘电力电缆导体工作温度不超过90℃。

（2）交联聚乙烯绝缘电力电缆最大短路电流和短路时间作用下的工作温度不超过 250℃。

（3）最大工作电流作用下连接回路的电压降，不得超过该回路允许值。

电缆截面按持续允许电流选择。敷设在空气中和土壤中的电缆允许载流量为

$$KI_{xu} \geqslant I_g \tag{6-4}$$

式中　I_g——最大计算电流，A；

　　　I_{xu}——电缆在标准敷设条件下的额定载流量，A；

　　　K——不用敷设条件下综合校正系数。

（1）按短路热稳定条件计算电缆导体允许最小截面积。电缆导体允许最小截面积为

$$S \geqslant \frac{\sqrt{I^2 t}}{C} \tag{6-5}$$

式中　S——导体截面积，mm^2；

　　　I——短路允许电流，A；

　　　t——短路时间，s；

　　　C——热稳定系数。

因风电场 35kV 系统一般选用中性点小电阻接地方式，集电线路保护采用快速保护，短路时间按 0.6s 考虑，不同集电线路导体流过不同短路电流时 35kV 电缆最小截面积见表 6-26。

表 6-26　　　　不同集电线路导体流过不同短路电流时 35kV 电缆最小截面积　　　单位：mm^2

短路电流 /kA	短路时间 /s	导体材质		短路电流 /kA	短路时间 /s	导体材质	
		铜导体 (C=143)	铝导体 (C=94)			铜导体 (C=143)	铝导体 (C=94)
8	0.6	43.3341	65.9231	22	0.6	119.1687	181.2886
10	0.6	54.1676	82.4039	24	0.6	130.0022	197.7694
12	0.6	65.0011	98.8847	26	0.6	140.8358	214.2501
14	0.6	75.8346	115.3655	28	0.6	151.6693	230.7309
16	0.6	86.6682	131.8462	30	0.6	162.5028	247.2117
18	0.6	97.5017	148.3270	32	0.6	173.3363	263.6925
20	0.6	108.3352	164.8078				

（2）空气中电缆载流量计算。当电缆敷设于空气中时，电缆载流量校正系数 K 为

$$K = K_t K_1 \tag{6-6}$$

式中　K_t——环境温度不同于标准敷设温度（40℃）时的校正系数；

　　　K_1——空气中并列敷设电缆的校正系数。

对于交联聚乙烯绝缘电力电缆，其导体的最高允许工作温度为 90℃，最高环境温度

为40℃，根据《电力工程电缆设计标准》（GB 50217—2018）表 D.0.1，在土壤中 K_t 取1.0。

电缆的敷设方式可采用1～6根三芯电缆并列敷设，电缆净距不小于300mm，根据《电力工程电缆设计标准》（GB 50217—2018）表 D.0.5，对应并列电缆根数1～6的不同，K_1 值分别为1、1、1、0.98、0.97 和 0.96。

因此空气中多根三芯电缆并行敷设时校正系数取值见表6-27。

表 6-27　　　　　　空气中多根三芯电缆并行敷设时校正系数取值

并列电缆根数	1	2	3	4	5	6
K_t	1.0	1.0	1.0	1.0	1.0	1.0
K_1	1.0	1.0	1.0	0.98	0.97	0.96
K	1	1	1	0.98	0.97	0.96

根据表6-27得出的电缆载流量校正系数 K 可计算出电缆在不同敷设条件下的额定载流量。

（3）直埋方式电缆载流量计算。直埋敷设不需要大量的土建工程，施工周期较短，是一种比较经济的敷设方式。

考虑环境温度、敷设方式等因素，直埋敷设时电缆载流量校正系数 K 为

$$K = K_t K_3 K_4 \tag{6-7}$$

式中　K_t——环境温度不同于标准敷设温度（25℃）时的校正系数；

　　　K_3——直埋敷设电缆因土壤热阻不同的校正系数；

　　　K_4——多根电缆并列直埋敷设时的校正系数。

电缆直埋时对校正系数的影响主要取决于土壤温度。根据《古尔班通古特沙漠及其南缘绿洲温度的时空变化分析》（资料一）及《土壤温度的日变化及影响因子分析》（资料二）等相关研究（表6-28），电缆在不同的土壤类型及不同的埋设深度下，其温度变化较大。

表 6-28　　　　　　　　　土　壤　温　度　参　考　值

深度/cm	资料一		资料二	深度/cm	资料一		资料二
	沙漠温度/℃	耕作地温度/℃	耕作地温度/℃		沙漠温度/℃	耕作地温度/℃	耕作地温度/℃
0	60	55	52	40	—	—	27.9
10	38	32	34	80	—	—	25.1
20	34	30	30.6	160	—	—	20.1

根据《电力工程电缆设计标准》（GB 50217—2018）表 D.0.4，根据并列电缆根数 1～6 的不同，K_4 可分别取值为1、0.93、0.90、0.87、0.86 和 0.85。

6. 电缆截面选择

当采用铜电缆、修正系数分别取0.85和1.0时，不同规格的电缆所连接的风电机组台数和容量见表6-29、表6-30。

表 6 - 29   修正系数取 0.85 时不同规格的电缆所连接的风电机组台数和容量

电 缆 规 格	电缆载流量/A	修正后电缆载流量/A	风电机组容量/kW	1500	2000	2500	3000
			风电机组计算电流/A	26.05	34.73	43.41	52.09
YJY22 - 26/35kV - 3×70mm²	230	195.5	可连接风电机组台数/台	7	5	4	3
			连接风电机组容量/kW	10500	10000	10000	9000
YJY22 - 26/35kV - 3×95mm²	275	233.75	可连接风电机组台数/台	8	6	5	4
			连接风电机组容量/kW	12000	12000	12500	12000
YJY22 - 26/35kV - 3×120mm²	315	267.75	可连接风电机组台数/台	10	7	6	5
			连接风电机组容量/kW	15000	14000	15000	15000
YJY22 - 26/35kV - 3×150mm²	355	301.75	可连接风电机组台数/台	11	8	6	5
			连接风电机组容量/kW	16500	16000	15000	15000
YJY22 - 26/35kV - 3×185mm²	400	340	可连接风电机组台数/台	13	9	7	6
			连接风电机组容量/kW	19500	18000	17500	18000
YJY22 - 26/35kV - 3×240mm²	460	391	可连接风电机组台数/台	15	11	9	7
			连接风电机组容量/kW	22500	22000	22500	21000
YJY22 - 26/35kV - 3×300mm²	520	442	可连接风电机组台数/台	16	12	10	8
			连接风电机组容量/kW	24000	24000	25000	24000

表 6 - 30   修正系数取 1.0 时不同规格的电缆所连接的风电机组台数和容量

电 缆 规 格	电缆载流量/A	修正后电缆载流量/A	风电机组容量/kW	1500	2000	2500	3000
			风电机组计算电流/A	26.05	34.73	43.41	52.09
YJY22 - 26/35kV - 3×70mm²	230	230	可连接风电机组台数/台	8	6	5	4
			连接风电机组容量/kW	12000	12000	12500	12000
YJY22 - 26/35kV - 3×95mm²	275	275	可连接风电机组台数/台	10	7	6	5
			连接风电机组容量/kW	15000	14000	15000	15000
YJY22 - 26/35kV - 3×120mm²	315	315	可连接风电机组台数/台	12	9	7	6
			连接风电机组容量/kW	18000	18000	17500	18000
YJY22 - 26/35kV - 3×150mm²	355	355	可连接风电机组台数/台	13	10	8	6
			连接风电机组容量/kW	19500	20000	20000	18000
YJY22 - 26/35kV - 3×185mm²	400	400	可连接风电机组台数/台	15	11	9	7
			连接风电机组容量/kW	22500	22000	22500	21000
YJY22 - 26/35kV - 3×240mm²	460	460	可连接风电机组台数/台	17	13	10	8
			连接风电机组容量/kW	25500	26000	25000	24000
YJY22 - 26/35kV - 3×300mm²	520	520	可连接风电机组台数/台	19	14	11	9
			连接风电机组容量/kW	28500	28000	27500	27000

从表6-29、表6-30可以看出，不同的电缆规格，可以连接的风电机组台数存在一定的差异。

6.3.4.4　集电线路杆塔型式与杆塔基础比选

1. 杆塔型式比选

目前风电场集电线路采用的杆型有铁塔、钢管杆及水泥杆等，由于不同的地形地质条件、气象条件、环境要求以及不同杆型的适应特点等因素，集电线路应结合工程条件选择适当的杆型组合。各类杆塔的主要应用特点如下：

（1）铁塔。铁塔的结构相对复杂，可以适应于所有的环境与地形地质条件，其布置档距较大，建造成本相对较高。

（2）钢管杆。35kV钢管杆由于适应档距较小，主要适应于景观要求较高的区域，比如城镇市区或风景区。单基杆塔的重量远重于铁塔，基础工程量也远高于铁塔与其他杆型，因此其建造成本最高，一般极少用于风电场的集电线路。

（3）水泥杆。如由水泥等径杆、拔梢杆构成的门型杆、人字杆、拉线杆等，都属于水泥杆杆型。考虑到山地拉线不便于布置，因此水泥杆类杆塔主要应用于相对平缓的地区。由于风电场风速较高，尤其对于冻土深度较深的地区，为确保集电线路的安全性，目前选用拉线杆等径门型杆，其杆型本体造价相对低于铁塔，但对于拉线杆，其占地面积大于铁塔，如果单位面积征地费用较高，其建造总费用有可能高于或与铁塔相当，而铁塔占地面积小，适用范围广，选用铁塔更有利于线路的征地与施工工作。人字杆杆型结构相对复杂，单回本体费用与单回门型杆相当，目前在风电场应用较少。

2. 杆塔基础比选

输电线路杆塔基础的质量直接关乎风电场集电线路的安全运行，由于输电线路杆塔基础种类繁多，且风电场占地面积较大，应根据风电场不同位置区域及不同地质情况来选择不同的基础型式。

（1）基础型式。根据目前集电线路应用的杆型情况，杆塔基础主要包括铁塔基础和混凝土基础。由于风电场大多建设于戈壁滩、山区，一般情况下水泥杆基础选用底拉盘，底拉盘的选择根据地质条件计算确定。对于铁塔基础，一般包括直（斜）柱板式、掏挖（半掏挖）式、嵌固式岩石和直锚式岩石基础等，其选型必须依据不同的地质条件及其参数进行选择计算。

不同风电场的地质条件不同，宜选用的集电线路杆塔基础的类型也不同。我国的地质条件主要分为软土、黄土、冻土和岩土。其中：①软土地基主要采用直（斜）柱板式、掏挖（半掏挖）式、嵌固式岩石和直锚式岩石基础；②黄土地基的杆塔基础主要是采用直（斜）柱板式基础，对于湿陷性黄土则还需考虑基础防水处理；③冻土地基的杆塔基础主要是采用直（斜）柱板式和掏挖（半掏挖）式基础。

（2）风电场工程可选用的杆塔基础型式。目前我国输电线路杆塔基础大致可分为利用原状土和非利用原状土两大类，利用原状土基础材料量省，承载能力高。鉴于山地和丘陵地区地基承载力较高，但覆盖层厚度各区域不尽相同，因此，基础型式考虑尽量利用原状土，对地基覆盖土层较厚及非岩石地基，推荐使用直（斜）柱板式基础和掏挖（半掏挖）式基础；对岩石裸露或覆盖地很薄的塔位可采用直锚式岩石基础和嵌固式岩石基础，根据不同的地质条件进行优化设计，以节省基础工程的投资，减少基坑的开挖和植被的破坏。

1）直柱板式、斜柱板式基础。一般，在平地输电线路中，钢筋混凝土现浇板式基础应用较多，此类基础主要优点是充分利用钢筋混凝土薄底板的受弯性能，可以节省混凝土用量，降低基础造价。该类基础与铁塔的连接方式有地脚螺栓式和角钢斜柱式两种。由于没有偏心弯距，角钢斜柱式板式基础比地脚螺栓式板式基础要节约混凝土和钢材用量。若在山地和丘陵地带使用斜柱式基础，对施工过程中的基础根开控制和插入角钢的就位要求较高，因此山地和丘陵地带较平缓场地的板式基础（不易掏挖成形的）可以采用斜柱式，但在山坡较陡的塔位最好采用地脚螺栓直柱式基础。为使基础受力合理，充分利用地基强度，板式基础设计中，主柱与底板根据负荷设置一定偏心，这种基础型式在以往线路工程中使用均获得了较好的经济效益。但是板式基础基坑土方量较大，回填土质量较难保证，底板钢筋绑扎较麻烦，施工工序繁琐。

2）掏挖式基础、半掏挖式基础。对覆盖土很厚的岩石地基或者土质好的非岩石地基，若地基土的特性满足掏挖式基础的要求，宜优先采用掏挖式基础。掏挖式基础与传统的基础相比具有如下特点：①原状土地基承载力高、变形小，消除了回填土质量不可靠带来的安全隐患；②"以土代模"，基坑开方量较少，施工方便，节省钢材；③施工作业时占地不大，施工措施得当可保证基础外侧边坡不受影响，可以充分地利用原状土的力学性能；④基础施工过程中对于掏挖工艺要求较高。因此对土质较好的地基，将优先采用掏挖式、半掏挖式基础，可提高基础抗拔和抗倾覆稳定性，将对原有地形、地貌的影响降到最低，达到环保的要求。

3）嵌固式岩石基础。嵌固式岩石基础与传统的基础相比具有如下特点：①原状基岩承载力高、变形小，消除了回填土质量不可靠带来的安全隐患；②"以岩代模"，基坑开方量极少，施工方便，不需要立柱钢筋和底板钢筋；③施工作业时占地不大，可以充分利用原状基岩的力学性能；④在施工时把岩基挖成倒锥形体，将斜插角钢或地脚螺栓用混凝土直接浇入嵌固式或半嵌固式基础中，既节省了石方开挖量，又大大减少混凝土的使用量，在山区使用较合理，又方便施工，具有显著的经济效益。

4）直锚式岩石基础。直锚式岩石基础采用机械钻孔，将地脚螺栓直接锚固于灌浆的岩石孔内，借岩石本身、岩石与细石混凝土和细石混凝土与锚筋的黏结力来抵抗上部铁塔结构传来的外力。直锚式岩石基础的经济性及施工简便性是显而易见的。影响岩体承载力的主要因素是夹层和节理裂隙，在施工时设计人员必须逐基到位，逐基逐腿进行鉴定，采取加大锚固深度等措施，以确保基础的安全可靠。这种基础对岩石的要求较高，施工难度较大，施工费用较高。

（3）基础设计和施工面临的问题与建议。山区工程的基础设计和施工一般存在以下的问题：一是基础型式单一，施工时往往简单地采用大开挖式基础，导致塔腿基面大、开方量大，造成了山区植被破坏和水土流失；二是铁塔根开小，基础作用力大，基础内边坡难以满足设计要求。

有效控制土方开挖量、防止水土流失、保护环境已成为山区工程所面临的难题，勘测测量成果的准确性则是设计的先决条件。塔位地形和塔基断面测量结果的准确性将直接影响到基面降低的数值和高低腿配置的准确性。

　　（4）铁塔与基础连接方式的选择。目前铁塔与斜柱式基础的连接方式主要有地脚螺栓和插入角钢两种方法。这两种方式从设计的角度来说都是可行的，但地脚螺栓加工更简便。由于塔脚板上螺栓孔直径为 1.3～1.5 倍地脚螺栓直径，安装时有一定的调节范围，经过多年的施工，对于这种型式拥有丰富的经验，施工精度容易满足。插入角钢是近年来才兴起的一种连接方式，由于将塔腿脚钢部分插入基础，取消塔脚板、地脚螺栓，同时短柱角钢承担所有的上拔力，主柱仅承担水平力，因而减少了主柱的配筋；但此种连接方式对主柱的支模、浇筑、短柱角钢的固定要求很高，稍有偏差，便有可能给组塔带来困难。对有丰富经验的施工队伍来说，这两种方法区别不大。目前在工程中这两种方法均被采用过，从工程实践来看，用插入角钢连接方式有一定的经济效益，可以得到如下结论：基础作用力越大，主柱坡度越大，用插入角钢连接方式越好。根据以上结论，工程中大部分直线塔可采用插入角钢连接方式，根据现场情况，配合使用地脚螺栓的连接方式。

第7章
设计概算及财务评价

7.1 风电基地设计概算

风电场设计概算是可行性研究报告的重要组成，现行陆上风电场设计概算依据国家能源局颁布的《陆上风电场工程设计概算编制规定及费用标准》（NB/T 31011—2019）及《陆上风电场工程概算定额》（NB/T 31010—2019）进行编制，该行业标准明确"适用于新建集中式陆上风电场工程设计概算编制，其他陆上风电场工程设计概算编制可参照使用"。陆上风电基地设计概算的编制依然执行以上2个标准，编制依据和编制方法与常规陆上风电设计概算基本一致，但需结合风电基地特点，在项目划分、出项深度上会更加精细。本章以常规陆上风电场为基础，在介绍陆上风电场设计概算编制方法的同时，结合风电基地特点，介绍风电基地设计概算编制重点关注内容，以及风电基地投资控制的途径。

7.1.1 陆上风电场工程项目划分

根据《陆上风电场工程设计概算编制规定及费用标准》（NB/T 31011—2019）规定，陆上风电场工程设计概算项目划分为施工辅助工程、设备及安装工程、建筑工程和其他费用四部分，如图7-1所示。

1. 施工辅助工程

施工辅助工程指为辅助主体工程施工而修建的临时性工程及采取的措施，主要包括：

（1）施工交通工程。施工交通工程指为风电场工程建设服务的临时交通工程，包括公路、桥（涵）的新建、改（扩）建及加固等。

（2）施工供电工程。施工供电工程指从现有电网向场内引接的10kV及以上电压等级供电线路、35kV及以上电压等级的供电设施工程。

（3）风电机组安装平台工程。风电机组安装平台工程指为风电机组、塔筒等设备在现场组装和安装需修建的场地工程。

（4）其他施工辅助工程。其他施工辅助工程指除上述以外的施工辅助工程，如大型吊装机械进出场、施工供水工程、施工围堰工程、山区风电场临时设施的场地平整工程等。

（5）安全文明施工措施。安全文明施工措施指施工企业按照安全生产、文明施工要求，在施工现场需采取的相应措施。

需要注意的是，若施工辅助工程中有与设备及安装工程、建筑工程相结合的项目，则

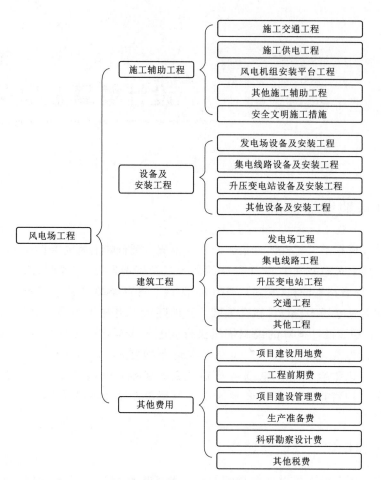

图7-1　陆上风电场工程设计概算项目划分

应将其列入相应的永久工程中。

2. 设备及安装工程

设备及安装工程指构成风电场固定资产项目的全部设备及安装工程，主要包括：

（1）发电场设备及安装工程。发电场设备及安装工程指在风电场内的发电设备及安装，包括风电机组、塔筒（架）、风电机组出线、机组变压器、接地。

（2）集电线路设备及安装工程。集电线路设备及安装工程指风电场内集电电缆线路、集电架空线路、接地等设备及安装工程。

（3）升压变电站设备及安装工程。升压变电站设备及安装工程指在升压变电站内的升压变电、配电、控制保护等设备及安装，包括主变压器系统、配电装置设备、无功补偿系统、站（备）用电系统、电力电缆、接地、监控系统、交（直）流系统、通信系统、远程自动控制及电量计量系统、分系统调试、电气整套系统调试、电气特殊项目试验等。

（4）其他设备及安装工程。其他设备及安装工程指除上述工程之外的其他设备及安装，包括采暖通风及空调系统、室外照明系统、消防及给排水系统、劳动安全与工业卫生设备、生产运维车辆、集控中心设备分摊及其他需要单独列项的设备等。

3. 建筑工程

建筑工程指构成风电场固定资产项目的建（构）筑物工程，主要包括：

（1）发电场工程。发电场工程指发电场内各种建（构）筑物工程，包括风电机组基础工程、风电机组出线工程、机组变压器基础工程、风电机组及机组变压器接地工程。

（2）集电线路工程。集电线路工程指集电电缆线路土建工程、集电架空线路土建工程、集电架空线路接地土建工程。

（3）升压变电站工程。升压变电站工程指升压变电站内构筑物，包括场地平整、基础工程（主变压器基础工程、无功补偿装置基础工程、配电设备基础工程）、配电设备构筑物、生产建筑工程、辅助生产建筑工程、现场办公及生活建筑工程、室外工程等。

其中：场地平整指升压站围墙范围墙内的场地平整；基础工程主要为各类变配电设备基础；配电设备构筑物主要包括混凝土构支架、钢构架制安、避雷针（塔）、电缆沟及事故油池等；生产建筑工程包括中央控制室（楼）、配电装置室（楼）、无功补偿装置室等；辅助生产建筑工程包括污水处理室、消防水泵房、消防设备间、柴油发电机房、锅炉房、仓库、车库等；现场办公及生活建筑工程包括办公室、值班室、宿舍、食堂、门卫室等；室外工程包括围墙、大门、站区道路、站区地面硬化、站区绿化、其他室外工程等。

（4）交通工程。交通工程指风电场对外交通和场内交通。对外交通指进风电场道路及升压变电站外的进站道路，场内交通指发电场内检修道路。

（5）其他工程。其他工程指除上述以外的工程，包括环境保护工程、水土保持工程、劳动安全与工业卫生工程、安全监测工程、消防设施及生产生活供水工程、防洪（潮）设施工程、集中生产运行管理设施分摊及其他需要单独列项的工程等。

4. 其他费用

其他费用指为完成工程建设项目所需，但不属于设备购置费、安装工程费、建筑工程费的其他相关费用，主要包括：

（1）项目建设用地费。项目建设用地费指为获得工程建设所需的场地，按照国家、地方相关法律法规规定应支付的有关费用，包括土地征收费、临时用地征用费、地上附着物补偿费、余物清理费。

（2）工程前期费。工程前期费指预可行性研究报告审查完成以前（或风电场工程筹建前）开展各项工作发生的费用。

（3）项目建设管理费。项目建设管理费指工程建设项目在筹建、建设、联合试运行、竣工验收、交付使用等过程中发生的各种管理性费用，包括工程建设管理费、工程建设监理费、项目咨询服务费、项目技术经济评审费、工程质量检查检测费、工程定额标准编制管理费、项目验收费和工程保险费。

（4）生产准备费。生产准备费指工程建设项目法人为准备正常的生产运行所发生的费用，包括生产人员培训及提前进厂费、生产管理用工器具及家具购置费、备品备件购置费、联合试运行费。

（5）科研勘察设计费。科研勘察设计费指为工程建设而开展的科学研究试验、勘察设计等工作所发生的费用，包括科研试验费、勘察设计费及竣工图编制费。

（6）其他税费。其他税费指根据国家有关规定需要缴纳的税费，包括水土保持补偿费等。

7.1.2　陆上风电场工程总费用构成

陆上风电场工程总费用构成主要包括设备购置费、建筑及安装工程费、其他费用、预备费和建设期利息，如图 7-2 所示。

1. 设备购置费

设备购置费由设备原价、运杂费、运输保险费、采购及保管费构成，如图 7-3 所示。

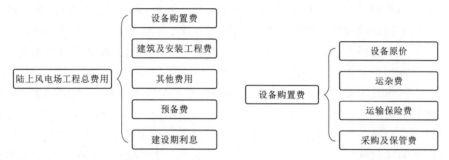

图 7-2　陆上风电场工程总费用构成　　　　图 7-3　设备购置费构成

（1）设备原价。国产设备原价指设备出厂价；进口设备原价由设备到岸价和进口环节征收的关税、增值税、手续费、商检费、港口费组成。设备原价也可根据厂家报价资料和市场价格水平分析确定。

（2）运杂费。运杂费指设备由厂家运至工地现场所发生的一切费用，包括运输费、调车费、装卸费、包装绑扎费及其他杂费。

（3）运输保险费。运输保险费指设备在运输过程中发生的保险费用，一般按设备原价乘以运输保险费率计算。

（4）采购及保管费。采购及保管费指设备在采购、保管过程中发生的各项费用，一般按设备原价、设备运杂费及运输保险费之和为基数的百分率计算。

2. 建筑及安装工程费

建筑及安装工程费主要由直接费、间接费、利润、税金构成，而直接费、间接费又进一步细分为若干分项。建筑及安装工程费构成如图 7-4 所示。

（1）直接费。直接费指建筑及安装工程施工过程中直接消耗在工程项目建设中的活劳动和物化劳动，由基本直接费和其他直接费组成。

1）基本直接费。基本直接费指在正常的施工条件下，施工过程中消耗的构成工程实体的各项费用，由人工费、材料费、施工机械使用费组成。

a. 人工费指企业支出的直接从事建筑及安装工程施工的生产工人的费用，由基本工资、辅助工资和社会保障费组成。人工费一般按定额人工消耗量乘以人工预算单价计算。人工预算单价的确定政策性强，按照风电场工程设计概算编制规定及费用标准中有关规定、行业定额以及造价管理机构发布的人工预算单价调整文件确定。

b. 材料费指用于建筑及安装工程项目中消耗的材料费、装置性材料费和周转性材料

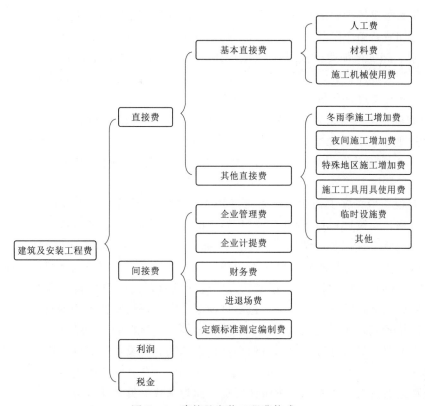

图 7-4 建筑及安装工程费构成

摊销费。由材料原价、包装费、运输保险费、材料运杂费、材料采购及保管费、包装品回收费组成。材料费按定额材料消耗量乘以材料预算单价计算。其中安装工程中的装置性材料量按定额单位装置性材料量乘以操作损耗率计算。材料预算价格一般为

$$材料预算价格＝[材料原价(不含税)＋运输保险费＋运杂费×材料毛重系数]$$

$$×(1＋采购及保管费率)－包装品回收费 \qquad (7-1)$$

需要注意的是，材料费中各项组成内容均不含增值税。材料毛重系数为材料单位毛重（材料的单位运输重量）与材料单位净重的比值。各种材料的毛重系数按有关规定或实际资料计算。火工产品、汽油、柴油按有关规定不允许满载，在计算这些材料汽车运杂费时，应按地方运输细则考虑空载系数。

对于用量多、影响工程投资较大的主要材料，如钢材、钢筋、水泥、砂、石、油料、电缆及母线等，应编制材料预算价格；次要材料则按当地市场价格计算。

c. 施工机械使用费指消耗在建筑安装工程项目上的施工机械折旧费、设备修理费、安装拆卸费、机上人工费、动力燃料费、保险费、车船使用税及年检费。施工机械使用费按定额机械消耗量乘以施工机械台班费计算。施工机械台班费根据《陆上风电场工程概算定额》（NB/T 31010—2019）有关规定计算。对于定额缺项的机械、船舶，可补充编制施工机械台班费。

2）其他直接费。其他直接费指为完成工程建设项目施工，发生于该工程施工前和施

工过程中非工程实体项目的费用，主要包括：冬雨季施工增加费、夜间施工增加费、特殊地区施工增加费、施工工具用具使用费、临时设施费及其他。

a. 冬雨季施工增加费指按照合理的工期要求，必须在冬雨季期间连续施工需要增加的费用，包括采暖养护、防雨、防潮、防滑、防冻、除雪等措施增加的费用，以及由于采取以上措施增加工序、降低工效而发生的费用。

b. 夜间施工增加费指因夜间施工所发生的施工现场照明设备摊销及照明用电等费用。

c. 特殊地区施工增加费指在寒冷、酷热等特殊地区施工而需增加的费用。

d. 施工工具用具使用费指施工生产所需不属于固定资产的生产工具、检验试验用具的摊销和维护费用。

e. 临时设施费指施工企业为满足现场正常生产、生活需要，在现场建设生产、生活用临时建筑物、构筑物和其他临时设施所发生的建设、维修、拆除等费用。

f. 其他指除上述以外的费用，由工程定位复测费（施工测量控制网费用）、工程点交费、检验试验费、施工排水费、施工通信费、场地清理费、工程建设项目移交前的维护费（含已安装设备的检修及调整）等组成。其中检验试验费指建筑材料、构件和建筑安装物进行一般鉴定、检查所发生的费用，包括自设试验室进行试验所耗用的材料和化学用品费用等，以及技术革新和研究试验费，不包括新结构、新材料的试验费和建设单位要求对具有出厂合格证明的材料进行检验、对构件进行破坏性试验及由于其他特殊要求进行检验试验的费用。

其他直接费按人工费和施工机械使用费之和为基数的百分比计算。

（2）间接费。间接费指建筑及安装产品的生产过程中，为工程建设项目服务而不直接消耗在特定产品对象上的费用，主要包括企业管理费、企业计提费、财务费、进退场费、定额标准测定编制费。

1）企业管理费。企业管理费指施工企业组织施工生产和经营管理所发生的费用，由管理人员工资及社会保障费、办公费、差旅交通费、固定资产使用费、工具用具使用费、保险费、税金及教育费附加、技术转让费、技术开发费、业务招待费、投标费、广告费、公证费、诉讼费、法律顾问费、审计费和咨询费，以及应由施工单位负责的施工辅助工程设计费、工程图纸资料和工程摄影费等组成。

2）企业计提费。企业计提费指施工企业按照国家规定计提的费用，由管理及生产人员的职工福利费、劳动保护费、工会经费、教育经费、危险作业意外伤害保险费组成。

3）财务费。财务费指施工企业为筹集资金而发生的各项费用，由施工企业在生产经营期利息支出、汇兑净损失、调剂外汇手续费、金融机构手续费、保函手续费以及在筹资过程中发生的其他财务费用组成。

4）进退场费。进退场费指施工企业为工程建设项目施工进场和完工退场所发生的人员和施工机械（不包括施工机械台班费定额中的A类机械）迁移费用。

5）定额标准测定编制费。定额标准测定编制费指施工企业为进行企业定额标准测定、制（修）订以及行业定额标准编制提供基础数据所需的费用。

间接费的计算按建筑工程和安装工程的不同，其计费基数也有所不同。建筑工程一般按人工费和施工机械使用费之和为基数的百分比计算间接费，安装工程一般以人工费为基数的百分比计算间接费。

（3）利润。利润指按风电场工程建设项目市场情况应计入建筑及安装工程费用中的盈利，按人工费、施工机械使用费、其他直接费及间接费之和为基数的百分比计算。

（4）税金。税金指按国家税法规定应计入建筑及安装工程费用中的增值税，按直接费、间接费及利润之和为基数的百分比计算。

3. 其他费用

其他费用主要由项目建设用地费、工程前期费、项目建设管理费、生产准备费、科研勘察设计费和其他税费构成，如图7-5所示。

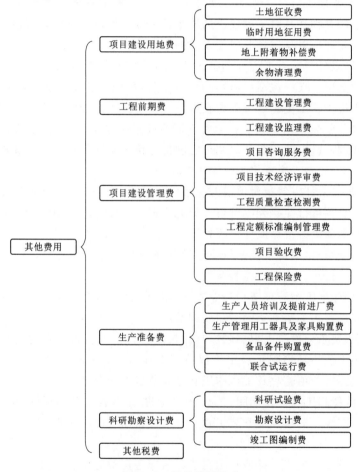

图7-5 其他费用构成

（1）项目建设用地费。项目建设用地费指为获得工程建设所需的场地并且符合国家、地方相关法律法规应支付的相关费用由土地征收费、临时用地征用费、地上附着物补偿费、余物清理费等组成。

（2）工程前期费。工程前期费指预可行性研究报告审查完成以前（或风电场工程筹建前）开展各项工作发生的费用，由建设单位管理性费用，前期设立测风塔、购置测风设备及测风费用，进行工程规划、预可行性研究以及为编制上述设计文件所进行勘察、研究试验等发生的费用构成。

（3）项目建设管理费。项目建设管理费指工程建设项目在筹建、建设、联合试运行、竣工验收、交付使用过程中所发生的管理费用，由工程建设管理费、工程建设监理费、项目咨询服务费、项目技术经济评审费、工程质量检查检测费、工程定额标准编制管理费、项目验收费和工程保险费组成。

1）工程建设管理费指项目法人为保证项目建设的正常进行，从工程筹建至竣工验收所需要的管理性费用，由管理设备及用具购置费、人员经常费和其他管理性费用组成。

2）工程建设监理费指在工程建设项目开工后，根据工程建设管理的实施情况委托监理单位在工程建设过程中，对工程建设的质量、进度和投资进行监理（包含环境保护工程和水土保持工程监理）以及设备监造所发生的全部费用。

3）项目咨询服务费指对工程开发建设管理过程中有关技术、经济和法律问题进行咨询服务所发生的费用。其中包括环境影响评价报告书（表）、水土保持方案报告书（表）、土地预审及勘界报告、压覆矿产资源调查报告、安全预评价报告、地质灾害评估报告、接入系统设计报告、节能评估报告、社会稳定风险分析报告、项目备案申请报告等编制费用，以及招标代理、造价咨询服务（招标控制价、执行概算等编制，工程结算审核，竣工结算编制及审核等）、竣工决算报告编制等费用。

4）项目技术经济评审费指对项目安全性、可靠性、先进性、经济性进行评审所发生的费用，包括项目预可行性研究、可行性研究、招标设计、施工图设计各阶段设计报告审查，以及专题、专项报告审查或评审等费用。

5）工程质量检查检测费指根据行业建设管理的有关规定和要求，由质量检测机构对工程建设质量进行检查、检测、检验所发生的费用。

6）工程定额标准编制管理费指行业管理部门授权或委托编制、管理风电工程定额和造价标准，以及进行相关基础工作所需要的费用。

7）项目验收费指项目法人根据国家有关规定进行工程验收所发生的费用，包括工程竣工前进行主体工程、环境保护、水土保持、工程消防、劳动安全与工业卫生、工程档案、工程竣工决算等专项验收及工程竣工验收等所发生的费用。

8）工程保险费指工程建设期间，为工程可能遭受自然灾害和意外事故造成损失后能得到风险转移或减轻，对建筑及安装工程、永久设备而投保的工程一切险、财产险、第三者责任险等。

（4）生产准备费。生产准备费指项目法人为准备正常的生产运行所需发生的费用。主要包括生产人员培训及提前进厂费、生产管理用工器具及家具购置费、备品备件购置费、联合试运行费等。

1）生产人员培训及提前进厂费由生产人员培训费和提前进厂费组成。

2）生产管理用工器具及家具购置费指为保证正常生产运行管理所需购置的办公、生产和生活用工器具及家具费用，不包括设备价格中配备的专用工具购置费。

3）备品备件购置费指为保证工程正常生产运行，在安装及试运行期，需准备的各种易损或消耗性备品备件和专用材料的购置费，不包括设备价格中配备的备品备件。

4）联合试运行费指进行整套设备带负荷联合试运行期间所发生的费用并扣除试运行发电收入后的净支出。

（5）科研勘察设计费。科研勘察设计费指为工程建设而开展的科学研究试验、勘察设计等工作所发生的费用。包括科研试验费、勘察设计费及竣工图编制费。

1）科研试验费指在工程建设过程中为解决工程技术问题而进行必要的科学试验所发生的费用。

2）勘察设计费指可行性研究、招标设计和施工图设计阶段发生的勘察费、设计费。

3）竣工图编制费指为能够全面真实反映工程建设项目施工结果图样而进行汇总编制所需费用。

（6）其他税费。其他税费指根据国家有关规定需要缴纳的费用，包括水土保持补偿费等。

4. 预备费

预备费主要由基本预备费和价差预备费构成。

（1）基本预备费。基本预备费指用于解决可行性研究设计范围以内的设计变更，为预防自然灾害采取的措施，以及弥补一般自然灾害所造成损失中工程保险未能赔付部分而预留的工程费用。

（2）价差预备费。价差预备费指在工程建设过程中，因国家政策调整、材料和设备价格变化、人工费和其他各种费用标准调整、汇率变化等引起投资增加而预留的费用。

5. 建设期利息

建设期利息指为筹措工程建设资金在建设期内发生并按规定允许在投产后计入固定资产原值的债务资金利息，由银行借款和其他债务资金的利息以及其他融资费用组成。其他融资费用指某些债务融资中发生的手续费、承诺费、管理费、信贷保险费等。

7.1.3 设计概算编制

7.1.3.1 设计概算编制原则及依据

1. 设计概算编制原则

（1）要严格执行国家建设方针和经济政策的原则。设计概算是一项重要的技术经济工作，要严格按照党和国家的方针、政策办事，坚决执行勤俭节约的方针，严格执行规定的设计标准。

（2）要完整、准确地反映设计内容的原则。编制设计概算时，要认真了解设计意图，根据设计文件、图纸准确计算工程量，避免重算和漏算，如实反映设计成果。

（3）要坚持真实反映工程所在地编制期价格水平的原则。为提高设计概算的准确性，要求实事求是地对工程所在地的建设条件、可能影响造价的各种因素进行认真地调查研究，在此基础上正确使用定额、指标、费率和价格等各项编制依据，按照现行工程造价的构成，根据有关部门发布的价格信息及价格调整指数，考虑建设期的价格变化因素，使概算尽可能地反映设计内容、施工条件和实际价格。

2. 设计概算编制依据

(1) 国家、省（自治区、直辖市）颁发的有关法律、法规、规章、行政规范性文件。

(2) 行业主管部门发布的规范、标准等。

(3) 风电场工程设计概算编制规定及费用标准。

(4) 风电场工程概算定额和造价管理机构颁发的定额、计算标准等。

(5) 风电基地设计工程量。

(6) 可行性研究阶段设计文件及图纸。

(7) 拟定的施工组织设计和施工方案。

(8) 风电基地项目资金筹措方案。

(9) 政府有关部门、金融机构等发布的价格指数、利率、汇率、税率以及工程建设其他费用等。

7.1.3.2　设计概算构成及其编制

1. 设计概算构成

风电场建设项目总概算由施工辅助工程概算、设备及安装工程概算、建筑工程概算、其他费用概算、预备费概算、建设期利息概算构成，如图7-6所示。

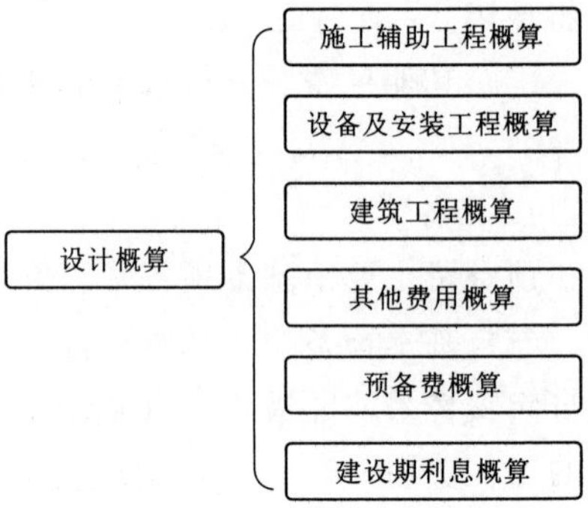

图7-6　设计概算构成

2. 单位工程概算的编制

施工辅助工程、设备及安装工程、建筑工程、其他费用项目清单的一级项目和二级项目可参考相应概算编制规范编制，三级项目可根据风电场工程可行性研究报告编制规程的设计深度要求和工程实际情况增减项目，并按设计工程量计列。

施工辅助工程一级项目和二级项目示例见表7-1。

表7-1   施工辅助工程一级项目和二级项目示例

序号	一级项目	二级项目	序号	一级项目	二级项目
一	施工交通工程		四	其他施工辅助工程	
1		公路工程	1		大型吊装机械进出场
2		桥（涵）工程	2		施工供水工程
二	施工供电工程		3		施工围堰工程
1		供电线路工程	4		山区风电场临时设施的场地平整工程
2		供电设施工程			
三	风电机组安装平台工程		五	安全文明施工措施	

设备及安装工程一级项目和二级项目示例见表7-2。

建筑工程一级项目和二级项目示例见表7-3。

3. 施工辅助工程概算编制

(1) 施工交通工程投资按设计工程量乘单价计算，或根据工程所在地区单位造价指标计算。

表 7-2　　　　　　　　　　设备及安装工程一级项目和二级项目示例

序号	一级项目	二级项目	序号	一级项目	二级项目
一	发电场设备及安装工程		9		通信系统
1		风电机组	10		远程自动控制及电量计量系统
2		塔筒（架）			
3		风电机组出线	11		分系统调试
4		机组变压器	12		电气整套系统调试
5		接地	13		电气特殊项目试验
二	集电线路设备及安装工程		四	其他设备及安装工程	
			1		采暖通风及空调系统
1		集电电缆线路	2		室外照明系统
2		集电架空线路	3		消防及给排水系统
3		接地	4		劳动安全与工业卫生设备
三	升压变电设备及安装工程		5		生产运维车辆
			6		集控中心设备分摊
1		主变压器系统	五	储能系统设备与安装工程	
2		配电装置设备			
3		无功补偿系统	1		储能电池系统
4		站（备）用电系统	2		PCS 及升压系统
5		电力电缆	3		电力电缆及光缆
6		接地	4		防雷接地系统
7		监控系统	5		储能管理系统
8		交（直）流系统	6		储能区监控系统

表 7-3　　　　　　　　　建筑工程一级项目和二级项目示例

序号	一级项目	二级项目	序号	一级项目	二级项目
一	发电场工程		三	升压变电站工程	
1		风电机组基础工程	1		场地平整
2		风电机组出线工程	2		主变压器基础工程
3		机组变压器基础工程	3		无功补偿装置基础工程
4		风电机组及机组变压器接地工程	4		配电设备基础工程
			5		配电设备构筑物
二	集电线路工程		6		生产建筑工程
1		集电电缆线路土建工程	7		辅助生产建筑工程
2		集电架空线路土建工程	8		现场办公及生活建筑工程
3		集电架空线路接地土建工程	9		室外工程

续表

序号	一级项目	二级项目	序号	一级项目	二级项目
四	储能工程		2		水土保持工程
1		电池集装箱预制舱基础	3		劳动安全与工业卫生工程
2		PCS 及升压变电站预制舱基础			
			4		安全监测工程
五	交通工程		5		消防设施及生产生活供水工程
1		对外交通			
2		场内交通	6		防洪（潮）设施工程
六	其他工程		7		集中生产运行管理设施分摊
1		环境保护工程			

（2）施工供电工程投资按设计工程量乘单价计算，或根据工程所在地区单位造价指标计算。投资计算范围包括从现有电网向场内引接的 10kV 及以上电压等级供电线路、35kV 及以上电压等级的供电设施工程，但不包括供电线路和变配电设施的维护费用，该项费用以摊销费的形式计入施工用电价格中。

（3）风电机组安装平台工程投资根据设计工程量乘单价计算。

（4）其他施工辅助工程投资根据施工组织设计方案及工程实际情况分析计算。

（5）安全文明施工措施费按建筑安装工程费（不含按单位造价指标计算的项目投资及安全文明施工措施费本身）的百分率计算。

4. 设备及安装工程概算编制

（1）设备及安装工程投资按设备购置费和安装工程费分别进行编制。

（2）设备购置费按设备清单工程量乘设备价格计算。

（3）生产运维车辆购置费根据生产运行维护管理需要的数量乘相应单价计算。

（4）集控中心设备分摊按建设单位规划方案分析确定。

（5）安装工程费可按以下两种方式计算：①安装工程单价为消耗量或价目表形式时，按设计的设备清单工程量乘安装工程单价计算，甲供装置性材料按含税价在设备及安装工程概算表中单独计列；②安装工程单价为费率形式时，按设备原价乘安装费率计算。

5. 建筑工程概算编制

（1）发电场工程、集电线路工程投资，按工程量乘工程单价计算。

（2）升压变电站工程投资按工程量乘工程单价或单位造价指标计算。其中：①升压变电站工程中场地平整、主变压器基础工程、无功补偿装置基础工程、配电设备基础工程及配电设备构筑物按工程量乘工程单价计算；②生产建筑工程、辅助生产建筑工程、现场办公及生活建筑工程投资按房屋建筑面积乘单位造价指标计算，现场房屋建筑面积由设计确定，单位造价指标根据工程所在地相应的房屋建筑工程造价指标及有关资料分析计算，项目划分可根据实际设计方案进行调整；③室外工程包括围墙、大门、站区绿化、站区道路、站区硬化、给水管、排水管、检查井、雨水井、污水井、井盖、阀门、化粪池、排水沟等构筑物，其中围墙、大门、站区绿化、站区道路、站区硬化单独列项计算，其他室外工程按生产建筑工程、辅助生产建筑工程、现场办公及生活建筑工程、室外工程（不含其他室外工程）投资之和的百分率计算。

（3）储能工程投资按工程量乘工程单价计算。

（4）交通工程投资按设计工程量乘工程单价计算，或根据工程所在地区单位造价指标计算。

（5）其他工程投资：①环境保护工程、水土保持工程、劳动安全与工业卫生工程各专项投资按专项设计报告所计算投资分析计列；②安全监测工程、消防设施及生产生活供水工程、防洪（潮）设施工程投资应根据设计工程量乘单价计算；③集中生产运行管理设施分摊按建设单位规划方案分析确定。

6．其他费用概算编制

（1）项目建设用地费根据设计确定的用地面积和各省（自治区、直辖市）人民政府颁发的各项标准分类进行计算。

（2）工程前期费中的建设单位管理性费用，以及前期设立测风塔、购置测风设备及测风费用等可根据项目实际发生情况分析计列；规划阶段勘察设计费用按实际发生费用及规划风电场总装机容量分摊计算；预可行性研究阶段勘察设计费用按勘察设计费计算标准计算。

（3）项目建设管理费费率见表7-4。

表7-4　　　　　　　　　　　　项目建设管理费费率表　　　　　　　　　　　　　　%

序号	费用名称	计算基数	计费额					
			5000万元及以下	10000万元	20000万元	30000万元	40000万元	60000万元及以上
1	工程建设管理费	建筑及安装工程费	7.98	4.71	3.11	2.41	1.97	1.54
2	工程建设监理费		3.18	2.54	1.83	1.51	1.32	1.18
3	项目咨询服务费		6.06	3.56	1.82	1.47	1.21	0.95
4	项目技术经济评审费		1.68	1.05	0.6	0.47	0.39	0.3
5	项目验收费		2.38	1.33	0.86	0.55	0.41	0.28
6	工程质量检查检测费		0.2					
7	工程定额标准编制管理费		0.15					
8	工程保险费	建筑安装及设备费	0.3					

（4）生产准备费费率见表7-5。

（5）科研勘察设计费按以下分项计算：

1）科研试验费费率为0.50%，计算基数为建筑及安装工程费。

2）勘察设计按规划阶段、预可行性研究阶段、可行性研究阶段、招标设计阶段、施工图设计阶段五阶段划分。规划阶段费用及预可行性研究阶段费用在工程前期费中计列；预可行性研究阶段费用按可行性研究、招标设计、施工图设计三阶段工程勘察设计费的百分率计算；勘察设计费指可行性研究、招标设计和施工图设计阶段发生的勘察费、设计费，以建筑安装工程费为基数分别按勘察费率、设计费率计算。

表 7－5　　　　　　　　　　　　　生产准备费费率表　　　　　　　　　　　　　　　%

序号	费用名称	计算基数	计　费　额					
			5000 万元 及以下	10000 万元	20000 万元	30000 万元	40000 万元	60000 万元 及以上
1	生产人员培训 及提前进厂费	建筑及 安装工程费	1.11	0.84	0.63	0.52	0.43	0.35
2	生产管理用工器具 及家具购置费		2.23	1.67	1.26	1.05	0.87	0.71
3	备品备件购置费	设备购置费	6.06	3.56	1.82	1.47	1.21	0.95
4	联合试运行费	安装工程费	1.68	1.05	0.6	0.47	0.39	0.30

3）竣工图编制费费率为 8%，计算基数为可行性研究、招标设计、施工图设计三阶段工程设计费。

（6）其他税费按国家有关法规以及省（自治区、直辖市）颁发的有关文件计算。

7．预备费概算编制

（1）基本预备费费率为 1%～3%，计算基数为施工辅助工程投资、设备及安装工程投资、建筑工程投资、其他费用四部分费用之和。

（2）价差预备费应根据施工年限，以分年投资（含基本预备费）为基础计算。价差预备费应从编制概算所采用的价格水平年的次年开始计算。价差预备费计算采用的年度价格指数暂为 0。

8．建设期利息概算编制

（1）建设期利息应根据项目投资额度、资金来源及投入方式，从工程筹建期开始，以分年度投资（扣除资本金）为基数逐年计算。银行贷款利率采用编制期中国人民银行规定的五年期及以上基准贷款利率。

（2）第一组（批）机组投产前发生的工程贷款利息全部计入工程建设投资；第一组（批）机组投产后，应按投产容量对利息进行分割，分别转入基本建设投资和生产运营成本。

9．工程总概算编制

（1）工程静态投资为施工辅助工程投资、设备及安装工程投资、建筑工程投资、其他费用、基本预备费五部分费用之和。

（2）工程总投资为工程静态投资、价差预备费、建设期利息三项之和。

（3）若工程建设项目投资包括送出工程时，送出工程投资计列在风电场工程总投资之后。

工程总概算表示例见表 7－6。

7.1.3.3　设计概算文件组成及内容

（1）风电场工程设计概算由封面、扉页（签字盖章）、编制说明、设计概算表、设计概算附表组成。

表 7 - 6　　　　　　　　　　　工 程 总 概 算 表 示 例

序号	项 目 名 称	设备购置费/万元	建筑及安装工程费/万元	其他费用/万元	合计/万元	占总投资比例/%	单位千瓦指标/(元/kW)
一	施工辅助工程						
1	……						
2	……						
二	设备及安装工程						
1	……						
2	……						
三	建筑工程						
1	……						
2	……						
四	其他费用						
1	项目建设用地费						
2	工程前期费						
3	项目建设管理费						
4	生产准备费						
5	科研勘察设计费						
6	其他税费						
	（一～四）部分合计						
五	基本预备费						
	工程静态投资（一～五）部分合计						
六	价差预备费						
七	建设期利息						
八	工程总投资（一～七）部分合计						

（2）编制说明应包括工程概况、编制原则及依据、基础价格、费用标准、各部分投资编制情况、其他需要说明的问题、主要技术经济指标表。

1）工程概况应概述工程的建设地点、建设规模、对外交通运输条件、主要工程量、施工工期、有关自然地理条件、地质地貌情况、资金来源和资本金比例，说明工程总投资、工程静态投资、单位千瓦投资、单位电量投资等主要指标。

2）编制原则及依据应说明设计概算编制所采用的有关标准规范及规定、定额及费用标准、设计文件及图纸、编制期价格水平等。

3）基础价格应说明人工预算单价、主要材料预算价、主要设备价格及其他基础价格的确定依据和成果。

4）费用标准应说明设备安装工程单价、建筑工程单价计算所采用的费率标准。

5) 各部分投资编制情况应说明施工辅助工程、设备及安装工程、建筑工程、其他费用、预备费、建设期利息各部分投资的编制方法。

6) 其他需要说明的问题，指除上述内容以外需要在设计概算中说明的问题。

7) 主要技术经济指标表示例见表7-7。

表 7-7   主要技术经济指标表

工程名称			风电机组设备价格	元/kW	
建设地点			塔筒（架）设备价格	元/t	
设计单位			风电机组基础造价	万元/座	
建设单位			升压变电站	万元/座	
装机容量	MW		主要工程量	土石方开挖	m³	
单机容量	kW			土石方回填	m³	
年上网电量	万 kW·h			混凝土	m³	
年等效满负荷小时数	h			钢筋	t	
工程静态投资	万元			塔筒	t	
建设期利息	万元			桩	m³	
工程总投资	万元		建设用地面积	永久用地	亩	
单位千瓦静态投资	元/kW			临时用（租）地	亩	
单位千瓦投资	元/kW		总工期	月	
单位电量投资	元/(kW·h)		生产单位定员	人	

（3）设计概算表包括工程总概算表、施工辅助工程概算表、设备及安装工程概算表、建筑工程概算表、其他费用概算表、分年度投资计算表。

（4）设计概算附表包括安装工程单价汇总表、建筑工程单价汇总表、施工机械台班费汇总表、主要材料用量汇总表、混凝土材料单价计算表、工程单价分析表。

7.1.4   风电基地设计概算特点

风电基地项目通常规模较大，如某风电基地一期600万kW示范项目是全球陆上单体规模最大风电工程。2021年11月国家能源局、国家发展改革委印发《第一批以沙漠、戈壁、荒漠地区为重点的大型风电、光伏基地建设项目清单的通知》（发改办能源〔2021〕926号），通知涉及19个省（自治区、直辖市），规模总计97.05GW，其中规模最大的为蒙东鲁固直流外送400万kW风电基地项目。

鉴于风电基地项目体量大、施工工期长，且风电基地是一个整体，从项目管理角度出发，对基地进行统一的规划和子风电场划分是非常必要的。业主通常会将一个风电基地项目划分成若干个子风电场，分别招标选择不同的施工单位，同时对公共基础设施进行统一建设，这种方式既便于管理，又有利于投资控制。此外在设计阶段从风电基地全寿命周期的角度出发，可采用超前规划、一体化管理、生产运行相结合的设计思想，将智慧管理、远程集控、智慧运维等运用到风电基地项目设计中，有些项目设计中还需要考虑业主创优申报要求，通过项目实施申请专利、工法、科技进步奖等。在"美丽中国""乡村振兴"

"绿水青山"的绿色发展宗旨下，风电基地积极采取"风电＋生态"模式，开展新能源产业、生态旅游等多产业融合发展思路。基于以上特点，在风电基地设计概算的编制中需增加相应项目及费用，这些变化就是风电基地项目与常规风电工程的不同点和关注重点。

7.1.4.1 风电基地设计概算关注重点

1. 施工辅助工程

对风电基地而言，施工辅助工程应重点关注混凝土拌合站。常规陆上风电场混凝土通常采用商用混凝土，风电基地项目由于规模大，工程所在地周边商品混凝土供应量未必能满足工程需要，为确保工程施工进度和素混凝土质量，可采用自建拌合站方式供应商品混凝土，各风电场施工单位统一在拌合站购买、结算。

混凝土拌合站基础相关费用单独出项，计列在施工辅助工程的其他工程下。

2. 设备及安装工程

（1）智能运营平台。智能运营平台设计采用多种先进状态监测技术以及主动预防性维护基础上的状态检修策略，以智能风电机组、智能输电线路、智能变电站等提供的标准统一数据信息为基础实现风电基地远程实时智能监控、智能运维管控、精准风功率预测、智能故障预警与诊断、设备健康状态评估以及智能分析统计等功能。

智能运营平台费用计列在设备及安装工程概算的升压变电站设备及安装工程项下。

（2）集电线路故障预警与故障诊断系统。风电基地集电线路较长，在电力线路的运行巡视及故障检修方面将需要耗费大量的人力、物力，限于运维人员的技术水平及工程经验参差不齐，线路故障将无法预计，且故障发生后不能及时发现故障源并消除故障、恢复线路运行，线路运行可靠性将大大降低，可直接导致风电机组停机造成电量损失。风电基地项目可采用以集电线路故障预警与故障诊断系统为主、以无人机技术巡线为辅的技术方案实现输电线路智能化运维，实现风电场集电线路系统隐患预警、精确定位和隐患原因辨识。可以将故障防患于未然，间接减少集电线路的故障跳闸次数，缩短故障排查与恢复时间，提高风电场系统的安全性和可靠性。

故障预警与诊断系统费用计列在设备及安装工程概算的集电线路设备及安装工程项下。

（3）智能运维系统。包括智能巡检机器人系统、智能锁具管理系统、智能安全帽等，通过该系统实现人员近电报警、行走定位、轨迹追溯以及视频实时对讲、误入间隔报警、违章行为识别等功能，同时具备与智能运维系统交互功能，上传实时数据、接收智能运维系统下发指令。

智能运维系统费用计列在设备及安装工程概算的升压变电站设备及安装工程项下。

（4）工程建设智慧管理平台。通过 GIS、BIM、大数据、物联网等技术构建的工程建设智慧管理平台，对项目建设过程的 HSE、质量、进度、车辆、人员等进行可视化管理，并将先进的通信技术、自动化控制技术、软件算法、人脸识别技术、传感器技术、人员定位管理技术等多种技术植入施工现场的人员、施工机械、建筑材料堆放、现场作业环境等多个环节中，对现场的人员信息、作业机械运行状态、现场环境、安全隐患、工时统计等基础数据进行整体采集并传送至后端监管平台，从而提高施工现场安全风险管控水平，实现智慧工地管理。

工程建设智慧管理平台建设费用计列在设备及安装工程概算中。

3．建筑工程

（1）特色风电基地旅游区。结合风电基地规划开展绿色风电场设计，建设如草原旅游区、特色主题旅游区、历史非遗体验区、景观栈道、房车营地等特色风电旅游设施，打造人与自然和谐共生的新型风电基地。

（2）风电科普教育基地。通过风电基地的建设，打造风电科普体验中心，通过风电基本原理、风电发展历程、风能知识讲座、电能转换科普、电能趣味体验等，开展风电知识普及。

特色风电基地旅游区和风电科普教育基地建设费用计列在建筑工程概算中。

4．其他费用

（1）工程建设智慧管理平台管理费即对工程建设智慧管理平台的运行管理发生的管理性质的费用。

工程建设智慧管理平台管理费计列在其他费用概算的工程建设管理费项下。

（2）创优管理费即申报国家级科技课题，采用新技术、新工法引领行业新标准，编制创优专项方案，策划设计、施工、生产运营等阶段拟取得的奖项，落实创优措施，实现全过程创优管理发生的管理性质的费用。

创优管理费计列在其他费用概算的工程建设管理费项下。

（3）创优咨询费即委托创优咨询单位指导编制创优策划方案，开展创优咨询，明确项目各阶段创新点、亮点，细化各阶段质量控制要点、工法及科技进步奖、QC成果奖步骤的费用。

创优咨询费计列在其他费用概算的项目咨询服务费项下。

5．工程总概算

根据项目设计范围及总体规划要求，工程总概算中可增加送出工程、远程控制中心等项目及投资。

风电基地项目规划用地范围大，基地内各风电场风能资源条件不尽相同，为了评判整个项目的经济性，在完成各风电场设计概算编制后，还需编制风电基地整体概算，并进行财务评价的测算。由于设计概算编制规定的原因，整体概算投资不等于各风电场设计概算投资之和，主要区别在其他费用的计算上。其他费用概算根据不同计费额以费率形式计算，计费额在两者之间采用内插法计算，计费额越高费率越低，因此整体计算的其他费用投资较各风电场单独计算的其他费用投资之和低。

7.1.4.2　风电基地投资控制途径

（1）选择先进的风电机组，提高设备保证率。选择先进的风电机组，针对每个风电场的场址条件、资源条件，对每台风电机组进行定制化设计，从机组叶型设计、增大叶轮直径和优化控制系统等环节进行全方位优化，提高风能资源的利用效率，使风电机组的设计更加具有针对性，提高机组利用效率和保证率。

（2）优化招标模式，选择最优机型。坚持全生命周期管理理念，风电机组采用带方案招标方式，由风电机组制造企业提供经济性最优、度电成本最低的机组选型方案。

（3）选择大容量风电机组，降低工程造价。采用大容量风电机组可减少风电机组基础、场内道路、集电线路工程量，减小建设用地面积，有效降低工程造价。

（4）优化风电机组排布，提升发电量。在风电机组布置上深入优化，充分利用每个风电场的地形条件、风速、风向等资源，对风电机组排布方式进行优化，结合规模化风电开发经验，采用混搭式布置方案，充分利用风能资源，提升发电量，实现利用小时数最大化。

（5）采用先进的设计理念，开展精细化设计。采用先进的设计理念，通过大数据计算平台、BIM技术、智能机器算法等，综合考虑交通、施工、运行等因素，对集电线路路径、道路布置、塔筒重量、基础型式组合优化方面，在满足安全要求的前提下，合理消除冗余，降低工程造价。

（6）地勘适当前移，提供可靠设计依据。适度提前开展地质详勘，使工程初步设计接近施工图深度，使设计工程量接近施工图工程量，合理降低设计裕度。

（7）采用先进的管理理念，降低工程造价。充分了解项目业主风电工程的管理理念和管理思路，熟悉各项管理规定、技术要求、费用标准，做好设计管理及设计优化。通过集控中心、大数据中心等共享平台的集中化建设理念，从源头降低运行维护成本。

（8）发挥规模优势，降低采购成本。充分发挥项目的规模优势，通过集团化打捆采购形成规模效应，降低总包配送费用，压降设备采购成本，获得更多的价格优惠，最大限度实现性价比最优和成本最低。

（9）开拓多融资渠道，降低融资成本。通过融资平台、优化资金结构、研究低于基准利率的融资方案等，多手段降低融资成本。

（10）开展实地调研，拟定材料来源地。风电基地项目范围广，钢筋、水泥、砂石料等材料用量大，为满足施工过程中材料质量和用量，需进行详细的现场调研。钢筋、水泥需调研厂家位置、产品种类、生产能力及运输条件等，砂石料需调研料场储量、骨料产能、骨料质量等，结合施工进度安排高峰用量，综合比选后确定材料来源地。

（11）优化资源配置，合理确定大型设备进出场费。结合吊装设备安装经验、当地气象条件、风电场道路及安装工期，测算吊装设备需求量，根据设备数量估算大型吊装设备进出场费。

（12）加强过程管控，统筹资源配置。施工过程中，通过与供应商的沟通，形成可统一调度部署的物资供应联盟，并适度超前储备物料。做好大型施工机械的合理调配，采用大型吊装机械集中配置的方式，结合安装进度，合理统筹使用提高吊装设备利用率。

（13）开展全过程造价咨询，助力业主项目管理。选择有资质的造价咨询单位开展全过程造价咨询，在项目投资决策阶段、设计阶段、发包阶段、实施阶段和竣工结算阶段开展全过程造价咨询，充分发挥造价咨询机构的专业优势，开展工程造价的主动控制，强化全过程的动态管理和监督，提高建设工程项目管理水平和投资效益。

7.2 风电基地财务评价

财务评价是指在国家现行的财税制度和市场价格体系下分析预测风电场的各项财务数据，计算财务指标，进而判断项目财务可行性的行为。风电场财务评价的计算期包括建设期和运营期，根据工程规模和建设进度陆上风电场建设期一般为一到两年，运营期为20年，建设期主要根据投资概算确定建设期费用，运营期应合理预测各年效益和费用，此外建设期应考虑建成前投产并投入运营风电机组的效益和费用。

7.2.1 财务效益与费用支出

7.2.1.1 财务效益

风电工程的收入主要包括销售收入和补贴收入。销售收入包括售电收入和其他收入，售电收入根据上网电量和上网电价计算确定，其他收入指除售电收入外通过销售商品、提供服务及劳务，以及让渡资产使用权等所发生的收入；补贴收入主要包括增值税即征即退、先征后返增值税和政府补贴资金。风电工程收入构成如图7-7所示。

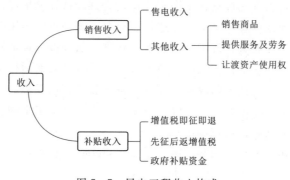

图7-7 风电工程收入构成

7.2.1.2 费用支出

风电工程的费用支出主要包括总投资、总成本费用和税费。

1. 总投资

总投资包括建设投资、建设期利息和流动资金。

（1）建设投资。建设投资由施工辅助工程费、设备及安装工程费、建筑工程费、其他费用和预备费组成。

（2）建设期利息。建设期利息指筹措债务资金时在建设期内发生并在投产后计入固定资产原值的利息。

（3）流动资金。流动资金在项目投产前安排，并由机组年度投产批次和容量计算得出。一般流动资金中资本金的比例不低于30%。流动资金可按分项详细计算法和扩大指标计算法计算。其中按扩大指标计算法计算为

$$流动资金(元) = 风电场装机容量(kW) \times 流动资金率(元/kW) \qquad (7-2)$$

流动资金率取值一般为30~50元/kW。

2. 总成本费用

总成本费用包括材料费、人员工资及福利费、修理费、折旧费、摊销费、保险费、其他费用、财务费用。

（1）材料费。材料费包括风电场运行维护等所耗用的材料、事故备品、低值易耗品等的费用，计算式为

$$材料费(元)＝风电场装机容量(kW)×材料费率(元/kW) \tag{7-3}$$

材料费率的取值根据《风电场项目经济评价规范》（NB/T 31085—2016）并结合投资方投资管理办法确定。

（2）人员工资及福利费。人员工资及福利费包括风电场运营和管理人员工资（含奖金、津贴、补贴）、职工福利费以及由企业缴付的医疗保险费、养老保险费、失业保险费、工伤保险费、生育保险费等社会保障费和住房公积金，计算式为

$$人员工资及福利费(元)＝风电场定员(人)×人员工资(元/人)×(1＋福利费系数) \tag{7-4}$$

人员工资、福利费用系数的取值根据《风电场项目经济评价规范》（NB/T 31085—2016）并结合投资方投资管理办法确定。

（3）修理费。修理费是为保持风电工程固定资产的正常运转、使用，充分发挥其使用效能，而对其进行必要修理所发生的费用。修理费根据风电场运行条件与检修计划，结合固定资产的磨损状态，采用预提的方法，计算式为

$$年修理费＝固定资产原值(扣除所含的建设期利息)×修理费率×投产率 \tag{7-5}$$

修理费率、投产率的取值根据《风电场项目经济评价规范》（NB/T 31085—2016）并结合投资方投资管理办法确定。

（4）折旧费。折旧费是风电场固定资产在使用中所消耗掉价值的货币估计值，按其价值与折旧年限，计算出的每年应分摊的费用。风电工程折旧费宜采用年限平均法（直线法），计算式为

$$年折旧费＝\frac{1－固定资产净残值率}{折旧年限}×固定资产原值 \tag{7-6}$$

固定资产净残值率、折旧年限的取值根据《风电场项目经济评价规范》（NB/T 31085—2016）并结合投资方投资管理办法确定。

（5）摊销费。摊销费是风电场无形资产和其他资产在一定期限内分摊的费用，可采用平均年限法，不计残值，计算式为

$$摊销费＝\frac{无形资产＋其他资产}{摊销年限} \tag{7-7}$$

无形资产摊销年限、其他资产摊销年限的取值根据《风电场项目经济评价规范》（NB/T 31085—2016）并结合投资方投资管理办法确定。

（6）保险费。保险费计算式为

$$保险费固定资产原值×保险费率（％） \tag{7-8}$$

保险费率的取值根据《风电场项目经济评价规范》（NB/T 31085—2016）并结合投资方投资管理办法确定。

（7）其他费用。其他费用包括不属于上述各项费用而应计入风电场总成本费用的其他成本，包括公司经费、工会经费、职工教育经费、劳动保险费、董事会费、咨询费、聘请中介机构费、诉讼费、业务招待费、技术转让费、研究开发费、房产税、车船使用税、土地使用税、印花税，可用费率的方法计算。此外，还包括风电工程运营期发生的海域使用金、土地租用费等。其他费用计算式为

其他费用(元)＝风电场装机容量(kW)×其他费率(元/kW)＋海域使用金(元)

$$＋土地租用费(元)　　　　　　　　　　(7-9)$$

其他费率的取值根据《风电场项目经济评价规范》(NB/T 31085—2016)并结合投资方投资管理办法确定。海域使用金、土地租用费根据征地范围及相关政策估算。

(8) 财务费用。财务费用是在生产经营过程中为筹集资金而发生的费用，包括利息支出、汇兑净损失、借款相关手续费、筹资发生的其他费用等。

风电工程总成本费用构成如图7-8所示。

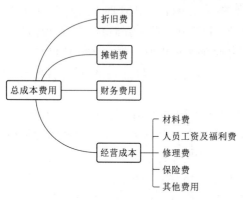

图7-8　风电工程总成本费用构成

3. 税费

税费主要指风电场在经营过程中所涉及的增值税、销售税金附加，以及所得税。

(1) 增值税。应纳增值税额计算式为

$$应纳增值税额＝销项税额－进项税额　　　　(7-10)$$

其中，

$$销项税额＝销售收入×税率$$

$$进项税额＝固定资产增值税抵扣＋总成本费用进项税额$$

(2) 销售税金附加。销售税金附加包括城市维护建设税及教育费附加。销售税金附加计算式为

$$销售税金附加＝城市维护建设税＋教育费附加　　　(7-11)$$

其中，

$$城市维护建设税＝应纳增值税税额×城市维护建设税率$$

$$教育费附加＝应纳增值税税率×教育费附加费率$$

(3) 所得税。所得税额计算式为

$$所得税额＝(销售收入＋应税补贴收入－各项扣除－允许弥补的以前年度亏损)×所得税率$$

$$(7-12)$$

式中　　　销售收入——不含增值税的销售收入；

应税补贴收入——即征即退及其他应税补贴收入；

各项扣除——成本、费用、税金和其他准予扣除支出；

允许弥补的以前年度亏损——纳税年度发生的亏损，准予向以后年度转接。

7.2.2　融资前分析

融资前分析是在假设资金全部为自有资金的前提下进行的盈利能力分析。融资前现金流量分析中各项成本费用及所得税应剔除利息的影响；总投资应剔除建设期利息，总成本费用应剔除利息支出，并重新计算所得税。

按照分析角度不同，融资前分析可选择计算所得税前指标和 (或) 所得税后指标。所得税前财务盈利能力反映风电工程及其工程技术方案的经济合理性。所得税前财务盈利能力不能满足要求时，应调整风电场工程技术方案。所得税后财务盈利能力可用于在不考虑融资方案条件下，判断风电工程投资对企业价值的贡献。

7.2.3 资金来源、结构与成本

1. 项目资金来源

项目资金来源可分为项目资本金和项目债务资金。

（1）项目资本金的筹措方式应根据项目融资主体的特点，按照下列方式进行选择：

1）既有法人融资项目的新增资本金可通过原有股东增资扩股、吸收新股东投资、发行股票、政府投资等筹措。投资者可以用货币出资，也可以用实务、工业产权、非专利技术、土地使用权、资源开采权等作价出资，但应符合国家相关规定。

2）新设法人融资项目的资本金可通过股东直接投资、发行股票、政府投资等筹措。

（2）项目债务资金的来源可包括商业银行贷款、政策性银行贷款、企业债券和融资租赁等。

2. 项目资金结构

项目资金结构应符合我国固定资产投资资本金制度有关规定，符合权益投资者投资回报和债权人有关资产负债比例的要求，满足防范财务风险的要求。在确定项目资金结构时，要尽可能降低融资成本和融资风险，合理安排债务资金的偿还顺序。

3. 项目资金成本

项目资金成本分为权益资金成本、债务资金成本和加权平均资金成本。权益资金成本可采用资本资产定价模型、税前债务成本加风险溢价及股利增长模型等方法计算，也可直接采用投资方的预期报酬率或既有企业的净资产收益率计算；债务资金成本可通过分析各种可能的债务资金利率水平、利率计算方式、计息付息方式、宽限期和偿还期，计算债务资金的综合利率；加权平均资金成本是在计算权益资金成本和债务资金成本的基础上，计算融资方案的加权平均资金成本。

7.2.4 融资后分析

融资后分析应包括盈利能力分析、偿债能力分析和财务生存能力分析。

（1）盈利能力分析分为静态指标分析和动态指标分析。盈利能力静态分析应进行项目资本金净利润率、总投资收益率和投资回收期的计算与分析；盈利能力动态分析应基于项目资本金现金流量表进行项目资本金流量分析，在拟定的融资方案基础上进行息税后分析，反映投资者的权益性收益水平，主要指标包括项目资本金财务内部收益率和财务净现值。

（2）偿债能力分析应按照下列方法计算：

1）基于借款还本付息表，根据融资方案的借款偿还期和偿还方式，计算每年需还本付息金额，并按最大能力计算可用于还本付息的资金，计算利息备付率和偿债备付率。

2）基于资产负债表，计算项目的资产负债率。资产负债率应做到财务杠杆的作用与债务风险的平衡。

（3）财务生存能力分析应基于财务计划现金流量表分析项目在运营期间的财务生存能力。特别需要计算分析项目的运营初期是否拥有足够的经营净现金流，足够的经营净现金

流是财务可持续性的基本条件。在项目的整个运营期内，不允许任一年份出现累积盈余资金为负值的情况，否则需要考虑短期融资，为维持项目正常运营，此时应分析短期融资的可靠性。

7.2.5 财务评价指标

（1）财务内部收益率。财务内部收益率是指能使项目计算期内净现金流量现值累积等于零时的折现率，财务内部收益率大于、等于财务基准收益率或加权平均资本成本时，项目在财务上可行。

（2）财务净现值。财务净现值是指按照行业财务基准收益率或设定的折现率计算项目计算期内净现金流量的现值之和，当大于零时，项目在财务上可行。

（3）项目投资回收期。项目投资回收期是指以项目的净收益回收项目投资所需要的时间，以年为单位。项目投资回收期应从建设开始年基于项目投资现金流量表计算。项目投资回收期短，表明项目投资回收快，抗风险能力强。

（4）总投资收益率。总投资收益率表示总投资的盈利水平，指项目达到设计能力后正常年份的年息税前利润或运营期内年平均息税前利润与总投资的比率。

（5）资本金净利润率。资本金净利润率表示项目资本金的盈利能力，指项目达到设计能力后正常年份的年净利润或运营期内年平均净利润与项目资本金的比率。

（6）利息备付率、偿债备付率、资产负债率、流动比率、速动比率。利息备付率是指在借款偿还期内息税前利润与应付利息的比值；偿债备付率是指在借款偿还期内，用于计算还本付息的资金与应还本付息金额的比值；资产负债率是指各期末负债总额与资产总额的比率，适度的资产负债率表明企业经营安全、稳健，具有较强的筹资能力，也表明企业和债权人的风险较小；流动比率是企业某个时点流动资产和流动负债的比率，反映企业的资产流动性的大小，考察流动资产规模与流动负债规模之间的关系，判断企业短期债务到期前可以转化为现金用于偿还流动负债的能力；速动比率是企业某个时点的速动资产和流动负债的比率，它是衡量企业资产流动性的指标，反映企业的短期债务偿还能力。

7.2.6 风电基地财务评价的特殊之处

风电基地项目较一般风电工程有规模大、周期长等特点，该类型项目做财务评价时一般按整体进行，而实际进行项目建设时有可能会划标段进行建设，导致各标段项目规模与前期规划时偏差较大，各个标段实际投资指标、风能资源状况会有所偏差，甚至发生部分标段财务评价结论与规划阶段相悖的情况，所以在大基地项目规划阶段应该注意后期标段划分的情况，并对最差的标段进行必要的单独分析测算。

7.3 风电基地社会效益评价

风电基地社会效益评价主要是分析风电工程建设运行对项目所在地的经济发展、城镇建设、劳动就业、生态环境等方面的现实和长远影响。结合风电工程的特点，注重阐述节能降耗方面的社会效果。

（1）施工期能耗种类、数量分析和能耗指标。

1）根据风电场主要建筑物工程量及施工方法、施工机械化水平、施工工期等，分析说明施工生产过程中和施工辅助生产系统主要用能设备、负荷水平、使用台班数，统计其能耗种类和数量，给出相应的能源利用效率指标。能源利用效率指标折合为发电量标准煤消耗量，发电量按经营期 20 年计算。

2）分析风电场施工用建筑、施工工厂建筑和设备材料仓储建筑等生产性建筑物和生活区配套设施的规模、建筑物型式、负荷水平，统计生产性建筑物和生活区配套设施的能耗种类和数量，给出相应的能源利用效率指标。

3）综合分析并说明风电工程施工期能源利用的总体情况，明确施工期主要耗能设施、设备和项目，确定施工期能耗总量和能源利用效率等综合控制性指标。

（2）运营期能耗种类、数量分析和能耗指标。主要包括分析说明风电场主要设备、设施及其生产辅助系统主要用能设备，一级升压变电站生产性建筑物和运行管理配套设施的主要用能情况，提出风电场运行期的年能耗数量和相应的能源利用效率指标。

（3）提出主要节能降耗措施。设计阶段主要设备和配套设施选型、施工阶段关于施工机械和施工技术方法的选用等需要考虑能耗因素，同时还要提出节能降耗措施。

（4）节能降耗效益分析。根据风电工程发电量估算情况和可替代火电方案，以及受电区能源结构及其利用效率，计算可节约化石能源等节能降耗效益。同时根据风电工程年上网电量，计算减排的 SO_2、CO、CO_2、NO_x 等气体和粉煤灰渣量。

7.4 实例

某风电基地中 600MW 风电工程的工程总概算表和财务指标汇总表见表 7-8 和表 7-9。

表 7-8 工程总概算表

编号	工程或费用名称	设备购置费/万元	建安工程费/万元	其他费用/万元	合计/万元	占总投资比例/%	单位千瓦指标/(元/kW)
Ⅰ	风电场工程						
一	施工辅助工程		2239.32		2239.32	0.67	
1	施工供电工程		104.00		104.00		
2	风电机组安装平台工程		45.02		45.02		
3	其他施工辅助工程		889.38		889.38		
4	安全文明施工措施		1200.92		1200.92		
二	设备及安装工程	213617.04	29266.16		242883.20	72.67	
1	发电场设备及安装工程	161660.22	10521.06		172181.28		
2	集电线路设备及安装工程	1253.54	11205.42		12458.96		
3	升压变电站设备及安装工程	18836.00	2406.24		21242.24		
4	其他设备及安装工程	1267.28	93.44		1360.72		

续表

编号	工程或费用名称	设备购置费/万元	建安工程费/万元	其他费用/万元	合计/万元	占总投资比例/%	单位千瓦指标/(元/kW)
5	储能系统设备与安装工程	30600.00	5040.00		35640.00		
三	建筑工程		31467.03		31467.03	9.42	
1	发电场工程		14050.13		14050.13		
2	集电线路工程		7656.08		7656.08		
3	升压变电站工程		2607.46		2607.46		
4	储能工程		360.00		360.00		
5	交通工程		4560.67		4560.67		
6	其他工程		2232.69		2232.69		
四	其他费用			31638.64	31638.64	9.47	
1	项目建设用地费			14413.24	14413.24		
2	工程前期费			2765.90	2765.90		
3	项目建设管理费			9993.01	9993.01		
4	生产准备费			1135.75	1135.75		
5	科研勘察设计费			2400.00	2400.00		
6	其他税费			930.74	930.74		
	（一～四）部分合计	213617.04	62972.51	31638.64	308228.19	92.22	
五	基本预备费				4623.42	1.38	
	工程静态投资（一～五）部分合计				312851.61	93.61	5214.19
六	价差预备费						
七	建设期利息				7785.39	2.33	
	工程总投资（一～七）部分合计				320637.00	95.94	5343.95
Ⅱ	生态配置费						
	静态投资				9940.00	2.97	
	建设期利息				258.01		
	动态投资				10198.01	3.05	
Ⅲ	220kV 送出线路投资						
	静态投资				3317.00	0.99	
	建设期利息				64.70		
	动态投资				3381.70	1.01	
	工程投资合计（Ⅰ～Ⅲ）						
	静态投资合计				326108.6	97.57	5435.14
	建设期利息合计				8108.10	2.43	
	动态投资合计				334216.70	100.00	5570.28

表 7 - 9   财 务 指 标 汇 总 表

序号	名　称	单　位	指　标
1	装机容量	MW	600.0
2	多年平均上网电量	万 kW·h	169280.0
3	总投资（不含流动资金）	万元	334216.7
3.1	固定资产投资	万元	326108.6
3.2	建设期利息	万元	8108.1
4	流动资金	万元	1800.0
5	上网电价（含增值税）	元/(kW·h)	0.2679
6	发电销售收入总额	万元	907002.2
7	总成本费用	万元	535066.3
8	增值税销项税额	万元	104345.4
9	补贴收入	万元	35750.9
10	营业税金及附加总额	万元	7150.2
11	发电利润总额	万元	296191.3
12	财务内部收益率	%	
12.1	全部投资（所得税前）收益率	%	9.68
12.2	全部投资（所得税后）收益率	%	8.43
12.3	资本金收益率	%	15.74
13	总投资收益率	%	5.97
14	投资利税率	%	5.59
15	资本金净利润率	%	17.05
16	投资回收期（所得税后）	年	10.8
17	借款偿还期	年	15.0
18	资产负债率	%	80

第 8 章
外部影响评价

8.1 微气候影响

在风电基地的气候效应研究方面，主要工作是以观测手段评估风电场对大气边界层湍流动能和动能（风速）的影响。已有研究表明，上游风电机组产生的尾流将会引起下游风速减弱以及湍流动能增大，从而导致下游风电机组的功率流失和机械劳损增加，风电场上方 10m 处风速减少可达 8%～9%，到下游 5～20km 外风速才能恢复，能量的损失可达 60%。

风电机组对大气边界层的直接影响包括以下几个方面：①减弱风速；②在风电机组尾流区内产生扇叶尺度的湍流；③风电机组尾流速度降低产生的湍流将驱动风切变生成；④在不同季节和不同风电场规模下，风电机组扰动可能使近地面出现不同程度的变暖和变干。

研究表明，大型风电基地造成了风电场及其周边地区大气边界层对流性增强，有利于对流性降水形成，对流性降水的降水日数增加。对流性降水的持续时间一般比较短，但雨量较大，贡献了降水量和降水时间增加的主要部分。非对流性降水多发生在大气层相对稳定时，其发生的空间尺度较大、持续时间较长，贡献了总降水时间减少的主要部分，但风电基地导致大气边界层不稳定性增加，不利于非对流性降水的形成。另外，在西部地区，水汽多少和地形抬升条件都是影响降水量的重要因素，虽然大型风电基地建设使西部的对流性降水时间增加，但是由于风电基地增加了水汽扩散，同时受到当地复杂地形等条件的影响，降水量没有呈现与之对应的简单的线性增加的趋势，而是呈现出比较复杂的特点。

有学者通过 RegCM4.1 模式对大型风电基地建成后长期的气候效应进行模拟，得到以下结论：

（1）大型风电基地投产运行后垂直风切变强度增加，大气边界层变得更为不稳定。

（2）酒泉等大型风电基地的运行会使风电基地及其下游地区 2m 高度处气温升高，升温幅度最高可达 0.3℃。

（3）受到地形等综合因素的影响，风电基地的建设使得河西走廊南侧可能会产生较强地形波，在地形波作用下，高空空气动量下传，使得河西走廊局部地区风速增强；风电基地下游风速降低，产生横向风剪切和扭转，使气流从南北两侧向风电基地及其下游地区辐合。

（4）风电基地主要通过影响对流性降水的持续时间影响区域降水，风电基地投产后，大气对流增强，其周边地区的对流降雨日增加（1～1.5）日/年，但是由于水汽条件限制和复杂地形等因素的影响，一些地区的年降水量反而减少 2～3mm。

8.2 环境影响评价

8.2.1 施工期

1. 声环境

（1）施工期对声环境产生影响的主要因素有施工机械及运输车辆的噪声，其中施工机械的影响相对较大。施工期场地噪声源主要有挖掘机、推土机、搅拌机、振捣器、打夯机、装载机等施工机械以及运输车辆。施工期噪声影响评价范围为施工场外缘 200m 范围之内。评价执行标准采用《建筑施工场界环境噪声排放标准》（GB 12523—2011）。

多种施工机械同时作业时，昼间噪声在距离施工场地 55m 外可以达到标准限值，夜间噪声在 250m 处基本达到标准限值。昼间施工机械及车辆噪声对周围的影响范围较小，夜间施工将造成较大干扰。由于风电工程施工大部分安排在白天，且风电基地周围一般无居民点和工矿企业，故施工噪声不会造成扰民现象，且随着项目施工结束而消失。

（2）施工期噪声主要来源为施工机械，其大部分为流动噪声源，固定噪声源较少。施工期施工机械噪声污染控制措施主要从施工营地的选择、施工组织管理、施工机械的维护与管理、施工人员的防护、施工运输沿线声环境控制等方面来实施。

1）施工营地的选择。在满足施工队伍的进出场地、上路方便等作业需求的前提下，施工营地、料场、材料制备场地都应选择远离人群聚居区及环境敏感点，其距离不应小于 100m。

2）施工组织管理。一般而言，风电基地施工场周围无集中居民区，施工场地机械噪声对声环境敏感点产生的影响较小，但也应合理安排施工时间，特别是突发性高噪声设备的使用；合理安排工期，避免同一施工场、同一时间多台大型高噪声机械同时作业，施工应在保证进度的同时，缩短噪声影响时间，尽可能将作业人员所受施工噪声影响降至最低。

3）施工机械的维护与管理。施工单位要尽可能选用效率高、噪声小的设备，严禁使用工作性能不稳定的过期报废设备（如运输车辆），并对机械定期进行维护管理（如零配件的更换、机油的添加等），使机械处于良好的工作状态，降低摩擦噪声。

4）施工人员的防护。机械噪声对施工人员，尤其是机械操作人员具有较大的损害，而且随着操作机械时间的延长，各种损害将逐渐表现出来，且不易恢复。建议施工单位合理安排施工人员，减少高噪声机械操作人员的操作时间。

5）施工运输沿线声环境控制。设备在运输过程产生的车辆运输噪声可能对沿线声环境敏感点产生一定的影响，因此，施工单位要加强施工人员的环保意识，及时了解当地的民风民俗及生活习惯等，合理安排运输时间，在居民聚居区等环境敏感地段，自觉采取对车辆等施工机械进行限速、禁鸣等措施，可达到预防和减轻噪声影响的效果。

2. 环境空气

（1）工程施工期对环境空气造成的污染因素主要有：料场水泥与砂石产生的扬尘；混凝土搅拌过程中的粉尘；新建场内道路、塔架基础等土石方施工中挖、填、装卸产生的扬尘；车辆辗压土路带起的扬尘；运装车辆及机械等产生的尾气。

施工过程中物料的装卸、运输、混合和现场施工中所引起的扬尘受风速的影响比较大，同时与料土的含水率有一定的关系。

灰土的拌和、混凝土的搅拌、车辆的辗压等产生的扬尘相较于土方的装卸、堆存所引起扬尘，颗粒一般较细，且影响范围相对较大，影响时间也相对较长。

在施工期采取洒水降尘，对原料堆场采用加盖篷布等措施后，可使其影响降到最低。

此外，运输车辆及施工机械尾气的排放会对局部环境空气产生不良影响，随着施工的结束，这些影响也将消失，不会对环境产生较大影响。

施工期对环境空气产生的影响将随施工的结束而消除，不会对周围环境造成长期和永久性危害。但建设期间引起的扬尘会加重扬尘污染。

（2）由于风电基地施工期主要是扬尘污染，因此在施工期必须制订严格的施工管理措施。

1）加强施工管理，认真做好施工组织计划；科学规划施工场地，合理安排施工进度，将施工措施做深做细；尽量减少临时工程占地，缩短临时占地使用时间，及时恢复土地原有功能。

2）基础挖方必须堆放整齐，并由人工进行表面拍压；挖方不能随意占用土地，挖方占地和吊装场地共用，合理安排。

3）尽可能地缩短疏松地面裸露时间，合理安排施工时间，尽量避开大风和雨天施工；工程开挖回填等施工要避开沙尘暴多发月份。

4）施工机械和施工人员按照施工总体平面布置图进行作业，不得乱占土地，施工机械、土石及其他建筑材料不得乱停乱放，防止破坏植被，加剧水土流失。

5）施工机械必须按照施工路线行驶，不能随意碾压，增加破土面积；合理安排，减少车辆行驶次数。

6）原材料（如水泥、石灰、黏土等）在堆存、装卸、运输过程中易产生扬尘，对路面及堆场要定时洒水；遇大风天气时，避免装卸料，限制车辆行驶，同时在一定程度上限制施工；在运输过程中对水泥、石灰等材料加盖篷布。

7）重点加强施工队伍的环保意识，以预防为主，进行系统的文明施工教育，并制定相应的文明施工管理条例，实行奖惩制度。

经过上述措施后能有效减轻扬尘对环境的影响。

3. 水环境

施工期废水主要由施工废水和施工人员产生的生活污水组成。工程施工废水主要由运输车辆、搅拌机和施工机械的冲洗以及机械修配等产生，但总量很小。同时，风电基地施工现场布置较为分散，范围也较广，生活污水及清洗废水产生量也较少。

施工期产生的生活污水及清洗废水可在附近修筑蒸发池进行处理，施工结束后需将蒸发池掩埋。

施工过程应加强管理与控制，减少施工机械工作时油污的跑、冒、滴、漏现象。在施工结束后，对施工现场的废渣进行清理，包括跑、冒、滴、漏的油污等，避免因雨水冲刷而影响下游。

通过上述分析，生活污水及废水在无法再利用的情况下，通过地表蒸发损耗措施处理，不会形成地表径流。因此，施工期废水的排放不会产生不利影响。

4. 固体废物

施工期固体废物主要为风电机组基座等挖填工程剩余的土方及生活垃圾、施工废料、建筑垃圾等。这些固体废物如不进行妥善及有效的处理，将对环境空气、人群健康和景观环境造成一定的影响，因此需严格按照相关规定妥善处理，减轻其对周围环境影响的范围和程度。

剩余土方可用于场内道路的铺垫，施工废料、建筑垃圾、生活垃圾可就近集中运至指定的垃圾填埋场处置，在施工结束后应及时清运所有固体废物。

运输、施工机械机修油污应集中处理，揩擦有油污的固体废物后采取焚烧或集中处理等措施。

采取以上措施后固体废物对环境的影响较小。

5. 生态植被

（1）生态环境。

1）土地资源。风电基地拟选场址所处地域地表一般为沙漠、戈壁、荒滩等，这些区域一般处于中度生态脆弱之下，具有高度的生态敏感性与重要性。主要面临草地退化、沙漠化的胁迫，风沙活动强烈，土壤侵蚀严重，气候灾害频发，水资源短缺。

2）土壤侵蚀。风电基地场址区域大都年降水量少，蒸发量大，特别是春旱时有发生，土地利用的生态环境十分脆弱，风蚀沙化比较严重。

（2）影响因素分析。根据风电基地特点，其对区内生态环境的影响主要产生于施工期。施工期道路施工、基础施工、车辆运输、设备材料的堆放等活动，将导致工程实施区原有植被的破坏和地表形态的改变，对该工程区域非常脆弱的生态环境造成较大的影响。

（3）影响分析。

1）对土地资源的影响。工程在施工建设过程中会产生土壤扰动，如风电机组架设安装、电缆架设、升压变电站建设引起的基础开挖，以及施工道路、进场道路建设等，将对现有原生土地造成较大的创伤面，使其破碎度增加，土壤粒径改变，导致区域内土地现状结构发生变化。但由于工程建设期对土地的扰动影响是一种短期行为，具有暂时性，且开挖面积不大，大多具有可恢复性，故从长远来看，对区内原有土地类型结构影响很小。然而拟建场址土地资源再生能力亦很弱，稍有冲击就会造成原有平衡的失调，导致土地的趋劣发展。因此在建设中须对土地资源的保护与恢复高度重视。

2）对植被的影响。风电基地建设对植被的影响主要体现在占地带来的地表植被破坏、生物量损失、地表扰动、水土流失等方面。风电基地建设占地包括永久占地和临时占地。永久占地范围主要包括设备基础、箱式变压器基础、电缆埋设路径、升压变电站及永久道路涉及的土地；临时占地包括施工人员临时生活区、设备临时储存所、风电机组吊装场、道路等临时占地。施工过程中的基础开挖和覆土回填等工程都会扰动地表，破坏微地形，清除地表植物，剥离种植表土，造成土壤结构的破坏和肥力的下降，同时造成大面积地表裸露，严重时可导致水土流失。挖掘机、起重机、吊装机等进入施工场地，在作业过程中对地表植被造成碾压，也会破坏植被。

根据风电基地所处区域土壤、降水等自然条件分析，施工结束后周围植物渐次内覆，开始恢复演替过程，但要恢复沙漠、戈壁、荒漠等地区的植被覆盖时间较长，需 $10 \sim 15$ 年左右。针对沙漠、戈壁、荒漠生态系统极度脆弱、植被恢复时间长的特点，根据"预防为主、防治结合"的环境保护原则，要求工程严格划定作业区域范围，将工程建设对植被的破坏控制在最小程度，必须对施工可能造成植物生境破坏的区域实施生态环境保护和恢复措施。

3）生态保护措施及预期效果。根据工程建设特点，结合自然环境特征，生态防护重点是风蚀、沙化、工程建设活动对风电基地及周边环境的影响。

a. 强化施工管理，努力增强施工人员的环境保护意识，杜绝因对施工人员的流动管理不善及作业方式不合理而产生对植被和土地资源的人为影响和破坏。

b. 施工期间，应划定施工区域界限，在保证施工顺利进行的前提下，严格控制施工人员和施工机械的活动范围；尽可能缩小施工作业面积和减少破土面积；努力压缩开挖土方量，并尽量做到挖填平衡和减少弃土量，以最大限度地降低工程开挖造成的水土流失。

c. 合理安排施工时间及工序，基础及缆沟开挖应避开大风天气及雨季，实行划区逐步推进方式，边挖边填，弃土及时处置，将土壤受风蚀、水蚀的影响降至最小程度。

d. 弃土、弃渣要集中放在低凹、坑地处，剩余用于场内道路的修筑。

e. 堆渣方式应采取分层堆置，风化严重、质地细软的弃渣填筑在渣场下部，质地坚硬、不易风化的弃渣填筑在渣场上部，并平整夯实，后覆盖砾石层，防止水土流失。

f. 施工期内人员、机械、营地等应严格按设计集中在有限范围内，严禁随意扩大扰动范围，将对植被和土体结构的影响降至最低程度。

g. 在设计当中合理规划，使风电基地对土地的占用达到最小程度；施工便道减少占地，有固定路线，不要随意向两边拓展，或单另开道。

h. 工程施工过程中和施工结束后，及时对施工场地进行平整和修缮，采取水土保持措施，防止新增水土流失。

i. 如在工程施工过程中发现文物，建设单位要按照文物保护的相关规定，及时上报文物保护主管部门进行发掘。

6．工程监理的环保要求

（1）环境监理目的及原则。环境监理的目的是按环境监理服务的范围和内容，履行环境监理义务，独立、公正、科学、有效地服务于工程，实施全面环境监理，使工程在设计、施工、营运等方面达到环境保护要求。

从事工程建设环境监理活动，应当遵循守法、诚信、公正、科学的准则。确立环境监理是"第三方"的原则，应当将环境监理和业主的环境管理、政府部门的环境监督执法严格区分开来，并为业主和政府部门的环境管理服务。

（2）环境监理范围及阶段。环境监理范围是指工程所在区域与工程影响区域。其工作范围为：①施工现场，生活营地，施工道路，业主办公区、业主营地、附属设施等，以及上述范围内施工对周边造成环境污染和生态破坏的区域；②工程营运造成环境影响所采取环保措施的区域。

环境监理阶段分为：①施工准备阶段环境监理；②施工阶段环境监理；③工程保修阶段（交工及缺陷责任期）环境监理。

（3）环境监理机构。由工程建设指挥部委托具有工程监理资质并经环境保护业务培训的单位对设计文件中环境保护措施的实施情况进行工程环境监理。为了保证计划的执行，建设单位应在施工前与监理单位签订建设期的环境监理合同。

（4）环境监理的要点。根据项目及施工方法制定施工期环境监理计划，按施工的进度计划排污行为，确定不同时间检查的重点项目和检查方式、方法。监理的技术要点是：施工初期主要检查对生态环境的保护措施；中期主要检查施工噪声、施工及生活污水排放，取弃土工程行为及其防护情况等；后期检查植被恢复情况等。

8.2.2 运营期

1. 声环境

风电场运行期的噪声主要是风电机组转动时产生的噪声，噪声影响分为单机影响和机群影响。风电机组制造企业在制造时就采取了选用减噪型变速箱和齿轮箱，叶片采用减速叶片等措施。一般所用风电机组叶轮转速在 14.5r/min，产生的噪声较小，经距离衰减，距离噪声源 200m 外即可满足《声环境质量标准》（GB 3096—2008）中 2 类声环境功能区标准要求，即昼间不超过 60dB（A）、夜间不超过 50dB（A）。

风电机组机群的排列是经过风洞试验确定的，风电机组行距增加到 $4D\sim6D$（D 为叶轮直径）、列距增加到 $6D$ 时风速恢复到常态，噪声强度也随风速减小而明显衰减。

2. 水环境

生活污水采取的处理措施为单立管排水系统，污水自动排入室外污水管网，经地埋式污水处理设备处理后用于厂区绿化。

项目运营期生活污水产生量少且经过处理后用于厂区绿化，因此不会对水环境造成负面影响。

3. 固体废物

固体废物来源于工作人员生活垃圾，采用垃圾箱统一收集后，定期运至指定的生活垃圾填埋场统一处置。采取措施后生活垃圾对环境产生影响较小。

4. 电磁辐射

风电工程辐射源有发电机、箱式变压器、35kV 输电线路及 220kV 升压变电站等四部分。电磁辐射属物理性污染，目前已有许多成熟的抑制技术。风电机组在设计时考虑了防磁、防辐射等要求，在选材时也将辐射降至最小。

对于场内 35kV 输变电工程，国家环境保护总局办公厅在给江苏省环保厅的《关于 35千伏送、变电系统建设项目环境管理有关问题的复函》（环办函〔2007〕886 号）中明确回复："《电磁辐射环境保护管理办法》附件'电磁辐射建设项目和设备名录'中对豁免的项目已做明确规定。《电磁辐射环境保护管理办法》第三十三条中规定，本管理办法中豁免水平是指国务院环境保护行政主管部门对伴有电磁辐射活动规定的免于管理的限值，且该办法中已明确豁免水平的确认由省级环境保护行政主管部门依据《电磁辐射防护规定》（GB 8702—88）有关标准执行。《建设项目环境保护分类管理名录》（国家环境保护总局令第 14 号）中 500 千伏及以下送变电系统建设项目需要编制环境影响报告书（表）的项目内容不包括《电磁辐射环境保护管理办法》（国家环境保护局令第 18 号）中豁免的项目。因此，35 千伏送、变电系统可不履行环境影响评价文件审批手续。"

5. 油污染

风电机组在初装、调试及日常检修中要进行拆卸、加油清洗等，此时如不注意就会造成漏油、滴油、油布乱扔等现象，对植被、土壤形成污染。因此建设单位应加强环境意识教育，提高管理水平，避免漏油、滴油，对产生的油布集中收集并暂时用钢制容器盛装，等条件成熟时送至危废处理处置单位，以免对环境造成影响。

事故油池主要负责接收变压器泄漏事故中的废油，废油由厂家负责回收再利用。

6. 候鸟迁徙

风电场所在区域人类活动较为频繁，受人类活动干扰，在工程区域栖息和觅食的鸟类较少，同时由于风电机组叶轮转速较慢且鸟类视力良好，鸟类会有趋避行为，因此与风电机组的叶片碰撞的概率很小。但由于风电机组噪声、叶片转动以及人类活动的干扰，风电场周边鸟类的栖息将受到一定的影响，风电场的建设将迫使受影响的鸟类向周边区域迁移。

迁徙飞行中的鸟类有可能会与风电机组叶片发生碰撞。长距离迁徙的候鸟选择栖息地及觅食地主要受环境条件影响，鸟类种群的数量分布与环境条件密切相关，要求周边区域具有相对良好的生境条件、人为干扰较小，而工程区域条件相对较差、人为干扰严重，迁徙候鸟选择工程区域作为栖息地、觅食地的可能性较小。国外有关研究成果表明，候鸟迁徙路线中的风电场年撞鸟概率为 0.0015%～0.009%。此外，上述研究成果所涉及风电场的风电机组功率较小、叶轮转速较高，若风电机组选用的是大型风电机组，则其功率大、叶轮转速较低，鸟类碰撞风电机组的可能性还会更低。

7. 光影

白天阳光照在旋转的叶片上投射下来的影子在房前屋后晃动，人无论在屋内外都笼罩在光影里，响声和光影使人时常产生心烦、眩晕的症状，正常生活受到影响。

8. 社会环境

对社会环境的影响主要指工程建设对于区域生产生活的影响，其中直接影响包括就业、收入、文化的变化等，间接影响包括工程的外部效应，如经济机制、有关自然资源与质量变化影响到资源使用价值产生的经济效果。

风电基地用地一般属未利用地，工程建设不会造成占用耕地、移民等社会问题。对周边的影响体现在以下几个方面：

（1）风电场的建设会成为新的景点。风电基地的建设不仅可以为当地旅游区的服务设施提供有力的电力支持，而且排列整齐的风电机组与蓝天、白云相映，将成为当地一道美丽的风景。

（2）施工期间的景观影响是负面的，主要表现在施工斑块与区域地表地貌不协调，同时大面积的破土会形成大量扬尘，影响景观。因此要求建设单位要按照生态保护措施对施工期的建设活动加强管理，尽量减少扰动。

（3）风电场的建成运营可以缓解当地用电紧张的局势，为电力外送创造有利条件，消除和缓解由于燃煤电厂运营带来的一系列危害环境、浪费资源的工程行为，符合可持续发展的基本要求。

8.3 实例

以某风电基地为例，介绍风电基地项目的外部影响评价。

8.3.1 施工期环境影响分析

1. 大气环境影响分析

施工废气污染源主要来自基面开挖、回填、土石堆放和运输车辆行驶产生的扬尘（粉尘），以及施工机械、运输车辆排放的烟气，烟气中的主要污染物为 SO_2、NO_2、C_mH_n 等。这些污染物将对环境空气造成一定程度的污染，但这种污染是短期的，工程结束后，将不复存在。主要利用同类风电场的建设经验和监测结果，类比分析施工期对某风电基地场区周围大气环境的影响。

（1）施工道路（交通）扬尘影响分析。汽车行驶扬尘主要为路面扬尘以及由车辆车轮附带的泥土产生的扬尘，在同样路面清洁程度条件下，车速越快，扬尘量越大；在同样车速条件下，路面尘土量越大，扬尘越大。因此，限制施工车辆速度和保持路面清洁是减少扬尘的有效手段。

如果在施工期间对车辆行驶的路面实施洒水抑尘，每天洒水 4~5 次，可使扬尘减少70%左右。某施工场地洒水抑尘试验结果见表 8-1。

表 8-1　　　　　　　　　　　某施工场地洒水抑尘试验结果

距路边距离/m		5	20	50	100
TSP 小时平均浓度 /(mg/m³)	不洒水	10.14	2.89	1.15	0.86
	洒水	2.01	1.40	0.67	0.60

结果表明：每天洒水 4~5 次，可有效地控制交通扬尘，TSP 污染物扩散距离可缩小到 20~50m 范围。因此，限速行驶及保持路面清洁，同时适当洒水可有效控制施工道路扬尘。

（2）作业面扬尘影响分析。由于施工需要，部分建材需露天堆放，部分施工点表层土壤需人工开挖、堆放，在天气干燥又有风的情况下，会产生扬尘。

类比调查表明，在一般地段，无任何防尘措施的情况下，施工现场对周围环境的污染约在 150m 范围内，TSP 最大污染浓度是对照点的 6.39 倍；而在有防尘措施（有围栏）的情况下，污染范围为 50m 以内区域，TSP 最大污染浓度是对照点的 4.04 倍，较无防尘措施降低了 0.479mg/m³。某施工场界下风向 TSP 浓度实测值见表 8-2。

表 8-2　　　　　　　　　某施工场界下风向 TSP 浓度实测值　　　　　　　单位：mg/m³

防尘措施	施工场界下风向距离						施工场界上风向（对照点）
	20m	50m	100m	150m	200m	250m	
无	1.303	0.722	0.402	0.311	0.270	0.210	0.204
有围栏	0.824	0.426	0.235	0.221	0.215	0.206	

（3）施工机械及运输车辆尾气影响分析。施工期间，运输车辆等设备将产生燃烧烟气，主要污染物为 NO_x、CO 和烃类物等。尾气污染产生的主要决定因素为燃料油品种、机械性能、作业方式和风力等，其中机械性能、作业方式的影响最大。运输车辆和部分施工机械在怠速、减速和加速的时候产生的污染最严重。经调查，在一般气象条件下，平均风速为 2.5m/s 时，建筑工地的 NO_x、CO 和烃类物的浓度为其上风向的 5.4～6.0 倍，其 NO_x、CO 和烃类物影响范围在下风向可达 100m，影响范围内 NO_x、CO 和烃类物的浓度分别可达 0.216mg/m³、10.03mg/m³ 和 1.05mg/m³。当有围栏时，在同等气象条件下，其影响距离可缩短 30%，即 70m。

风电工程施工现场均在野外，施工废气具有间歇性、短期性和流动性的特点，该类污染源对大气环境的影响较轻。

2. 水环境影响分析

（1）施工区生活污水影响分析。施工区生活污水主要来源于施工生产生活区项目部施工队伍办公生活以及风电机组点位和场内道路施工现场施工人员。

施工生产生活区产生的生活污水经化粪池处理后运输至指定地点，不外排，不会对周边的地表水体产生明显影响。

（2）施工生产废水影响分析。工程机械修配和冲洗废水为含油废水，经隔油沉淀池处理后用于冲洗机械车辆或洒水抑尘，不外排。

施工区内堆存的物料如保管不善被暴雨冲刷进入水体，会对水体造成较大危害，施工开始前先挖两侧的排水沟，以保证施工期路面径流雨水不会影响河流的水质。要求在工程施工期距离水体 150m 范围内不得堆放施工材料，同时需要妥善保管，避免发生前述情况。

施工期间，可能会涉及备用柴油发电机设备，要注意加强相关保护工作，减少柴油发电机设备对环境的影响，如：对设备所用到的柴油严格控制管理，避免柴油泄漏到水体中，造成地表水污染；将设备设置在远离村庄和水体的路段，对设备产生的油污及时回收处理。

在严格落实各种管理及防护措施后，施工期生产废水不会对项目区水环境带来明显影响。

（3）工程弃渣对水环境的影响分析。本工程弃渣主要为工程开挖的土石方，如果不及时挡护处理，经雨水冲刷进入水体将造成严重的水土流失，使地表水中悬浮物（SS）浓度明显增加。工程弃渣场周边设置截排水沟及沉沙池，并在陡坡处布设陡槽消能措施，施工结束后进行表土回覆及土地整治，工程弃渣不会对项目区水环境产生影响。

3. 声环境影响分析

根据风电工程施工特点，施工大致可分为土石方施工期、风电机组基础施工期、风电机组设备安装期，其中土石方施工期主要的施工机械为推土机、挖掘机、装载机、光轮压路机，风电机组基础施工期主要施工机械为混凝土搅拌机、插入式振捣器、蛙式打夯机，风电机组设备安装期主要施工机械为冲击式钻孔机、汽车式起重机、空压机。工程主要施工机械噪声值见表8-3。

表8-3 工程主要施工机械噪声值

施 工 设 备 名 称		距离设备10m处平均A声级/dB（A）
土石方施工期	推土机	83
	挖掘机	82
	装载机	88
	光轮压路机	81
风电机组基础施工期	混凝土搅拌机	83
	插入式振捣器	80
	蛙式打夯机	90
风电机组设备安装期	冲击式钻孔机	85
	汽车式起重机	75
	空压机	86

（1）单台施工机械场界噪声预测。工程施工主要产生噪声的机械设备为挖掘机、推土机、搅拌机、振捣器、打夯机、装载机等。根据《环境影响评价技术导则 声环境》（HJ 2.4—2010）中规定，计算施工机械噪声对环境的影响范围。工程主要施工机械噪声影响范围预测结果见表8-4。

表8-4 工程主要施工机械噪声影响范围预测结果

设 备	噪 声/dB（A）							
	10m*	20m*	40m*	60m*	80m*	100m*	150m*	200m*
推土机	83	77	71	67.4	64.9	63	59.5	57
挖掘机	82	76	70	66.4	63.9	62	58.5	56
装载机	88	82	76	72.4	69.9	68	64.5	62
混凝土搅拌机	83	77	71	67.4	64.9	63	59.5	57
插入式振捣器	80	74	68	64.4	61.9	60	56.5	54
冲击式钻孔机	85	79	73	69.4	66.9	65	61.5	59
光轮压路机	81	75	69	65.4	62.9	61	57.5	55
汽车式起重机	75	69	63	59.4	56.9	55	51.5	49
蛙式打夯机	90	84	78	74.4	71.9	70	66.5	64
空压机	86	80	74	70.4	67.9	66	62.5	60

* 数据为测点与声源距离。

（2）多台施工机械施工场界噪声预测。由于施工过程中存在不同施工机械同时施工的情况，实际造成影响存在叠加效应。不同施工场景机械噪声影响范围预测结果见表8-5。

表 8-5   不同施工场景机械噪声影响范围预测结果

施工阶段	噪　声/dB（A）								达标距离/m	
	10m*	20m*	40m*	60m*	80m*	100m*	150m*	200m*	昼	夜
土石方施工期	90.47	84.45	78.43	74.91	72.41	70.47	66.95	64.45	105.59	593.76
风电机组基础施工期	91.14	85.12	79.10	75.57	73.08	71.14	67.62	65.12	114.00	641.05
风电机组设备安装期	88.73	82.71	76.69	73.16	70.67	68.73	65.21	62.71	86.37	485.69

＊　数据为测点与声源距离。

将预测结果对照《建筑施工场界环境噪声排放标准》（GB 12523—2011），可知多台施工机械同时施工时，昼间在 114m 处、夜间在 641.05m 处可满足标准要求，可见，夜间施工噪声影响很大。

（3）声环境敏感目标噪声影响预测。根据施工区周边环境敏感点的分布情况，工程易受施工机械噪声影响的为风电机组点位附近的居民点。噪声源主要为在场平时施工的推土机、挖掘机及装载机。声环境敏感点按照风电机组基础施工期预测，昼间 200m 处可满足《声环境质量标准》（GB 3096—2008）2 类声环境功能区要求。工程仅昼间施工，距风电机组最近的村庄直线距离约 530m，因此风电机组基础施工对敏感点影响较小。升压变电站施工活动（基础施工）对敏感点的影响见表 8-6。

表 8-6   升压变电站施工活动（基础施工）对敏感点的影响

序号	敏感点	距　离/m	施工噪声贡献值/dB（A）	执行标准/dB（A）		噪声影响预测值/dB（A）	
				昼间	夜间	昼间	夜间
1	阿拉腾础鲁	560（升压变电站）	52.3	60	50	56.4	54.2
2	图雅	540（升压变电站）	52.3	60	50	56.6	54.4

由表 8-6 可知，施工噪声对敏感点影响严重，夜间基本全部超标，昼间达标。施工单位须精心组织施工，合理安排施工时间，夜间（22：00—6：00）不得施工。施工时高噪设备在距离敏感保护目标最近一侧可设置移动式声屏障，最大限度地降低施工噪声对环境保护目标的影响。评价建议建设单位在施工时应合理安排施工工序，避免多台施工机械同时作业造成的叠加影响。

由于工期较短，随着工程竣工，施工噪声的影响将不再存在，施工噪声对环境的不利影响是暂时的、短期的行为。

（4）施工车辆噪声影响预测。施工期流动噪声主要由进场公路和场内施工道路物料运输产生，产生时段主要为主体工程施工期。

风电工程土建施工规模不大，运输车辆相对较小，类比同类工程施工计划，施工期运输车辆每天约 20 辆，折合每小时不足 3 辆（每天按 8h 计算），运输车辆的交通量很小，所造成的噪声影响较小。

4. 固体废物

工程施工期间产生的垃圾主要为施工人员产生的生活垃圾。

工程总挖方 20.14 万 m³，填方 20.14 万 m³，无余方。施工期施工人数约 100 人，施工人员产生的生活垃圾在 $50\sim100kg/d$，按照环卫部门要求及时清运，统一处置。

综上可知，项目施工期产生的固体废物均得到合理处理，影响较小。

8.3.2 运营期环境影响分析

1. 大气环境影响分析

运营阶段风电机组无废气污染物产生，主要废气为升压变电站职工食堂餐饮油烟和污水处理站废气。

根据就餐人数及灶头数的设置，需安装净化率不低于 60% 的油烟净化装置，经净化后的油烟由排气筒引至所在建筑物顶层排放，油烟排放浓度可满足《饮食业油烟排放标准》（GB 18483—2001）标准要求。

工程废气主要来源于污水站运行过程中产生的 H_2S、NH_3，采用 AERSCREEN 以污水站为面源预测污染物场界达标情况，矩形面源参数见表 8-7。

表 8-7   矩 形 面 源 参 数 表

名称	面源各顶点坐标/m		面源海拔/m	面源有效排放高度/m	年排放小时数/h	排放工况	污染物排放速率/(kg/h)	
	X	Y					H_2S	NH_3
污水站	—	—	1065.00	0	8760	连续	0.00000121	0.0000297

计算出各个污染源产生的污染物的最大地面浓度和占标率情况，根据估算，H_2S、NH_3 最大地面浓度占标率均为 0.00%，最大地面浓度占标率 $P_{max}<1\%$，根据《环境影响评价技术导则 大气环境》（HJ 2.2—2018）确定本工程大气评价等级为三级。主要污染物轴线浓度及占标率预测结果（无组织）见表 8-8。

表 8-8   主要污染物轴线浓度及占标率预测结果（无组织）

下风向距离/m	H_2S		NH_3	
	最大地面浓度/($\mu g/m^3$)	占标率/%	最大地面浓度/($\mu g/m^3$)	占标率/%
10	0.0001	0.00	0.0029	0.00
100	0.0003	0.00	0.0061	0.00
200	0.0002	0.00	0.0047	0.00
300	0.0001	0.00	0.0035	0.00
400	0.0001	0.00	0.0027	0.00
500	0.0001	0.00	0.0021	0.00
600	0.0001	0.00	0.0017	0.00
700	0.0000	0.00	0.0014	0.00
800	0.0000	0.00	0.0012	0.00
900	0.0000	0.00	0.0011	0.00
1000	0.0000	0.00	0.0009	0.00
1100	0.0000	0.00	0.0008	0.00

续表

下风向距离/m	H₂S		NH₃	
	最大地面浓度/(μg/m³)	占标率/%	最大地面浓度/(μg/m³)	占标率/%
1200	0.0000	0.00	0.0007	0.00
1300	0.0000	0.00	0.0007	0.00
1400	0.0000	0.00	0.0006	0.00
1500	0.0000	0.00	0.0006	0.00
1600	0.0000	0.00	0.0005	0.00
1700	0.0000	0.00	0.0005	0.00
1800	0.0000	0.00	0.0004	0.00
1900	0.0000	0.00	0.0004	0.00
2000	0.0000	0.00	0.0004	0.00
3000	0.0000	0.00	0.0000	0.00
4000	0.0000	0.00	0.0000	0.00
5000	0.0000	0.00	0.0000	0.00
最大浓度距源的距离/m	10			

从表 8-8 预测结果可知，本工程污水站无组织 H_2S 最大地面浓度值为 $0.0003\mu g/$ m³，最大地面浓度距离污染源下风向 100m 处，其占标率 0.00%；NH_3 最大地面浓度值为 $0.0061\mu g/m^3$，最大地面浓度距离污染源下风向 100m 处，其占标率 0.00%，满足《恶臭污染物排放标准》（GB 14554—1993）中表 1 的标准无组织场界排放要求。因此，本工程排放的废气对周围环境影响较小，最大浓度占标率不大于 100%，因此，满足以上条件，认为环境影响可以接受。

2. 水环境影响分析

项目运营阶段风电机组无废水污染物产生，废水主要为升压变电站办公人员产生的生活污水。

项目建设地埋式一体化污水处理设施处理升压变电站生活污水，处理后用于升压变电站绿化，不外排。本工程运营期升压变电站用水 6.92m³/d、1183.26m³/a，排污系数按 80% 计，产生的污水量为 1.2m³/d、438m³/a，其中 COD：300mg/L、0.13t/a，BOD_5：150mg/L、0.06t/a，SS：200mg/L、0.087t/a，NH_3-N：25mg/L、0.011t/d。生活污水经化粪池及地埋式一体化污水处理设施处理后，可达到《污水综合排放标准》（GB 8978—1996）一级标准，后用于升压变电站绿化，不外排，不会对区域地表水环境造成影响。

本工程升压变电站内机修外委当地有能力的机修公司，把需要修理的部件送出检修；风电机组等原地维修，不产生机修废水。

3. 声环境影响分析

项目噪声源主要为风电机组及升压变电站主变压器。

风电机组。选用单机容量 3000kW 的风电机组，轮毂距离地面约 140m，叶轮直径

140m，单台风电机组声功率级为 90～105dB（A）。

升压变电站内 1 台主变压器。变压器声功率级取值依据《6kV～1000kV 级电力变压器声级》（JB/T 10088—2016），变压器在安装时采用装设减振器和橡胶减振垫等基础减振降噪措施，变压器在采用降噪措施前后的主要噪声源设备噪声水平见表 8-9。

表 8-9　　　　　　　　　　　　主要噪声源设备噪声水平

噪声源名称	数量/台	单台声功率级/dB(A)	治 理 措 施	采用降噪措施后声功率级/dB（A）
风电机组	134	105	选用低噪声风电机组	100
变压器	1	85	选用低噪声变压器设备、安装减振器、铺设橡胶减振垫	65

（1）风电机组噪声预测结果及评价。风电场采用单机容量为 3000kW 的风电机组，营运期噪声主要为风电机组运转产生的噪声。本工程典型风电机组声功率级的范围为 90～105dB（A），评价时按最不利情况［声功率级 105dB（A）］进行计算，由于新建的每台风电机组之间的间距大于 500m，两台或两台以上风电机组的噪声叠加影响很小，因此可以只考虑单台风电机组的噪声影响。风电机组考虑单个声源噪声［源强按声功率级 105dB（A）计算，预测点高 1.2m］，环评根据其最大工况进行预测。

1）单台风电机组运行噪声影响预测结果见表 8-10。

表 8-10　　　　　　　　　　单台风电机组运行噪声影响预测结果

水平距离/m	50	60	80	100	150	200	250	300	400
直线距离/m	102	108	120	134	175	219	266	313	412
影响预测值/dB（A）	58	56	54	52	48	46	44	42	40

单台风电机组运行噪声影响垂直分布等值线如图 8-1 所示。经预测计算，距风电机组轮毂水平距离 175.05m 处，风电机组噪声可满足《声环境质量标准》（GB 3096—2008）2 类声环境功能区环境噪声标准［昼间不超过 60dB（A），夜间不超过 50dB（A）］要求。

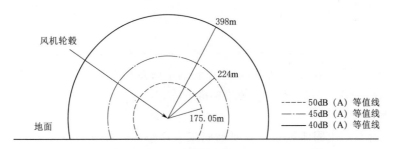

图 8-1　单台风电机组运行噪声影响垂直分布等值线

2）风电机组运行对环境敏感点声环境影响。各敏感点声环境影响预测结果见表 8-11。

本工程噪声敏感点距离最近风电机组水平距离均在 300m 以上，昼间、夜间所有敏感点均能够达标，风电机组噪声对声环境影响可以接受。

表 8 - 11   各敏感点声环境影响预测结果

序号	敏感点	距离 /m	高程差（含轮毂 高度）/m	噪声贡献值 /dB（A）	噪声影响预测值/dB（A）		执行标准		超标量/dB（A）	
					昼间	夜间	昼间	夜间	昼间	夜间
1	阿拉腾础鲁	560	141	38.0	45.9	43.9	60	50	0	0
2	兰花	535	145	32.8	46.5	42.1	60	50	0	0
3	图雅	540	144	32.9	46.3	42.0	60	50	0	0

（2）升压变电站噪声预测结果及评价。

1）噪声源。升压变电站运行期间的噪声主要来自主变压器，升压变电站噪声源见表 8 - 12。

表 8 - 12   升压变电站噪声源

设备名称	降噪后声功率级 $(R_0 = 1m)$/dB（A）	距离场界距离/m			
		东	南	西	北
主变压器	80	40	25	43	10

2）计算模式。采用《环境影响评价技术导则 声环境》（HJ 2.4—2021）中噪声预测模式。

3）衰减因素选取。预测计算时，在满足工程所需精度的前提下，采用了较为保守的考虑，在噪声衰减时考虑了空气、距离衰减以及综合楼等主要建筑物的阻挡效应，而未考虑声源较远的无声源建（构）筑物之间的衍射和反射衰减、地面反射衰减和绿化树木的声屏障衰减等。升压变电站围墙外地面按光滑反射面考虑。

4）计算结果及评价。运行状态下厂界噪声预测结果见表 8 - 13。

表 8 - 13   运行状态下厂界噪声预测结果

编号	位 置	贡献值/dB（A）	执行标准/dB（A）		是否达标
			昼间	夜间	
1	东厂界	35.7			达标
2	南厂界	33.5	60	50	达标
3	西厂界	35.3			达标
4	北厂界	46.4			达标

由表 8 - 13 可知，本工程运营后，升压变电站厂界噪声能够满足《工业企业厂界环境噪声排放标准》（GB 12348—2008）两类标准要求。

4. 固体废物

风电场本身不产生固体废物，主要是职工生活垃圾，按每人每天 1kg 计，年产生量为 2.92t。按照环卫部门要求及时清运，统一处置。

运营期间风电机组等在维护检修时会产生一定的废润滑油、含油抹布和含油手套，合计产生量约为 0.15t/年。

按照国家危险废物名录，废润滑油属危险废物（HW08 废矿物油与含矿物油废物），产生量约为 0.1t/年，在日常检修过程由建设单位使用专门容器统一收集，收集后暂存于升压变电站中的危险废物临时贮存场所，升压变电站新建危险废物临时贮存场所 61.75m² ，定期按规定程序转交有危险废物处置资质单位处置。

含油抹布和手套等其他维修废物产生量约为 0.05t/年，属于一般固体废物，集中收集后，委托当地环卫部门定期清理，统一处置。

升压变电站内主变压器为了绝缘和冷却的需要，其外壳内装有变压器油，该变压器油属于矿物油，其主要成分为烷烃、环烷烃、芳香烃等碳氢化合物组成的混合物。当主变压器发生事故时，会产生一定的事故废油，主要污染物为石油类，属于危险废物。该事故废油排至事故油池，交由有资质单位进行处理。

本工程在蓄电池室设置 2 组蓄电池，已满足照明、通信用电，蓄电池寿命一般为 4 年。更换的废蓄电池暂存于危险废物暂存间，并及时返回厂家回收处理。

本工程污水处理站废气处理过程中产生废活性炭，产生量为 0.1t/年。产生的废活性炭由厂家定期回收。

固体废物按照上述要求处理处置后，对工程区域环境影响很小。

第9章
实施管理与保障措施

9.1 风电基地开发思路

结合国家"建设大基地，融入大电网"新能源大规模发展的客观要求，外送的风电基地开发本着统一规划、分期实施，统一设计、集中开发、整体推进、统一调度、实现规模效益的思路和开发原则，由政策引导，政府主导，推进风电基地开发。

开发过程坚持环境为本，生态优先，立足保障区域生态安全，加强生态环境的保护，促进自然环境与可再生清洁能源电站和谐共融，建设人地关系和谐的可持续性新能源开发基地；坚持节约集约用地，注重风电基地公共设施建设与各开发地块相协调，建设以公共交通为支撑的规范化风电基地形式；坚持因地制宜，以适应地方特点的高效、成熟、可靠的发电技术为基础，进行规划布局，探索风电开发集中化、规模化、高效化建设发展的新模式。

9.2 项目实施阶段管理

9.2.1 风电基地内公用配套设施的管理

为保障风电基地开发建设的顺利实施，避免风电基地开发企业各自为政，重复建设路、水、电等公用设施的现状，建议对风电基地内公用工程及配套设施实行统一规划、集中建设、统一管理、统一供应的建设管理模式，有利于加快公用配套设施的建设，为开发企业提供优越的发展环境、减轻开发企业建设负担，实现风电基地资源、能源的集约化经营和高效利用。

建议由地方政府出面成立风电基地管理委员会，统筹安排公用配套设施建设，制订公用配套设施建设管理办法和计划，委托前期规划设计单位编制风电基地内公用配套设施规划方案，满足风电基地内外交通、施工用电、给排水、垃圾处理等公用配套设施的布置要求；各开发企业缴纳配套设施建设费，支持和协助公用配套设施建设，所有公用配套设施应与风电工程同步交付使用，建设期结束后，风电基地管理委员会与开发企业办妥产权转移手续，配套设施建设费按分摊比例纳入开发企业固定资产投资。

9.2.2 风电工程的建设管理

项目核准备案以后，标志项目正式进入实施阶段，为保证与建设方案的统一协调，贯彻规划及建设方案的开发理念，应在统一开展设计的基础上，由开发企业具体组织所开发风电场的建设；要及时办理建设用地正式报批手续；落实建设资金计划及施工总进度计划；组织招标设计及满足主体工程施工的施工图设计；组织主体工程施工安装、设备与物资采购招标投标，选定施工承包单位、机电设备与物资供货商并签订合同；开展项目建设过程中的项目管理；进行运营期准备与电力公司签订并网协议，组织工程竣工验收。

在实施过程中，开发企业应遵守相关建设法规及主管部门前期所做的相关规定和要求，落实和强化项目的环境保护、水土保持、安全保证等各项措施，做到同步设计、同步建设和同步运行，同时地方政府部门加强监督力度，全面指导开发企业有序建设，配合送出工程的建成节点完成风电工程建设进度，顺利实现建设目标。

9.2.3 对接入工程的管理

根据国家能源局要求，风电基地一般依托特高压送出工程外送，并且要满足风电总出力的可靠送出，因此关注重点在于风电场与电网工程及调峰电源的紧密配合，保证风电工程并网的电能质量和稳定性。

政府、开发企业、电网公司建立风电开发与电网建设的协调机制，深化风电并网安全稳定研究，确定风电基地各规划风电场的送出方案，结合风电场合理弃风的因素，科学优化电网结构设计，利于节约电网投资的实现；增加风电场智能并网控制系统，实现风电场可预测、可控制、可调度，保证电网安全稳定运行，有效缓解风电场的弃风限电问题；在实施过程中，确保风电场与电网工程同步投产。

9.3 项目运行阶段管理

一是风电基地按照"远程集中控制、区域检修维护、现场少人值守、规范统一管理"的原则，建立生产运营管理模式。应对建设和运行全过程进行专业化管理，将运营体系延伸到建设期，实现建设和运行生产的平稳对接；投运风电场远程监控及运营维护优化系统，实现对不同控制系统的风电机组在同一平台下统一监控，为电网调度部门开展有效调峰调度提供准确可靠的数据支持。同时，通过对风电总出力及各风电场的出力分别进行调节，实现风电基地统一管理和电网调度，有效提高风电基地的送出能力及风电机组的利用小时数。

二是根据国家能源局对特高压输变电工程配套电源项目的要求，煤电机组要充分挖掘调峰潜力以保证风电总出力的可靠送出，因此受节能减排和环境保护的影响，需要采取优化系统运行方式、实时调度及削减煤电机组出力等措施，遵循"风电优先、火调服从风调"的节能调度原则，执行火电调度服从风电调度，争取在外送电网内尽可能消纳风电电量。

三是风电基地竣工验收并通过一年商业化运行后，由开发企业组织开展风电基地项目后评价工作，通过对前期工作、实施过程、效果及其影响进行全过程调查，与项目决策时确定的任务目标、建设方案、投资、收益、政策以及环境影响等方面进行对比分析和综合评判，同时检验已建成的风电工程并网输出容量、节能减排目标完成情况、产业结构调整和发展低碳经济等实现情况。

9.4 建设模式体制保障

1. 加强组织协调

建立健全有效的工作机制，统一协调风电基地的开发建设，协调解决风电基地规划和审批问题，建议成立风电基地建设项目领导小组，完善风电基地公用配套设施建设管理，建立工作协调督查制度，实行风电场建设情况督查通报，协调解决工程建设过程中存在的困难和问题，确保风电基地建设顺利实施。

2. 坚持科学统一规划

坚持规划先行，在千万千瓦级风电基地规划设计的基础上，继续优化规划内容，提出合理的开发建设方案。坚持中央与地方的风电规划相协调、风电规划与其他电源规划相协调、风电规划与电网规划相协调，统筹考虑重点项目布局、各产业之间的相互关系，防止低水平重复建设，全面提升产业聚集度，促进风电产业可持续发展。

3. 强化政策支持

认真贯彻落实《中华人民共和国可再生能源法》（中华人民共和国主席令第三十三号），严格执行节能发电调度、风电平价（低价）上网等政策，协调解决风电基地的规划、审批、实施、并网等问题，积极争取国家对风电基地建设相应的优惠开发政策及政府部门必要的经济激励措施，整体推进风电基地建设。

9.5 实例

以某风电能源基地为例，介绍基地的实施管理与保障措施。

1. 实施管理

绿水青山就是金山银山。某风电基地项目位于巴丹吉林沙漠、腾格里沙漠、库布齐沙漠边缘地带，风能资源丰富。但是该地区地表植被稀疏，沙化不断蔓延，生态较为脆弱，项目开发过程中生态保护尤为重要。风电工程应在各盟（市）发展改革委、国土、林业、草原、矿产、水保、环保、军事等政府部门的指导和协调下，本着科学开发、保护生态、造福子孙后代的原则合理推进，将该风电基地打造成绿色能源、智慧能源、集约能源。

本着上述原则，同时为充分发挥政府和企业自身优势，体现政企资源互补发展理念，满足风电基地开发建设的要求，实现风电基地整体效益，发挥特高压通道作用，要求风电基地内项目总体规划、开工前相关手续（核准）、"四通一平"、水保环保及绿化工程、集中控制管理中心、集中混凝土拌和系统、220kV升压变电站及送出线路、公用道路等工程，按照"统一规划、统一设计、统一审查、统一协调、统一建设、统一调度"六个统一的标准要求，加强政府的统一建设管理工作。因此，政府应成立风电场集中管理统一领导小组和平台公司，依托平台公司，代行政府服务职能，将风电场公共部分纳入平台公司统一组织实施，为潜在开发企业排忧解难，加快工程推进速度，提高工程形象，体现政府服务职能。

2．建设要求

（1）风电基地配套设施建设应与整体规划定位一致，与周围环境相协调，体现地域特色。

（2）基地公共道路建设应符合当地交通规划，兼顾本区域农、牧民生活，实现"兴边富民"的目的，促进当地经济发展。

（3）风电基地建设按照"风电＋旅游"的模式，政府鼓励开发企业按照自愿、公平、共享原则，推进风电与农林、旅游一体化发展，促进产业融合，实现企业增效、农牧民增收的双赢目标，培育新的经济增长点。开发企业可自主投资参与风电基地综合开发利用，或经协商一致后，同意第三方独立投资建设运行基地生态农林旅游项目。

3．公用道路

公用道路是制约工程进度的关键节点，政府有义务做好"四通一平"工作，为潜在投资方顺利推进工程进度提供便利条件。风电基地的公用道路要兼顾本区域农、牧民生活据点，与附近重点旅游景点相结合，实现"兴边富民"的目的。同时风电基地的建设可以考虑旅游元素，促进绿色风电与旅游相结合。平台公司在风电场开工之前委托有资质的设计院进行设计，委托第三方对方案及造价通过评审之后进行招标建设，竞争优选确定投资主体之后，由各投资主体按容量分摊公用道路投资，并缴纳服务费。

4．生态环保工程

为了减少工程建设施工过程中乱采乱挖、车辆无序行驶及改变地表径流等生态的破坏，应对整个规划区域水土保持、环境保护及绿化进行统一规划，规划区域内交通按既定路线行驶，防洪排水等防护工程统一布局、统一施工，新建公用道路、横穿风电场的县道等主要交通道路两侧统一绿化美化。政府或平台公司委托有资质的设计院进行设计，委托第三方对方案及造价通过评审之后进行招标建设，各投资主体按容量分摊公用道路投资，并缴纳服务费。

5．统一组织办理核准手续

为了保证风电基地建设进度，推进项目统一核准及后续建设工作，建议统一组织项目可行性研究报告编制、审查。同时为了避免各开发企业重复工作，节省人力物力，提高工作效率，由平台公司或牵头单位统一办理项目核准各项手续（包括土地、林业、草场、矿业、水土保持、环境保护、军事、文物、压覆矿产等）。

6．集中控制管理中心

某风电基地为国内首个竞争优选的风电基地，各参建方要本着打造绿色能源、智慧能源、集约能源的目标开展工作。新型风电场要致力于建设"无人值班、少人值守"风电工程，提高运行管理人员等劳动者的生活品质。同时本着节约土地、节约资源的原则，由平台公司统一组织建设集中运行管理中心，实现风电基地运行管理人员集中办公。

产权可以以两种形式存在：其一，产权归平台公司所有，管理中心以出租的形式提供给开发企业使用；其二，管理中心建成之后分层（块）卖给开发企业持有。

7．220kV升压变电站工程

升压变电站相当于风电场的枢纽，是制约工程按期并网发电的"牛鼻子"。以往可再生能源基地建设经验表明，升压变电站合建存在部分投资方持有观望心态、建设资金到位不及时、由代建权引发的推诿扯皮等消极因素，造成风电基地项目整体推进受阻，影响工程形象。鉴于此，由政府或者平台公司委托有资质的设计院进行设计，委托第三方对方案及造价通评审之后进行招标建设，各投资主体按容量分摊公用投资，并缴纳服务费。升压变电站的设计建设可以结合地方特色，打造成地方旅游、特色赛事的营地和物资中转站。

8. 完善信息统计管理

加强信息统计体系建设，建立并网运行等信息收集、统计和管理机制，及时掌握风电产业发展动态。各盟（市）应做好项目相关信息管理工作，各有关企业要记录、保存并及时提供相关信息。

第 10 章
风电与其他能源互补基地规划

10.1 风电与其他能源互补的形式

以风能、太阳能、水能等可再生能源为载体，以特高压外送通道为桥梁，围绕"风-光-水-火-储互补"，积极打造风电、光伏、光热、水电、火电、储能多能互补国家级可再生能源创新示范基地。

风电与其他能源多能互补是指通过多种电源（包括风电、光伏、光热、梯级水电、储能工厂、抽水蓄能、火电、电化学储能、燃气电站、区域间电量互济等）容量的合理配置和出力的互补运行，在满足电力电量需求和电网安全稳定运行要求的条件下，解决新能源消纳问题，促进新能源发展，提高新能源发电量的占比。

当前的研究工作主要有：

（1）研究大容量、长时间尺度电化学储能在高容配比风电、光伏系统中的作用和运行方式，以及光储一体电源与其他电源的互补性和运行策略。

（2）以受端电力市场负荷为对象，研究以高比例新能源为主的综合电源组成类型和结构、配置比例、各电源作用、出力特性、互补特性、控制和运行方式、电网架构，以及高比例新能源送端电源对直流外送能力和规模的影响分析。

（3）研究和优化提升大规模风电基地风光预测技术，提高新能源预测准确率。同时研究风光预测系统与多能源监控系统、功率及电压控制系统等之间的互动协同。

（4）研究多能互补电源 8760h 逐小时生产模拟，进行电力电量平衡计算，包括各类电源全年发电量、利用小时数、新能源弃电量、投资和电价等指标。

10.2 风电与其他能源互补的优势

10.2.1 风电与光伏发电、水电（抽水蓄能）互补的优势

风电、光伏发电出力均随着季节、天气、温度等因素变化而波动，具有间歇性、波动性和随机性特点，需要通过水电、火电等稳定、灵活电源进行调节。水风光互补是通过具有日及以上调节能力的水电站调节，跟踪风光电的出力变化，在风光电出力较大时，通过蓄水等方式降低水电站出力；在风光电出力较小时，加大水电站出力，达到共同承担系统需求的目的。

风电与先伏发电、水电（抽水蓄能）互补本身具有良好的基础条件，主要体现在以下

三个方面：

一是资源具有客观互补性。水力资源与风能资源、太阳能资源具有较好的客观互补性。风能资源一般呈现冬春季大、夏秋季小的特点；区域水力资源的来水量通常在冬春季较小，在夏秋季较大。干旱缺水的时候，天然降雨量明显减少，河流来水量较小，而天气晴朗，空气洁净度高，太阳能辐射量高；阴雨连绵的季节，天然降雨量增大，河流来水量明显增加，而云层较厚，太阳能辐射量明显降低。

二是电源特性具有互补性。风电、光伏发电等新能源日内发电出力变化较大，年际及月际变化明显小于日际变化。相比风电，光伏发电出力规律性较强，伴随着日出、日落，具有明显的昼发夜停特征，其日内出力变化幅度可以达到100%。大规模风电、光伏发电并网时，会对电网的安全稳定运行产生较大不利影响，需要具有调节性能的电源互补运行，平抑风光电出力波动，促进新能源消纳。

水力资源年际间存在来水量上的丰枯差别，年内水量也有丰水期和枯水期的周期性变化，但日水量变化不大。尽管水力资源受天然来水的影响比较大，但当水电站有一定的库容调节条件时，可根据库容的大小来进行日、月及年水量的调节，经调节后的水电站更适合电网需求。

由于光伏发电最不利的变化为日内出力的变化，而具有调节能力的水电站基本具有日以上调节能力，可以通过水库在日内光伏发电出力大而系统需求小时，减小水电站出力，进行水库蓄水，在系统需求大而光伏发电出力小时水库放水发电，水电与光伏发电共同送出，以满足电力系统需求，并保持日内水量的平衡，尽量不影响水电站的发电效益。受水电站来水流量的影响，丰水期水量较大时，库容较小、调节能力较弱的日及季水电站将满出力运行，因而对光伏电站无补偿能力。对于库容较大、调节能力较强的年及多年调节水库，则仍可根据系统需要对光伏发电进行补偿，即水电站对光伏电站的补偿能力受水电站来水流量、调节库容、装机容量等的影响。一般水电站枯水期补偿能力大于丰水期。

三是水电的快速响应能力适合进行互补发电。常规水电机组启停灵活、响应速度快，从静止到满载只需2～2.5min，因此在电网中起到调峰、调频、调相及备用电源的作用，最大调峰能力为其装机容量。水电利用其水库的调节能力和快速反应能力，对新能源进行补偿调节，平抑新能源出力波动，满足用电需求。水电与新能源的互补能力受水库调节性能的不同而有所差异，日调节能力水电站主要依靠日调节库容对日内水量进行分配，季、年、多年调节能力水电站可以对旬及月水量重新进行分配，但具有日以上调节能力水库均可以对日内变化较大的新能源进行补偿。

抽水蓄能电站是行业公认的可靠调峰电源，启动迅速、爬坡卸荷速度快、运行灵活可靠，既能削峰又能填谷。抽水蓄能电站能很好地适应电力系统负荷变化，改善火电、核电机组运行条件，提高电网经济效益，同时也可作为调频、调相、紧急事故备用电源，提高供电可靠性。

结合抽水蓄能电站的功能和风电、光伏发电出力特性，抽水蓄能电站对消纳风电、光伏发电的作用主要体现在：

（1）抽水蓄能与风电、光伏发电具有较好的容量和电量互补特性，可减少弃风电量，提高风能利用率，有利于电网调度运行。风电、光伏发电主要为电网提供电量，而抽水蓄能电站则以容量作用为主，因此，抽水蓄能与风电、光伏发电具有较好的容量和电量互补特性；抽水蓄能是适合风电、光伏发电的配套互补电源。

由于风电、光伏发电出力不可控的间歇性、随机的波动性，抽水蓄能电站与之配合运行，可以利用受上网容量制约部分的电能将下水库的水抽到上水库储存起来，然后在风电、光伏发电出力较小且用电高峰时段发电，提高能源利用率，有利于电网调度。

（2）平抑风电、光伏发电出力变幅及瞬时变率，减少风电、光伏发电对电网频率、无功电压的影响。抽水蓄能电站在系统低谷且风电、光伏发电出力较大时抽水，风电、光伏发电出力较小或变幅较大时发电，可以平抑出力变幅及变率。另外，抽水蓄能电站启停灵活、响应速度快，能适应负荷的急剧变化，而且抽水蓄能发电机可以提供或吸收较大的无功出力，发电机具备较大的调相能力，可以动态补偿电网的无功功率，实现电网无功功率平衡和电压稳定，提高电网的电能质量。抽水蓄能电站与风电、光伏发电配合运行，可减少风电、光伏发电并网对电网频率、无功电压的不利影响，维持电网频率和电压稳定性。

（3）减少风电、光伏发电对特高压直流输电系统的不利影响，有利于外送和消纳。由于风电、光伏发电对直流输电系统的不利影响，在送端配套抽水蓄能电站与风电、光伏发电及火电协调运行，可平抑风电、光伏发电出力变幅及变率，减少风电、光伏发电对特高压直流输电系统换流变压器、输电系统频率及无功电压的不利影响，有利于风电、光伏发电外送和受端电网消纳。

（4）提高电网接纳风电、光伏发电的能力。风电、光伏发电并网对电力系统的影响主要体现在调峰、频率稳定、无功电压稳定等方面，抽水蓄能电站在调峰、调频、调相方面作用显著，配套抽水蓄能电站提高了电网的安全稳定运行水平，相应可提高电网接纳风电、光伏发电的能力。

（5）提高输电系统经济性。风电出力变幅较大，配套火电需频繁变化出力及深度调峰以满足输电要求，势必增加火电耗煤量和运行成本，通过抽水蓄能电站配合运行，可在一定程度上缓解火电机组频繁变化出力，改善火电机组运行工况，进一步提高输电系统经济性。

10.2.2　风电与光伏发电、火电互补的优势

主要从月出力特性、日出力特性角度分析风电、光伏发电互补特性。风电、光伏发电都具有不可存储、不可调控性，年内各季节的互补性在实际操作中不易实现，需要具有调节性能的电源配合才能实现季节上的互补。

冬季光伏出力整体较小，其他季节出力基本相当，但各月受天气状况的影响，其出力也可能较小。受天气等影响的光伏发电出力波动明显远小于昼夜交替的波动。光伏发电年内分时出力均呈先增大后减小的特性，变化比较有规律。在同一时刻不同日出力变化较大，但小于风电变化幅度。

从风电、光伏发电的日内逐时平均出力过程看，风电日内出力规律虽然不明显，但通常人们感受到的"白天风小，夜间风大"的一般规律较为普遍，因此"白天光伏发电，夜间风力发电"的互补运行模式具有一定的可行性。

风光互补实际上并不是主动互补，而主要是风电、光伏发电通过打捆送出，可以通过共用输电线路送出大部分电能。由于风电、光伏发电都主要是向电网提供电量，出力相对

装机容量比例较小的时间较多，两者打捆并网能够更充分地利用输电线路的容量，节省输电线路投资。风光互补布局的优势主要有以下方面：

（1）在风间带之间布置光伏电站，可高效利用好风间带之间的土地资源，体现合理节约利用土地。

（2）可共用输电线路，风光互补后，其送出规模仅需按风电装机容量设计输电线路规模，无需为光伏发电新增输电规模，节省输电线路规模，同时也节省了输电走廊资源。

（3）提高输电线路利用率，风光互补后，在同样的输电规模下，由于合理利用了光电电量，输电线路利用率得到较大提高，输电线路利用小时为 2700～3400h。

（4）在同一地区风间带建设光电的风光互补模式还具有可集中设计输变电设备、减少工程投资等方面的优点。

10.3 风电与其他能源互补的容量配置

10.3.1 风电与光伏发电、水电（抽水蓄能）互补的容量配置

1. 特高压直流输电工程相关技术要求

大功率直流输电，当发生直流系统闭锁时，两端交流系统将承受大的功率冲击。因此，特高压直流输电工程直流输电功率不能低于额定输电容量的 10%。

2. 风光资源禀赋及开发潜力

区域风能资源和太阳能资源丰富，综合考虑建设、运行成本等条件，风电开发潜力相对较大。

3. 对电网的影响

风电、光伏发电均具有间歇性、随机性、波动性特点，但日内光伏发电具有昼发夜停的特征，规律性相对明显；风电虽然出力规律较差，但昼夜均有出力，从电力系统运行稳定性的角度出发，光伏发电接入比重不宜过大。

4. 对受端电网的影响

结合受端电网用电负荷特性，拟定输电过程线。抽水蓄能配套容量越大，在相同输电容量情况下送出风电、光伏发电的规模越大，提供的有效容量更大。在抽水蓄能站点资源相对不丰富的地区，输电平台可配套抽水蓄能电站规模在 10%～20%。若配套抽水蓄能电站 1200～2200MW，可提高输电系统相应规模的有效容量，有利于受端电网消纳，且可协助多消纳风电 2000～3000MW，提高风电电量利用率和输送电量中可再生能源电量比例，有力地促进风电、光伏发电等可再生能源的发展。

10.3.2 风电与光伏发电、火电互补的容量配置

在风火打捆送出可行性分析基础上，依据区域光伏发电全年内逐 10min 出力数据，动态模拟在风火打捆基础上再打捆光伏发电送出的技术可行性。综合考虑火电机组出力变化速率、调差系数、调峰能力及通道输送容量目标等多种因素影响，对"风光火打捆"送出可行性进行评估。针对风电不同装机容量方案，进行不同光伏发电预测误差条件下的可配入光伏发电容量稳定分析计算。通过统计不同风电规模、不同光伏发电规模、不同光伏

发电预测误差情况下导致的系统频率越限情况、系统弃风率、火电利用小时数，给出相关结论。

配套一定规模火电后，输电最小出力始终大于煤电机组最小技术出力，没有最小输电出力问题，在煤炭资源丰富的地区输电平台中配套一定规模的火电，这样一方面有利于输电系统的稳定、经济运行，另一方面有利于输电平台尽可能地向送端输送有效容量，合理利用输电走廊。

10.4 多能互补电站运行模式

综合风电、光伏发电和光热发电系统的不同运行特点，风光储多能互补电站运行模式如下：

白天时段负荷高，风电＋光伏＋化学储能联合运行，在一次出力较为平滑时段，光热机组低负荷运行，保持热备用，并进行储能；出力有较大峰谷差时，光热机组调峰填谷以补谷值区域，保持多能互补电站出力曲线平滑、稳定。夜间时段负荷低，由风电运行。具体运行模式可分为以下几种：

（1）当一次平滑出力平稳变化时，光热机组以15%的低负荷运行，保持热备用，并在白天时段进行储能。

（2）当一次平滑出力发生较大变化时，光热机组增大出力负荷，对风电出力＋光伏出力的谷值进行补充，确保电站多能互补出力曲线平滑。

（3）当一次平滑出力超过光热最大出力负荷时，光热机组采取超发的方式最大程度地平滑多能互补出力曲线。

（4）在夜间时段，风电＋化学储能运行，光伏发电、光热机组停机。

多能互补电站典型日逐分钟出力曲线及全年逐分钟出力曲线分别如图10-1和图10-2所示。

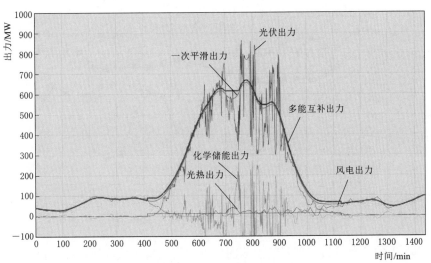

图 10-1 多能互补电站典型日逐分钟出力

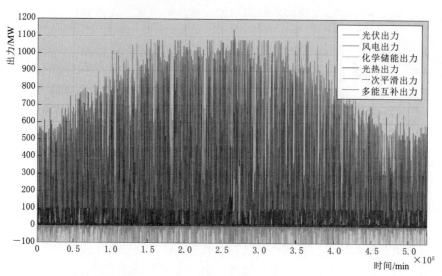

图 10-2 多能互补电站全年逐分钟出力

对于指定地区指定水平年的风电消纳能力，与其弃风比例紧密相关。在不同的弃风比例要求下，系统的风电消纳能力差异较大。由于风电随机性和波动性特征明显，难以提取风电典型日进行分析，因此，为了确定某地区在指定弃风比例下的风电消纳能力，需要对该地区电力系统进行全年 365 天时序生产模拟分析。具体分析步骤如下：在给定的系统负荷、电源和电网条件下，根据各时段（旬或者周）的电力需求预测，考虑各类电源的检修周期和风电季节特性等因素，安排系统检修计划，优化系统不同时段的调峰能力分布，提高风电电量的消纳水平；在给定的检修安排下，对于每一天而言，考虑风电功率预测及误差，确定系统开机组合方案，结合电源运行方式优化安排结果，进行系统生产模拟分析，并根据各类电源的最小技术出力等参数，给出系统的风电消纳空间（逐时段可平衡的风电功率），以及逐时段的弃风电力，风电消纳空间及弃风电示意如图 10-3 所示。

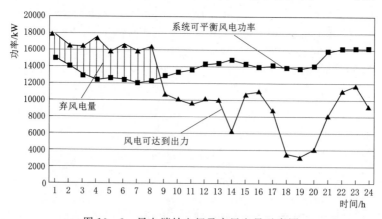

图 10-3 风电消纳空间及弃风电量示意图

根据 365 天的汇总分析，即可给出不同风电并网规模下的弃风情况，得出系统的风电消纳能力。

10.5 实例

10.5.1 外送通道规划

为落实国务院发布的《大气污染防治行动计划》（国发〔2013〕37号），国家提出了12条特高压重点输电通道的建设，其中涉及山西电网的有"两交一直"（即陕西榆横—山东潍坊1000kV交流输电通道、内蒙古蒙西—天津南1000kV交流输电通道、山西晋北—江苏南京±800kV特高压直流输电工程）和山西盂县电厂—河北南网500kV输变电工程。现以山西晋北—江苏南京±800kV特高压直流输电工程为例进行说明。

山西晋北—江苏南京±800kV特高压直流输电工程途经山西、河北、河南、山东、安徽、江苏6省，新建晋北、南京2座换流站，换流容量1600万kW，线路全长1119km，工程投资162亿元，其中输变电装备制造产值118亿元，已于2017年建成投运。

10.5.2 风光火打捆外送容量配比分析

1. 研究基本条件

（1）根据该输电通道情况，火电规模按500万～800万kW考虑；风电规模初步按500万～800万kW考虑；光伏发电规模按100万kW、200万kW考虑，结合山西风力规划情况，共组合32个方案进行分析。

（2）依据实地测风塔拟合风电全年逐10min出力数据，动态模拟火电跟踪实际情况。

（3）综合考虑火电机组及通道输送容量目标等多种影响因素，通过计算统计系统频率越限、系统弃风率、火电利用小时数，新能源占比，得出送端风光火打捆最佳配比的相关结论。

（4）考虑风功率预测（预测周期为10min，预测误差为装机容量的±15%）。

（5）根据受端电网负荷特性初步分析，按不考虑受端和考虑受端两种情况进行分析。

考虑受端电网情况下，为兼顾外送通道运行的经济性及受端电网负荷适应性，拟定外送通道峰、平、谷三个时段控制如下：0：00—6：00按照最大输送功率的70%控制；6：00—8：00及22：00—0：00按照最大输送功率的90%控制；其余时间段最大输送容量为最大输送功率。

不考虑受端电网情况下，外送通道送电曲线呈"平直线"状态，24h均按照最大输送功率送电。

2. 研究初步成果

山西晋北—江苏输电工程风光火打捆送出容量配比研究初步成果汇总见表10-1。从表10-1分析火电600万kW+风电800万kW+光电100万kW、火电600万kW+风电700万kW+光电200万kW两个方案，考虑参与受端调峰后，火电利用小时均在5000h以上，弃风率分别为12.46%、9.35%，弃光率分别为6.51%、5.13%，输电通道利用小时分别为5932h、5992h，送出新能源电量比例分别为35.67%、34.55%，此时，各类电源及输电通道具有一定的经济性。

表 10-1　山西晋北—江苏输电工程风光火打捆送出容量配比研究初步成果汇总表

火电装机/万kW	风电装机/万kW	风电利用小时/h	光电装机/万kW	光电利用小时/h	不考虑参与受端调峰								考虑参与受端调峰							
					统计指标			各类电源利用小时/h			输电通道利用小时/h	送出电量集中新能源比例/%	统计指标			各类电源利用小时/h			输电通道利用小时/h	送出电量集中新能源比例/%
					频率越限时间/h	弃风率/%	弃光率/%	火电	风电	光电			频率越限时间/h	弃风率/%	弃光率/%	火电	风电	光电		
500	500	2257	100	1178	0	2.86	2.87	5370	2192	1144	4870	31.08	0	3.50	2.77	5307	2178	1145	4822	31.20
500	600	2264	100	1178	0	3.97	4.02	5281	2174	1131	5072	34.93	0	5.37	3.96	5168	2142	1131	4978	35.12
500	700	2258	100	1178	0	5.53	5.30	5183	2133	1116	5245	38.24	0	7.82	5.29	5055	2081	1116	5120	38.29
500	800	2260	100	1178	0.17	7.69	7.01	5076	2086	1095	5396	41.20	0.5	10.78	6.95	4978	2016	1096	5264	40.90
500	500	2257	200	1178	0	2.48	2.72	5491	2201	1146	5094	32.63	0	3.10	2.46	5391	2187	1149	5024	32.93
500	600	2264	200	1178	0	3.57	3.64	5382	2183	1135	5285	36.35	0	5.00	3.63	5261	2151	1135	5185	36.58
500	700	2258	200	1178	0.17	5.45	5.16	5237	2135	1117	5420	39.61	0.17	7.80	5.02	5121	2082	1119	5302	39.63
500	800	2260	200	1178	13.33	7.59	6.69	5143	2089	1099	5578	42.37	10.33	10.82	6.69	5024	2015	1099	5430	42.17
600	500	2257	100	1178	0	2.02	2.12	5575	2211	1153	5708	26.74	0	3.43	2.08	5482	2180	1153	5618	26.82
600	600	2264	100	1178	0	3.46	3.18	5446	2186	1140	5866	30.37	0	5.94	3.23	5303	2129	1140	5717	30.43
600	700	2258	100	1178	0	5.65	4.79	5337	2130	1122	6007	33.37	0	9.15	4.83	5209	2051	1121	5842	33.13
600	800	2260	100	1178	0	8.32	6.51	5268	2072	1101	6161	35.86	0	12.46	6.51	5088	1978	1101	5932	35.67
600	500	2257	200	1178	0	1.82	2.03	5705	2216	1154	5952	28.12	0	3.22	1.98	5582	2184	1155	5840	28.32
600	600	2264	200	1178	0	3.36	3.32	5536	2188	1139	6077	31.69	0	5.98	3.31	5378	2129	1139	5914	31.81
600	700	2258	200	1178	0	5.76	4.96	5430	2128	1120	6214	34.47	0	9.35	5.13	5229	2047	1118	5992	34.55
600	800	2260	200	1178	0	8.54	6.64	5294	2067	1101	6312	37.10	0	12.78	6.78	5113	1971	1098	6080	36.93
700	500	2257	100	1178	0	1.64	1.51	5746	2220	1160	6560	23.36	0	4.41	1.55	5468	2157	1160	6278	23.79
700	600	2264	100	1178	0	3.61	2.88	5579	2182	1144	6661	26.72	0	7.66	3.15	5285	2090	1141	6334	27.00
700	700	2258	100	1178	0	6.70	4.81	5424	2107	1121	6730	29.48	0	11.63	4.96	5207	1995	1120	6442	29.27
700	800	2260	100	1178	0	9.70	6.51	5348	2041	1101	6858	31.77	0	15.53	7.04	5059	1909	1095	6473	31.61
700	500	2257	200	1178	0	1.72	1.75	5854	2218	1157	6798	24.65	0	4.38	1.86	5532	2158	1156	6478	25.28
700	600	2264	200	1178	0	3.85	3.38	5673	2177	1138	6881	27.86	0	7.86	3.44	5357	2086	1137	6536	28.29
700	700	2258	200	1178	0	6.94	5.42	5503	2101	1114	6932	30.54	0	12.03	5.42	5239	1986	1114	6601	30.55
700	800	2260	200	1178	0	10.14	7.19	5368	2031	1093	7001	32.91	0	15.96	7.37	5085	1899	1091	6622	32.80

10.5.3　综合分析

（1）从电力空间看，在现有负荷预测及电源规划条件下，山西晋北风光火电力打捆送入江苏电网，将减小 2020 年、2025 年江苏电网的电力缺口，进一步保障江苏电网的电力供应。如山西晋北风光火打捆送入江苏电网，为防止对江苏电网产生较大冲击，建议逐年分批送入。

（2）从调峰容量平衡看，山西晋北风光火打捆电力 30％的调峰幅度在一定程度上将增加江苏电网的调峰压力。

（3）从经济性上看，山西晋北风光火打捆送入江苏电网的落地电价具有一定竞争力。

参 考 文 献

[1] 任喜洋，邓锋，高兵，等. 推动能源资源结构向绿色低碳转型 [J]. 中国国土资源经济，2021，34 (12)：48-54，76.

[2] 国家统计局. 中国统计年鉴—2020 [M]. 北京：中国统计出版社，2020.

[3] 韩文科. 能源结构转型是实现"碳达峰、碳中和"的关键 [J]. 中国电力企业管理，2021 (13)：60-63.

[4] 朱金凤. 风电："双碳"目标下的主力军 [J]. 电气时代，2021 (12)：1.

[5] 中国气象局风能太阳能资源评估中心. 中国风能资源的详查和评估 [J]. 风能，2011 (8)：26-30.

[6] 许昌，钟淋涓. 风电场规划与设计 [M]. 北京：中国水利水电出版社，2014.

[7] 李春，叶舟，高伟，等. 现代陆海风力机计算与仿真 [M]. 上海：上海科学技术出版社，2012.

[8] 高虎，刘薇，王艳. 中国风资源测量和评估实务 [M]. 北京：化学工业出版社，2009.

[9] 中华人民共和国国家质量监督检验检疫总局. GB/T 18710—2002 风电场风能资源评估方法 [S]. 北京：中国标准出版社，2002.

[10] 朱蓉，王阳，向洋，等. 中国风能资源气候特征和开发潜力研究 [J]. 太阳能学报，2021，42 (6)：409-418.

[11] 兰忠成. 中国风能资源的地理分布及风电开发利用初步评价 [D]. 兰州：兰州大学，2015.

[12] 宋婧. 我国风力资源分布及风电规划研究 [D]. 北京：华北电力大学，2013.

[13] 陈欣，宋丽莉，黄浩辉，等. 中国典型地区风能资源特性研究 [J]. 太阳能学报，2011，32 (3)：331-337.

[14] 王鹏，任冲，彭明侨. 西北电网风电调度运行管理研究 [J]. 电网与清洁能源，2009，25 (11)：80-84.

[15] 肖创英，汪宁渤，陟晶，等. 甘肃酒泉风电出力特性分析 [J]. 电力系统自动化，2010，34 (17)：64-67.

[16] 张蔷. 东北地区风能资源开发与风电产业发展 [J]. 资源科学，2008，30 (6)：896-904.

[17] 水电水利规划设计总院. 中国可再生能源发展报告 (2019) [M]. 北京：中国水利水电出版社，2020.

[18] 谢宏文，黄洁亭. 中国风电基地政策回顾与展望 [J]. 水力发电，2021，47 (1)：122-126.

[19] 席菁华. "风电大基地"回头看 [J]. 能源，2018 (3)：59-63.

[20] 王强. 风电场尾流效应及其对大气环境影响的中尺度数值模拟研究 [D]. 杭州：浙江大学，2020.

[21] 范雪峰，夏懿，张中丹，等. 大规模风电基地规划与建设思考 [J]. 电气时代，2015 (2)：44-45.

[22] 廖明夫，R. Gasch，J. Twele. 风力发电技术 [M]. 西安：西北工业大学出版社，2009.

[23] 龚强，袁国恩，张云秋，等. MM5 模式在风能资源普查中的应用试验 [J]. 资源科学，2006，28 (1)：145-150.

[24] 中华人民共和国国家质量监督检验检疫总局. GB/T 18709—2002 风电场风能资源测量方法 [S]. 北京：中国标准出版社，2002.

[25] 邹璐. 未来风能资源普查评价技术的发展研究 [J]. 无线互联科技，2019，16 (18)：145-146.

[26] 薛文亮，刘航，包玲玲. 风电项目前期技术实务 [M]. 北京：中国电力出版社，2021.

[27] 杨培文，李洪涛，杨锡运，等. 风电机组技术现状分析及未来发展趋势预测 [J]. 电力电子技

术，2020，54（3）：79－82.

[28] 周剑锋，张少春. 现代大型风电机组现状与发展趋势［J］. 建筑工程技术与设计，2019（19）：5200.

[29] 李龙. 风电机组技术现状分析及未来发展趋势预测［J］. 建筑工程技术与设计，2020（28）：1925.

[30] 常敬涛. 当前风电设备技术发展现状及前景［J］. 百科论坛电子杂志，2019（1）：538－539.

[31] 沈德昌. 当前风电设备技术发展现状及前景［J］. 太阳能，2018（4）：13－18.

[32] 安琪. 风电机组技术现状及发展方向［J］. 百科论坛电子杂志，2019（10）：470－471.

[33] 许国东，叶杭冶，解鸿斌. 风电机组技术现状及发展方向［J］. 中国工程科学，2018，20（3）：44－50.

[34] 李盈枝. 基于博弈论的风电最佳接纳能力研究［D］. 北京：华北电力大学，2014.

[35] 甘磊. 考虑大型新能源发电基地接入的大电网规划方法研究［D］. 北京：华北电力大学，2017.

[36] 杨雅红. 土壤温度的日变化及影响因子分析［J］. 农业与技术，2014（4）：19－20.

[37] 杨宗麟，朱忠烈，李睿元，等. 江苏省沿海典型风电场出力特性分析［J］. 华东电力，2010，38（3）：388－391.

[38] 潘柏崇. 风电场电气系统设计技术的研究与应用［D］. 广州：华南理工大学，2009.

[39] 张殿生. 电力工程高压送电线路设计手册［M］. 2版. 北京：中国电力出版社，2003.

[40] 吴晓明. 浅谈风电场用组合式变压器的设计［C］. 兰州：甘肃省电机工程学会2011年学术年会，2011.

[41] 刘智超. 浅议山区输电线路工程基础设计特点及处理方法［J］. 大陆桥视野，2012（24）：143－144.

[42] 肖创英，汪宁渤，陟晶，等. 甘肃酒泉风电出力特性分析［J］. 电力系统自动化，2010，34（17）：64－67.

[43] 辛颂旭，白建华，郭雁珩. 甘肃酒泉风电特性研究［J］. 能源技术经济，2010，22（12）：16－20.

[44] 王风云. 风力发电场发电机组升压变压器选择浅谈［C］. 三亚：2011年全国风力发电工程信息网年会，2011.

[45] 刘立群. 箱式变压器在风电场的应用分析［J］. 低碳世界，2014（6）：68－69.

[46] 张彦昌，石巍. 大型光伏电站集电线路电压等级选择［J］. 电力建设，2012，33（11）：7－10.

[47] 田文奇，冯江哲，刘钟淇，等. 风电场集电线路雷击事故分析案例［J］. 水电与新能源，2015（12）：69－74.

[48] 史成城，陈勇. 中强度全铝合金绞线在风电场集电线路中应用的技术经济分析［J］. 供用电，2016，33（12）：75－78.

[49] 侯义明. 铝合金电缆应用中需要考虑的问题［J］. 供用电，2015，32（8）：52－57.

[50] 方倩倩，靳宝宝，郭树锋. 青海电网风电场出力特性研究［J］. 青海电力，2014，33（z1）：34－39.

[51] 高凯，朱加明，葛延峰，等. 联网风电场集群运行特性分析［J］. 东北电力大学学报，2014，34（4）：11－16.

[52] 冯宝玥. 中压电网中性点接地方式的研究［D］. 济南：山东大学，2006.

[53] 王必平. 中压电网中性点接地方式的研究［D］. 青岛：中国石油大学（华东），2009.

[54] 贺志锋，刘沛. 对中压配电网中性点接地方式的研究［J］. 电力自动化设备，2002，22（9）：70－72.

[55] 熊小伏，刘恒勇，欧阳金鑫，等. 中压配电网中性点接地方式决策方法研究［J］. 重庆大学学报（自然科学版），2014，37（6）：1－9.

[56] 塔依尔，刘玉国，吕新，等. 古尔班通古特沙漠及其南缘绿洲温度的时空变化分析 [J]. 新疆农业科学，2007，44 (2)：154-157.

[57] 万小平，汪景烨. 风能资源评估中的功率曲线问题 [J]. 风能，2012 (9)：86-89.

[58] 简迎辉，鲍莉荣，欧阳红祥，等. 风电场项目投资管理 [M]. 北京：中国水利水电出版社，2020.

[59] 国家发展改革委建设部. 建设项目经济评价方法与参数 [M]. 3 版. 北京：中国计划出版社，2006.

[60] 张志刚. 甘肃省"十二五"新能源和可再生能源发展规划环境影响分析 [D]. 兰州：兰州交通大学，2016.

[61] 王明哲，刘钊. 风力发电场对鸟类的影响 [J]. 西北师范大学学报（自然科学版），2011，47 (3)：87-91.

[62] 宋文玲. 风电场工程对盐城自然保护区的累积生态影响研究 [D]. 南京：南京师范大学，2011.